彩图 1　铺渗水管（盲管）

彩图 2　不可在石屑上直接铺渗水管

彩图 3　渗水管四周用石屑填盖

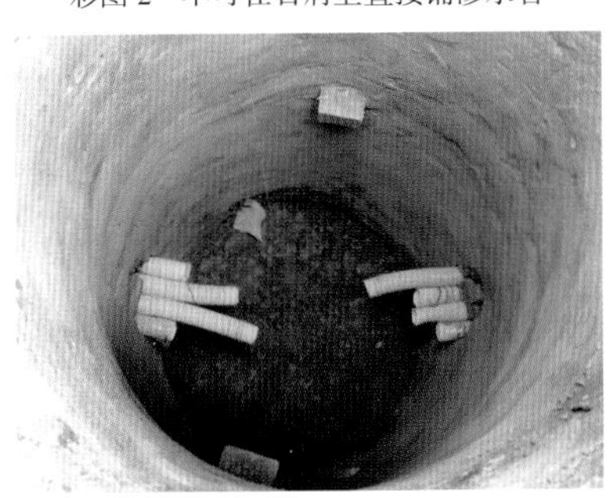

彩图 4　渗水管入井口

彩图 5　铺设淋层

彩图 6　树穴上口沿与穴底垂直

彩图 7　兜土球吊装法

彩图 8　两根吊装带吊装法

彩图 9　带吊与土球间插入护板

彩图 10　运输前将树体固定

彩图 11　车厢后面夹垫软物

彩图 12　裸根苗填土制作的假土球

彩图 13　假土球苗，根系与栽植土明显分离

彩图 14　实生苗

彩图 15　用小铁钉固定的伤皮苗

彩图 16　碧桃未嫁接成活苗

彩图 17　紫叶李嫁接成活苗

彩图 18　裸根苗根幅太小

彩图 19　土球呈苹果形

彩图 20　土球底部呈锥形

彩图 21　入穴前量土球直径

彩图 22　入穴前量穴径

彩图 23　栽植过深

彩图 24　栽植过浅，根系外露

彩图 25　人工拉拽调整苗木垂直度

彩图 26　土球包装物未撤除

彩图 27　埋设透气管

彩图 28　透气管设置在远离土球的同一侧

彩图 29　不同植物间应留有一定的生长空间

彩图 30　植物间未留生长空间，导致界限不清

彩图 31　粒径大于 1cm 的土块、石块未清除

彩图 32　叠压草块掀起展示

彩图 33　支撑位过低

彩图 34　绑扎处未夹垫软物

彩图 35　没有支撑力，易吊桩

彩图 36　撑杆与楔入地下的锚桩固定

彩图 37　二层支撑

彩图 38　修筑二道灌水围堰

彩图 39　金叶刺槐砧木萌蘖枝

彩图 40　临时性假植

彩图 41　苗木根部应逐行培土埋严

彩图 42　乔木遮阴棚

彩图 43　边网长度不够

彩图 44　插瓶输营养液

彩图 45　吊袋吊注输营养液

彩图 46　撤除腐烂包装物

彩图 47　将腐烂根全部剪去

彩图 48　环剥每年间隔 5cm 向上进行

彩图 49　剥皮过宽过深，伤口无法愈合

彩图 50　环剥口未及时处理，皮暗斑螟钻蛀危害

彩图 51　龙爪槐被砧木萌蘖枝欺死

彩图 52　榔榆桩景树修剪

彩图 53　篱面波浪形绿篱

彩图 54　生长势稍弱的紫叶小檗被“欺死”了

彩图 55　迎春规则式花篱

彩图 56　留茬过低，开花稀少

彩图 57　单面观模纹修剪

彩图 58　剪草后搂除草屑和枯草

彩图 59　开穴晾坨

彩图 60　支撑未及时撤除，树皮破损

彩图 61　乔木防寒风障

彩图 62　三角风障过小，距离树冠过近

彩图 63　棚布未至底部

彩图 64　风障棚布延伸至路缘石外缘

彩图 65　色块防寒棚

彩图 66　桑天牛排出的粪屑

彩图 67　六星黑点豹蠹蛾粒状粪屑

彩图 68　小线角木蠹蛾用丝连接的球形粪屑

彩图 69　杨扇舟蛾卵

彩图 70　大蓑蛾

彩图 71　樗蚕蛾幼虫

彩图 72　杨枯叶蛾成虫及卵

彩图 73　树干涂胶环

彩图 74　控虫隔离带

彩图 75　诱虫灯诱杀

彩图 76　三角形诱捕器（粘虫板）

彩图 77　害虫诱捕器

彩图 78　罐式诱捕器

彩图 79　释放周氏啮小蜂

彩图 80　花绒寄甲成虫释放盒

彩图 81　树体杀虫剂插瓶

彩图 82　天牛一插灵防治天牛

彩图 84　真菌性溃疡病

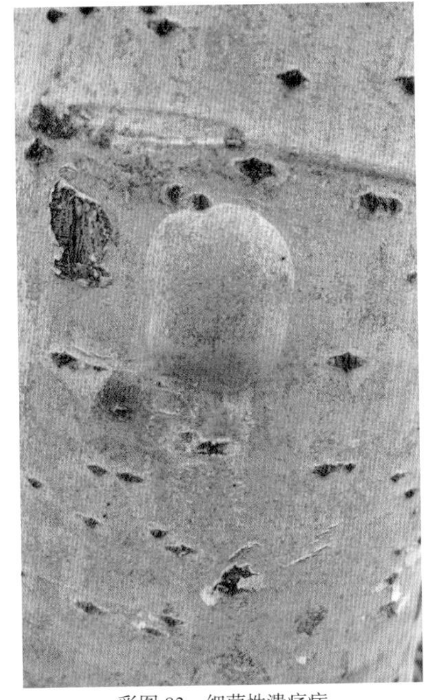

彩图 83　细菌性溃疡病

彩图 85　旱柳腐烂病

彩图 86　毛泡桐干腐病

彩图 87　梧桐日灼病

彩图 88　海棠桧锈病叶面病斑

彩图 89　桧锈病叶背锈孢子器

彩图 90　榆叶梅染病根部瘤状物

彩图 91　草坪叶锈病

彩图 92　草坪镰刀菌枯萎病

彩图 93　草坪腐霉枯萎病

彩图 94　雪松下边枝条应保留

彩图 95　银杏短截大枝，破坏树形

彩图 96　不可将银杏整个轮生枝全部疏除

彩图 97　将垂榆下垂枝短截至同一高度

彩图 98　修剪过重，冠干不成比例

彩图 99　山里红自然开心形

彩图 100　海棠花剪口下萌蘖枝

彩图 101　樱花只短截顶梢，未疏过密枝

彩图 102　樱花修剪过重，内膛下部空秃

彩图 103　紫叶李嫁接砧木萌蘖枝未剪除

彩图 104　剪口萌蘖枝

彩图 105　杏树未修剪树冠郁闭

彩图 106　杏树采果后，对生长枝摘心

彩图 107　帚桃

彩图 108　碧桃休眠期修剪

彩图 109　碧桃开花部位上移

彩图 110　掰除基部无用蘖芽

彩图 111　牡丹花后修剪花枝

彩图 112　开花部位上移，下部秃裸

彩图 113　剪去残花花序

彩图 114　贴梗海棠冠内枝条密集

彩图 115　贴梗海棠花篱

彩图 116　月季嫁接砧木萌蘖枝未疏除

彩图 117　月季盛花后短截花枝

彩图 118　黄刺玫开花部位上移，下部枝条枯死

彩图 119　棣棠整形式花篱

彩图 120　美人梅自然开心树形

彩图 121　紫荆根际过密枝未疏除

彩图 122　紫薇正常栽植季节修剪

彩图 123　紫薇只短截但未疏细弱枝

彩图 124　丁香过密枝

彩图 125　金银木非正常栽植季节修剪

园林绿化施工与养护知识300问

中国风景园林学会园林工程分会
天津兰苑园林绿化工程有限公司 组织编写

何 芬 傅新生 李瑞清 主 编

中国建筑工业出版社

图书在版编目（CIP）数据

园林绿化施工与养护知识300问 / 何芬，傅新生，李瑞清主编；中国风景园林学会园林工程分会，天津兰苑园林绿化工程有限公司组织编写. —北京：中国建筑工业出版社，2015.6（2021. 8重印）
ISBN 978-7-112-18080-6

Ⅰ.①园… Ⅱ.①何…②傅…③李…④中…⑤天… Ⅲ.①园林－绿化－工程施工－问题解答②园林－绿化－种植－养护－问题解答 Ⅳ.①TU986.33-44②S731-44

中国版本图书馆CIP数据核字（2015）第085236号

责任编辑：郑淮兵　王晓迪
书籍设计：京点制版
责任校对：刘梦然　党　蕾

园林绿化施工与养护知识300问

中国风景园林学会园林工程分会
天津兰苑园林绿化工程有限公司　组织编写
何　芬　傅新生　李瑞清　主　编

*

中国建筑工业出版社出版、发行（北京海淀三里河路9号）
各地新华书店、建筑书店经销
北京京点图文设计有限公司制版
北京建筑工业印刷厂印刷

*

开本：880×1230 毫米　1/32　印张：13⅛　彩插：8　字数：339千字
2015年8月第一版　2021年8月第二次印刷
定价：48.00元
ISBN 978-7-112-18080-6
（27239）

编委会成员

前　言
preface

园林绿化是城市的基础建设，是现代化城市的重要标志，也是一个城市的名片。园林绿化在维护城市生态、环保、宜居、美化生活、减灾避灾等方面起到重要作用。随着城市理念的深化，园林绿化建设更趋向资源节约型、环境友好型、低碳节能型发展。这就要求我们的技术体系更全面、更深入、更完善，在继承传统的绿化技术的基础上，本着勇于创新的精神，对关键性技术难点及涌现的新问题，敢于多问几个"为什么"，多角度挖掘内涵，多层面剖析认识，提供多思维新技术，支撑园林绿化建设。

本书是"十一五"国家重点图书——风景园林手册——《园林绿化施工与养护手册》的姊妹篇。感谢业内专家、技术人员及一线施工人员的鼓励和支持，并热情地提出不少施工中的困惑及许多个"为什么"，本书侧重施工现场状况、一线技术人员需求和行之有效的实用技术，研讨施工中如何发现、认识、分析问题，及应采取的解决、补救、提升的技术措施。

本书采用自问自答的形式，从园林绿化施工、园林绿化养护、重点观赏树种整形修剪等方面提出300多个问题并对其进行解析。其中不乏为什么施工现场要挖剖面探查、如何识别真假排盐工程、产地苗木检验的技巧、山苗与栽植苗的区分、如何识别假土球、如何判定嫁接成活苗、如何测试土球浇透水、如何恢复大苗生长势、病危苗木如何挽救、苗木假活与真活的检测点、苗木栽植合理深度、如何依据排泄物等反判害虫、主要园林树种特异化景观修剪等问题。本书通俗易懂，可操作性强，希望能为园林规划设计、施工、养护管理等技术人员、研究人员、在校学生等人士提供有益的帮助。

由于时间仓促，编著者能力有限，难免存在错误，我们真诚期望读者提出批评和改进意见。

编著者

2014 年 10 月

目　录
Contents

第二篇　园林绿化养护工程 /135

第一章　绿地植物养护管理 /136

第一节　中耕除草 /136

第二节　灌水、排水 /148

第四节 苗木整形修剪 /165

第三篇　观赏树木整形修剪 /309

第一章　乔木树种整形修剪 /310

第二章　灌木类树种整形修剪 /335

园林绿化施工工程

第一章 施工前的准备工作

第一节 施工现场踏勘和图纸会审

1. 了解工程概况包括哪些具体内容？

（1）了解施工季节，工期要求，明确进场日期、开工日期、竣工日期。根据施工季节了解能够提供的现场施工条件，以便合理安排施工进度，保质、保量、适时完成施工任务。

（2）了解工程范围、工程量、工程特点和质量要求，如绿化总面积、苗木品种、规格、数量等。地下排盐、给水、排水、地形构筑质量要求及工程量，是否更换客土等。

（3）了解市政管网配套设施是否完善。

（4）了解建设单位对现场地上物的保存、处理意见和要求。了解地下管网埋设情况，在施工过程中有无变更、埋设实际情况与设计有无出入等。

（5）了解施工条件，交叉施工范围、时间，以便提前与各方协商调整，确保绿植工程能够顺利进行。

（6）了解工程投资及设计预算，便于项目部编制施工预算计划。

（7）认真听取设计单位的技术交底，了解设计意图、对施工质量和绿化景观效果的标准要求。

（8）了解并确定施工现场附近的水准点、测量平面位置导线点的具体位置。如不具备上述条件，则应向设计单位提出，由设计方确定可作为定点放线依据的永久性参照物。了解红线范围。

2. 施工现场踏勘包括哪些内容?

入场前，应组织工程部相关人员对施工现场和周边环境进行细致的现场勘察。现场复核图纸中地形地貌、地上物、地下管线和隐蔽物、地下水位等与现场实际情况是否符合。

1）现场的周边环境是否有工厂、盐池、盐滩、池塘等。测定工厂、盐池、盐滩、池塘所处的方位以及与现场的距离。

2）地上物情况

向有关单位认真了解施工地段地上物的保留和处理要求，不具备施工条件或有施工难度的，应及时与建设单位进行协商解决。原有树木需砍伐的，必须向有关单位申请办理移伐手续，获得批准后方可进行迁移或伐除。

3）地下管线和隐蔽物埋设情况

（1）要求建设单位提供相关地下管网竣工图纸，不能提供图纸的，要派人对施工现场地下管线、管道、隐蔽物等位置进行查验。了解地下管线埋设位置、走向、标高等，并在图纸上加以标示。同时在施工现场设置明显标志，防止施工时损坏管线或隐蔽物。

（2）查看管沟土壤夯实情况，避免发生因管沟回填土未夯实，苗木栽植后出现土壤塌陷现象等。

（3）核对设计施工图纸中标注的苗木栽植位置，是否与地下管线和隐蔽物发生矛盾，如不符合栽植条件，应向建设单位及设计人员提出，妥善解决。

4）原土本底情况

（1）了解施工现场地形地貌状况，设点做土壤刮面，分层采取土样，分别测定土壤容重、腐殖质含量、全盐含量及 pH 值。标注土壤质地、种植土厚度、黏土层厚度及分布位置。

（2）根据专业技术部门测试数据，确定土壤改良方案，估算原土清运、客土回填土方量，了解渣土的处理去向。

5）地下水情况

了解常年地下最高水位、地下水运行规律。

6）水源情况

确定施工场地水源的位置、业主单位提供的水源水质、供水压力等是否符合施工要求，并进行现场核实。提取河、湖、坑水，测试水的pH值、矿化度等理化指标，确定临时水源是否符合绿化用水标准。如水源条件暂时不具备，则应确定其他运水途径及灌水方式。

7）交通状况

查看施工现场内外交通运输是否通畅，大型机械车辆是否便于通行，上方有无障碍物，不便于运输的能否另辟路线解决交通运输问题，以保证施工期间运输畅通。

8）电源

落实电源所在位置、电压及负荷能力等。了解是否具备安全搭设临时线路的条件，确定需要增添的相关设备及材料等。

9）排水设施

了解排水设施是否健全、绿化排水是否通畅。了解雨水井尚未与市政管网系统相通，或未建市政排水管网系统的，是否具备强排条件。

10）确定施工期间临时生活设施，如办公、宿舍、食堂、厕所等具体位置、范围。施工材料、施工机械及设备的存放地点等。

11）了解苗木临时性假植地的所在位置、范围、土质、地下水位情况等，确定是否适宜作苗木临时性假植用地。

12）定点放线的依据

在有设计单位和监理单位相关人员在场的情况下，做好现场基准点（水准点和导线点）交桩工作，确认无误后进行交接，并提供详细资料，同时办理交接手续，对原测设点及时进行妥善保护。

3. 怎样做好图纸审核和意见反馈?

入场前必须组织相关专业技术人员对设计单位提供的全部设计资料进行认真审核，熟悉施工图纸、了解工程特点、确定工程量等。核对图纸及相关数据、内容有无错误和遗漏，对发现的问题做好标记和记录，以便在图纸会审时提出。

1）审核内容

（1）核对施工图纸目录清单，检查设计图纸是否齐全、有无漏项等。

（2）图纸说明是否清楚、完整，表达是否准确。施工图纸与说明书内容是否一致，有关规定是否明确。施工图各组成部分之间，有无相互矛盾和错误之处。

（3）设计图纸中标注的主要尺寸、位置、高程等是否准确无误。

（4）按照植物表中所列植物品种、根据图中标注的位置，对苗木数量与栽植面积分区、分块逐一进行核对，核实图表中植物材料品种、数量是否一致。对与图中不符部分，应列表明示，提供给设计单位进一步核实。

（5）根据当地的气候条件、栽植地原状土全盐含量及 pH 值、地下水位等，审核植物材料选择是否恰当，环境条件是否适合苗木生长发育要求。

（6）苗木胸径与冠幅、地径与蓬径是否准确统一，栽植密度是否合理，能否达到预期的景观效果。植物材料在数量和质量上，能否满足景观设计要求。

（7）栽植位置是否正确，栽植土厚度、生长空间及光照条件等是否能够满足植物生长需求。图纸上苗木栽植位置与现场建筑物及各种地上设施间的最小水平距离，与道路交叉口的间距，各种地上杆、线与苗木水平距离、垂直间距，各种地下管道外缘至树木根颈中心的最小水平距离、垂直距离等，是否符合规范要求。

（8）排灌设施是否完善，排盐方案是否可行，设计是否符合施工条件等。

（9）根据现场地形地貌状况和土壤改良方案，计算设计土方量是否准确，相差较大时需向设计单位说明，以便及时得到确认或调整。

2）意见反馈

对图纸中存在漏项、疑点、错误之处，及施工时间、运输条件、设备等施工中可能遇到的有关问题，需列出汇总清单，以书面形式及时反馈给建设单位和监理部门，以便在组织图纸会审时，相关单位对图纸中存在的问题和不足，能够及时做出说明、修正、补充和合理的调整。

第二节 施工准备工作

4. 如何做好基准点和原始地貌复测工作？

1）基准点复核

项目接到交桩资料后，应立即组织工程测量人员，对所给各基准点进行复核，复核结果误差满足规范规定要求时，方可作为测量定线的依据。

2）原始地貌复测

（1）在施工场地内设置多个固定的桩点，对各桩点坐标及水准高程进行反复测量复核。在经纬仪手册和水准测量手册上注明其位置、点号和高程，以便施工引测，以作为平整场地和工程定位的依据。

（2）现场选取测量点采用方格网取点法和GPS测量仪取点法。

①方格网取点法：根据现场情况，在经纬两方向做固定间距辅助线。对于有固定的施工范围和正规的施工图纸的项目，同时在

图纸上绘制出相应的方格网。对于没有相关图纸的项目，应对各方格网上所有经纬线长度做出标注，以便绘制成图纸。

② GPS测量仪取点法：随着科技的发展，针对大型的施工项目，采用方格网法效率较慢，人工投入较大，逐渐落伍淘汰。现在采用GPS测量仪取点，操作简单、使用快捷。在现场施工过程中，利用手把杆可以任意取点，在现场也按经纬线取点，针对地形复杂，高程落差较大地形，可以增加测量点密度，测量仪自动记录测量数据，数据后期导入电脑，较为方便。但是在规模较小、要求较高的景观施工过程中，不建议采用此种方法，因为这种方法虽然较其他方法施工速度快，但精确度较低。

（3）对现场方格网所有经纬交点进行高程测量，并做详细记录，最后进行完善归档。

（4）设计高程与现场不符时，应及时提交勘探单位和设计单位进行复审。

5. 苗源地考查的内容有哪些？

为保证苗木质量，必须对苗源地的立地条件、交通状况、土质情况、植物生长状况、植物检疫情况、当地林业部门相关制度等，进行全面调查。

1）苗源地位置

（1）以与施工现场气候、土壤条件相似地区的苗源为宜。

（2）苗源地应尽量靠近施工场地，尤其是非正常栽植季节，叶面蒸发量大，苗木新梢幼嫩、叶片纤细、质薄的品种，如水杉、合欢等，运输中易出现叶片失水干枯、嫩梢萎蔫等现象，短期内景观效果不佳。高温季节，较大数量绿篱、色带植物类苗木的长途运输，常会发生捂苗现象，不仅影响了苗木成活率，而且降低了观赏效果。因此，高温季节选备苗木时，应尽量在靠近施工现场周边地区备苗。

2）苗源地土质

选苗应以能起带土球，运输后不易散坨的苗源地为好。有些人偏重植物的景观效果和苗木价格，而忽视土壤条件，选购沙质太重的圃地苗或河滩地苗，苗木起不成坨，或运输途中造成散坨，致使苗木栽植后死亡。此类不宜做土球苗的苗源地，只有在土壤未化冻前可以起掘使用。对生长地土质情况不明的，应选 1 ~ 2 株进行试掘，以便决定是否可以选作工程用苗。草坪采购地应以地势平坦、土壤良好、易于起掘的草坪地为宜。

3）病虫害发生状况

认真调查圃地苗木病虫害发生情况，如病虫害发生较普遍，危害较严重，则说明该苗圃对病虫害防治不重视，防治不及时。因此对所选苗木，必须认真检查其是否有明显的病害症状及害虫危害迹象。特别是不易观察和发现的蛀干害虫（柏肤小蠹、果树小蠹等），部分枝条枯亡的枯萎病、立枯病、根头癌肿病等土传菌苗木。如果检查不认真，将会造成苗木批量死亡。

凡有检疫性病虫害（美国白蛾、松材线虫、杨干象、杨花叶病毒病等）、蛀干害虫危害（天牛、小蠹、吉丁虫、木蠹蛾、豹蠹蛾、沟眶象、臭椿沟眶象等），或干腐病、腐烂病、溃疡病危害严重的圃地苗，一律不在选备之中。

4）起掘及运输条件

调查苗源地是否具备大规格苗木的起掘和运输条件。如坡度较大、土层浅薄的山地苗木，或道路狭窄及车辆不易到达地方的苗木，一般不宜作选备对象。

5）苗木景观效果

目测株形是否端正美观，全方位仔细察看有无缺枝偏冠现象。有中心主干的乔木类树种，是否有完整的顶梢。常绿针叶乔木类树种，轮生枝之间是否拔节过长，有无多头现象。常绿针叶乔木及做色块、绿篱用的灌木类，是否有严重的脱腿现象，苗木枝叶是否丰满等。

6）选苗标准

观察苗木是否生长健壮、树冠端正。有些人错误地认为，植株生长越旺，越水灵越好，其实大水大肥催生的苗木，不仅抗寒性较差，而且栽植成活率也相对较低，病虫害发生也会较严重，因此水肥催生的苗木不宜在苗木选备范围之内。而干皮相对较粗，生长量较小的苗木，又被称为“小老树”，是管理不到位，苗木水肥严重不足所致，此类苗木也不在选备范围之内。

选苗数量可比实际用苗量多2%～5%，以备补苗时使用。选定苗木必须用油漆做好树木朝向标识，以利栽植时苗木朝向和观赏面的识别。

6. 编制和调整苗木采购计划的依据是什么？

（1）在对苗源地考察的基础上，根据设计要求、施工季节、施工条件、工期要求、绿植数量、苗木适宜的栽植时期和劳动力配备情况等，合理地编制苗木采购计划，以避免现场苗木大量积压，或数日无苗栽植现象发生。

（2）根据项目变更和增项内容等，及时调整苗木调运计划。

（3）非正常栽植季节，苗源地较远、不耐移植的苗木，应提前制定假植苗木的调运计划，提高苗木栽植成活率。

7. 客土土源调查的内容有哪些？

原土测定指标不符合栽植土标准要求时，应寻找新土源。

（1）按栽植土的质量标准，根据土壤造价、运距等，选择适合的土源地。

（2）对所选客土进行设点取样，对其理化性质进行测定和分析。经有资质的土壤测试中心或实验室进行测试，土壤pH值符合本地区栽植土标准或按 $5.6 \leq pH$ 值 ≤ 8.0，土壤全盐含量 $< 0.3\%$。土壤容重，松柏类 $\leq 1.1g/cm^3$；其他类 $\leq 1.4g/cm^3$；花卉类 $\leq 1.2g/cm^3$。土壤疏松不板结、土块易打碎、土壤密实度适宜，渗透系数应不小于 10^{-4} cm/sec。符合栽植土质量标准要求的，即可确定为土源地。

（3）根据规划要求和现场地形地貌确定土方量。客土土源地提供达标土方量是否能满足工程土方用量，如有缺口应再寻找新土源。

8. 如何建立健全质量监督、检查制度？

（1）建立岗位责任制，要求技术人员每天必须坚守在施工现场，掌握工程进度，进行技术指导和工程质量检查工作。

（2）对因责任不到位或未按技术方案进行施工而出现的问题，必须立即停止施工，按照工程质量标准要求进行返工。

（3）遇到不可预见施工条件下出现的问题，应立即召集相关人员现场会商提出切实可行的技术方案。

（4）技术总监或总工每周检查巡视施工现场 1 次，随时掌握工程进度、施工质量及存在问题，及时下达整改通知单，并对整改进度和结果进行督促检查和指导。

（5）项目部定期或不定期组织相关人员对施工及养护工程进行检查，检查工程进度及施工中存在的质量问题，并对检查项目进行指导和评比，以便掌控工程施工质量和提高养护水平，最终实现创建优质工程的目标。

第二章　园林植物栽植施工

第一节　灌溉与排水、排盐工程

9. 灌溉用水的标准是什么？

灌溉用水的水质直接影响到苗木的存活率，因此绿化灌溉用水必须是符合树木生长需求的水源，一般水质矿化度≤ 0.25 %，pH 值≤ 8.5 的浅层地下微咸水、雨水、井水、江河水、沟渠水、湖泊水、坑塘水、中水，基本都可用于绿化施工和工程排盐。污染的河水、坑水，盐碱地上的死水等所含的有害物质和盐碱，都会对苗木根系造成一定伤害，甚至导致植物死亡，故此类不可作为绿化用水。在施工前，必须对水源水质进行取样化验。

10. 灌水的方法有几种？

1）围堰灌水

孤植树，可在树穴外缘堆筑围堰灌水。丛植苗木，可在数株苗木外围修筑灌水围堰。在微地形上片植的，应沿等高线做好围堰，在围堰内直接灌水。

2）喷灌

是利用机械和动力设备，使灌溉水通过喷头将水分散喷出去，呈雨滴状均匀地洒落在绿地上的一种灌水方式。

主要用于低矮植物的灌水，如草坪、花坛、花境、绿篱、色块、花灌木等，可使用人工喷灌。大面积草坪常用自动化喷灌系统进行喷灌，通过间断控制灌水时间，使水喷洒均匀，保证水喷到、灌透。也可使用移动喷灌设施，将草坪分成若干个区块，分区喷灌，保证无遗漏。

3）滴灌

又称地下灌溉，是一种省工、省水的灌水方式。通过埋入根系层土壤中的低压管道系统，与安装在毛管上的灌水器，对阀门进行人工或自动控制，灌溉水可由毛管上的孔口，将水一滴一滴缓慢渗漏到根区的土壤中。这种局部微量灌溉方式，可减少水分损失，提高水分的有效利用率。

滴灌易引起灌水器堵塞，因此滴灌时，灌溉水最好经过过滤或沉淀后使用。

4）渗灌

（1）暗管渗灌。通过埋设于地下一定深度的渗水暗管进行灌水，多用于人工不便于作业的绿地，此种方法省水、省工，但一旦管道遭到破坏或发生堵塞，不便于检查，同时也增加了维修的难度。

（2）透水管渗灌。在树木根系或土球外围螺旋状埋设透水管，透水管既可作灌水使用，又可给树木补肥。通过透水管，灌溉水从管道的孔眼中渗出，可直接到达根区，并向周围渗透，使根系及时补充水分。此种灌水方式减少了水分的流失，又不会造成土壤板结，既快捷，又节水。

11. 怎样做好绿地排水工程？

排水工程是绿化施工的重要基础工作，面积较大及地下水位较高的绿化用地，在整地前需设置排水设施。可单独做排水工程，一般多采用暗渠排水、淋层排水和盲沟排水方式。在盐碱地区则将排水并入排盐工程中。

1）地面排水

地面排水，就是利用地面坡降，将降水或过量的灌溉水，从地面向外快速自然排放到场地外缘的排水沟内，防止绿地内积水。

（1）建筑物附近的绿地，排水坡度的方向应自房基向外倾斜。

（2）北方地区面积 3000m^2 以下的观赏草坪，种植区域中心部位略高，逐渐向边缘倾斜，一般坡降度为 0.2% ~ 0.3%，便于向四周排水。

（3）面积在 3000m^2 以上及高质量要求的运动场草坪，一定要有良好的排水系统。以地表排水为主，渗透为次，一般地表排水坡降为 0.2% ~ 0.5%。如足球场南北向坡降宜 0.3%，东西向坡降 0.15% ~ 0.2%。为防止场地积水，除要求做好地表排水外，还需建立有效的永久性地下排水系统，以确保排水通畅。

2）明渠排水

依据绿化工程的位置、布局、功能，条件允许时可在场地周边或低洼处开挖小型明渠，渠底应低于栽植层 1.5m 以下，并与河、湖、排水井连通。

3）地下排水

（1）盲沟排水。一般绿地每隔 15m ~ 20m，挖一条深 0.3m、宽 0.5m、坡降为 2‰的盲沟。自沟底填入 15cm ~ 20cm 石屑，上面铺薄土工布，回填栽植土与地表平。盲沟两端必须与绿地周边地下排水系统相连，由场地中心向外排水。

高质量的草坪地，每隔 15m 挖一条深 1m、宽 0.8m 的盲沟，盲沟两端与周边排水系统相连。自沟底分层填入石屑 40cm、粗黄沙 15cm，上铺薄土工布，再填土至栽植面。

（2）盲管排水。在施工场地上，每隔 15m ~ 20m 挖一条深 1m ~ 1.2m、宽 0.3m、坡降为 1‰ ~ 3‰的盲沟，沟底找平并适度夯实。沟底铺 10cm 厚石屑，其上安装 DN60PVC 渗水管，管上覆 10cm 石屑和土工布，回填栽植土。盲管与市政排水系统连接，通过地下排水系统，将渗透到底层的水及时排出。

（3）暗渠排水。在施工场地上，每隔 15m ~ 20m 挖一条深 1m、宽 0.4m 的沟渠，沟底横铺一排砖，两边各竖砌一排砖，竖砖上再横盖一排砖砌成暗渠，周围用土填埋，轻夯实，回填栽植土。渗透到底层的水可通过暗渠直接排出。

12. 如何做好地下排盐工程？

盐土、盐滩、滩涂、重度盐碱地（土壤全盐含量＞0.5%时，pH值＞8.5），应实施系统的地下排盐工程。暗管排盐工程技术，是控制土壤次生盐渍化最有效的措施。

1）技术流程

清除地表土→定点放线→挖排盐沟、收水沟、收水井→铺设渗水管、收水管→铺设防侧渗土工布→铺设淋层→铺设无纺布→回填栽植土（客土、原土、原土＋改良栽植土、改良栽植土）

2）铺设方法

（1）按设计标高，开槽清除地表土或至最高地下水位之上，槽底如有淤泥、软土和“弹簧”现象，应用挤石块处理，块石间用砂石填严找平，处理范围为100%，深度为0.5m以下。

（2）按设计定点放线、打桩，准确标明排盐沟（盲沟）、收水沟、收水井的位置及中心点线。

（3）沿海地区盐滩、荒滩、盐池附近的绿地，必须采取防侧渗措施，避免绿地土壤遭受污染出现次生盐渍化。沿槽壁垂直铺设防侧渗塑料布或不透水的土工布至槽底，整体不破不裂，接口热封固定。

（4）排盐槽并列或呈人字形分布，间距依土质、盐碱程度而定，一般在6m ~ 15m间。绿地采用2 ~ 3级铺设形式，纵向铺设长度不超过100m，行道树铺设长度不超过100m。

（5）开挖排盐槽（30cm×30cm）时，从高处挖起（排盐槽不可低于地下水位，如遇侧渗水应及时强排），开槽要直，槽底要清理平整，找平适度夯实，保持2‰坡降。在槽低处顶端垂直方向设置收水沟。当收水沟底为软土层（淤泥、流沙、施工造成的地基搅动等）时，应采用挤石块处理，块石间用砂石填严，挤石深度不小于搅动深度70%。在每50延米处设置一个收水井，井底深至淋层下不得低于15cm，井口高于地表10cm，加盖备用强排。

（6）排盐槽内平铺10cm厚石屑（炉渣、陶粒、粗砂等），保持相应的坡降。石屑淋层材料中，石粉、石灰、泥土等含量不得超过10%。

（7）在石屑中心线上铺设直径6cm ~ 8cm的双波纹PVC渗水管（盲管）（彩图1），接口处用胶粘牢固，上下两端用无纺布封口，包扎严紧。不可在石屑上直接铺设渗水管，以免上土后渗水管碾压变形，失去排盐作用（彩图2）。

（8）渗水管四周用石屑（炉渣、陶粒、粗砂等）填盖（彩图3），其上淋层平铺石屑厚度不小于16cm ~ 20cm，渗水管过路时应加外套钢管或水泥管予以保护，保持相应的坡降。

（9）在收水沟内铺设收水管（塑料、混凝土管、砖沟等），保持1‰坡降。盲管与收水管连接要顺畅，接口应严密，可用水泥固定。收水管连接市政排水管网、明沟、收水井。接入收水井的排盐管，入井处的弯曲半径不小于60°，末端伸出井壁5cm，其管径底部高于排水管管中及明沟全年最高水位15cm以上（彩图4）。收水井内的水，通过收水管排入边沟或市政雨水井，在不能自排时必须用泵进行强排。为防止边沟水发生倒灌，可在排盐管末端加设阀门，当外围水位高于出水口时，关闭阀门防止倒灌。

（10）铺设的淋层（碴石、液态渣、炉渣、粗砂等）应高于常年地下最高水位，其厚度不得低于16cm ~ 20cm，平铺均匀，不得有空缺或间断（彩图5）。排盐隔离层铺设完成后，应对观察井、主排盐管进行测试。

（11）淋层上平铺无纺布，防止上层土壤下漏阻塞淋层、渗水管网。铺设淋层后，现场不得进入载重车辆、机械。在淋层无纺布上回填土壤，依不同土壤采取不同处理措施。

（12）微地形高程大于2m ~ 3m时，可在栽植土深度1.2m处铺设15cm隔淋层。

第二节　土壤改良与土地平整

13. 怎样做好原土及更换客土的本底调查？

土壤是植物生长的基础，但不是所有的土壤都适合植物的生长。不同的土壤类型、不同的土壤质地、不同的土壤酸碱程度，可能成为某些植物的限制因素。因此对栽植土或更换的客土，必须做好本底调查。

有些单位不分地点、不分时期随意取样，如灌水后或雨后所取土样没有代表性，不能作为制定施工方案的依据。首先了解施工现场地形地貌状况，按地貌变化进行设点取样。

（1）原状土，一般较平坦处，每$500m^2$ ~ $1000m^2$设点，作土壤剖面垂直下挖，深至1.5m，了解土壤类型、土层结构、土质分布。并按地表0cm ~ 10cm、30cm ~ 40cm、60cm ~ 80cm，分别随机挖取土样5处，混合后每份不少于200g。分别测定8项离子，以便确定盐碱地类型和土壤改良方案。

（2）客土按每$500m^2$或$2000m^2$设点，分别自土壤刮面20cm、50cm处挖取土样。

（3）分别测定所取土样的土壤容重、腐殖质含量、全盐含量及pH值。同时测定Na^+、K^+、Ca^{2+}、Mg^+、CO_3^{2-}、HCO_3^-、Cl^-、SO_4^{2-} 8项离子含量，以确认盐碱土类型。依上综合分析，确定原状土是否需要更换客土，客土是否达标，并确定土壤改良方案。

注意下雨时或大雨过后不得采取土样，以免影响数据的准确性。

14. 栽植土的质量标准要求是什么？

（1）土壤的酸碱度用 pH 值来表示，土壤过酸或过碱都不利于植物的生长。虽然有些耐盐植物，如胡杨、金叶莸、紫花醉鱼木、沙棘等，可以在 pH 值 9.0 的土壤中生长，但大多数植物的土壤适生 pH 值范围为 5.6 ~ 8.0。在城市园林绿化中，要求植物的多样性，因此城市绿化用土必须达到 $5.6 \leqslant pH \leqslant 8.0$。

（2）土壤全盐含量为 0.1% ~ 0.3%。

（3）土壤密度 $1.0g/cm^3$ ~ $1.35g/cm^3$。

（4）土壤性状：土壤疏松不板结、土块易打碎、土壤密实度适宜，渗透系数应不小于 10^{-4}cm/sec。

（5）土壤有机质含量应不小于 1.5%。

土壤是植物生长的基础，为保证城市园林绿化建设的可持续发展，凡是不符合栽植土质量标准要求的，必须进行改良或更换客土。

15. 沙质土如何进行改良？

沙质土土质疏松，透气透水性强，绿地不易造成积水。但因土壤孔隙大，易漏水漏肥，抗旱能力弱，保肥性能差，土壤养分、水分流失严重。有些沙质土粒径过小，土壤孔隙小，透水性差，栽植前应以提高土壤容重为重点。

（1）冬前深耕土地，翻淤压砂，深土淤泥经冬冻春化处理后粉碎。

（2）近地取材，在地表均匀撒入 25% 黏土（15% 泥炭、30% 河泥等）、10% 有机肥，进行深翻，也可进行穴土局部改良，提升土壤容重至 $1.2g/cm^3$ ~ $1.3g/cm^3$，提高保水保肥性，增加土壤肥力。

（3）增施有机肥，适时追肥，并掌握勤浇薄施的原则。

（4）时间允许可先行栽种田菁、草苜蓿、紫花地丁等绿植，秋后深翻压肥。

（5）有条件的地方，可在有机肥中增施菌肥，如释酸菌、腐殖酸等，用以提高土壤中微生物含量和活性，恢复和创建植物根系和土壤微生物共生的生态体系，可较大幅度提高苗木的成活率和景观效果。

（6）沙质土过细导致透水透气性差，此类沙质土需掺拌有机肥和草炭土，用以改善土壤的通透性。

16. 黏质土如何进行改良？

黏质土土壤养分丰富，有机质含量较高，但遇雨或灌溉时，水分在土壤中难以下渗而导致排水困难，影响植物根系的生长，阻碍了根系对土壤养分的吸收。应以降低土壤容重为重点，利用本地废弃材料进行土壤改良。

（1）在冲积母质中，黏土层的下面有砂土层（腰砂）的，可采用翻砂压淤技术措施。

（2）施用膨化岩石类，如膨化页岩、浮石、硅藻土、珍珠岩、陶粒、煤矸石、岩棉材料等。

（3）近地取材添拌 20 %河沙（25% 沙土、15% 炉渣、20% 粉煤灰、25% 建筑废弃土）、10% 有机肥等，降低土壤容重至 $1.2g/cm^2$ ~ $1.3g/cm^2$，改良和配制种植土。

（4）在施工时注意开沟排水，降低地下水位，避免或减轻沥涝。

17. 壤质土如何进行改良？

壤质土兼有砂土和黏土的优点，是较理想的土壤，但一般绿化用土多为深层土，土壤较贫瘠，土质较生。应以熟化土质，提升肥力为重点进行土壤改良。

（1）深翻晾晒，反复锄划，熟化土壤。

（2）以秸秆类绿肥为主增施有机肥，有条件的地方在有机肥中较大幅度添加菌肥。

（3）蓄水保墒，减少水肥流失。

18. 碴砾质土如何进行改良？

碴砾质土成分较复杂，由山石风化土、工程废弃土与自然土壤混合而成。该类土质通透性好但漏水失肥，矿物质丰富但有机质缺乏，排水通畅但墒情较差，苗木成活容易但生长不良。应以保水保肥为重点进行土壤改良。

（1）碴砾超过 50% 时，植物生长困难，应掺土或采用换土的方法。

（2）碴砾含量 < 30% 时，可以不经改良，直接种植耐旱的植物。

（3）大型景观绿地需清除直径 10cm 以上碴砾，精细绿化及草坪、花坛景区需清除直径 2cm 以上碴砾，必要时要过筛。

（4）普遍增施有机肥，适时追施长效复合肥。

19. 围海造地吹填土如何进行基础硬化处理？

吹填土是沿海地区围海造地的次生产物，是将海底泥沙吹至近海滩涂上积聚而成，泥沙表层粘着以钙、钠为主的多种盐及海水中有机质组成的络合物。其特点是含盐量超过 1% 以上，基础结构不稳定，易流失。因此在做地下排盐工程之前，一定要做好基础硬化处理，小范围的一般采取打水泥桩，或将石块、工程废弃的砖瓦石料等抛入泥沙质土中，每立方米按 15% ~ 20% 投料。经自然蒸发、强排淋水、晒干成型，碾压加以硬化、固化，然后再按设计进行施工。规模大的，采取“真空预压法”固化工艺技术处理。

20. 盐碱土地表如何直观识别?

各种盐碱土都是在一定的条件下形成的，其形成的实质主要是各种易溶性盐类在地面做水平方向与垂直方向的运行，从而使盐分在土壤表层逐渐积聚起来。通过观察其形态，可初步认定盐碱种类。

（1）盐卤（$MgCl_2$、$CaCl_2$）：地表呈暗褐色、油泽感（巧克力色泽）的潮湿盐碱土，俗称“黑油碱”“卤碱”“万年湿”，用舌尖尝发苦。

（2）食盐（NaCl）：地表有一层厚薄不一的盐结皮或盐壳的盐碱土，人踩上去有破碎的响声，俗称“盐碱”。用舌尖尝有咸味。重度盐碱和滨海盐土地表有盐霜及食盐结晶。

（3）芒硝（Na_2SO_4）：地表呈白色、蓬松粉末状的盐碱土，人踩上去有松软陷入感，俗称“水碱”“白不咸”“毛拉碱”。用舌尖尝有清凉感。NaCl 与 Na_2SO_4 混合的氯化物—硫酸盐的结壳蓬松盐渍土，俗称“扑腾碱”，人踩上去发出“扑—扑”的声音，用舌尖尝有咸、凉感觉。

（4）苏打（Na_2CO_3）：苏打盐碱土地表呈浅黄色盐霜、盐壳，有的盐壳有浅黄褐色的渍印，用舌尖尝味涩咸稍苦。雨后地面水呈黄色，似马尿，俗称“马尿碱”。

（5）小苏打（$NaHCO_3$）：地表发白、无盐霜，但地表有一层板结的壳，干时有裂缝，极少有植被。雨后可行走。俗称“瓦碱”“缸碱”“牛皮碱”；另一种地表呈有规律的龟裂纹理，裂隙 2cm，结壳十分坚硬的龟裂碱土，俗称“白僵土”“碱巴拉”。

21. 盐碱土对植物生长发育有哪些危害？表现症状是什么？

为了降低施工成本，存在对 pH 值 > 8.5 的原生土不进行客土更换或只做部分更换、甚至更换的客土 pH 值 > 8.5 的现象，导致苗木栽植后绿化效果远远达不到景观要求。有些耐盐性差的植物，栽植后当年就死亡，甚至 1 ~ 2 年后大部分苗木因遭受盐害、碱害，树势衰弱，病虫害严重而死亡。

（1）盐土中含有过多的可溶性盐类，提高了土壤溶液的渗透压，使植物根系及种子发芽时不仅不能从土壤中吸收足够的水分，甚至还导致根内水分向外渗透，从而引起植物的生理性干旱，使植物萎蔫甚至死亡。

（2）土壤含盐量过高，尤其在干旱季节，盐类集聚表土造成盐害，常伤害胚轴，其伤害能力以碳酸钠、碳酸钾为最大。还会导致氢氧根离子对植物的直接伤害。有的植物体内集聚过多的盐分，而使原生质受害，蛋白质的合成受到严重阻碍，从而导致含氮中间代谢物的积聚，造成细胞受害。

（3）因土壤中溶液浓度过高，植物根系不能正常吸收土壤中的水分，所以也就不能正常吸收养分。同时由于钠离子的竞争，影响土壤养分的转化和吸收，使植物对钾、磷和其他营养元素的吸收减少，磷的转移也会受到抑制，从而影响植物的营养状况，导致植物因“生理饥饿”萎蔫死亡。

（4）在高浓度盐类作用下，气孔保卫细胞内的淀粉形成受到阻碍，致使细胞不能关闭，因此植物容易干旱枯萎。

（5）盐碱环境制约了植物的正常生长，表现为植物生长量小，叶片小，叶片外缘枯焦，花小，开花量减少，提前落叶、落果，发病严重，生长势衰弱等，严重影响植物生长发育和园林景观效果。

因此对 pH 值 > 8.5，全盐含量 > 0.3% 的原生土，必须更换达标客土。

22. 怎样改良滨海盐碱土?

盐碱土是盐土和盐化土壤、碱土和碱化土壤的总称。盐碱土养分贫乏（有机质、氮素含量低，有机磷奇缺）、地温低（尤其春季，植物根系亟须温度）、土壤微生物稀少且活力差、土壤瘠薄、板结且通透性不良，阻碍植物正常生长发育，因此综合治理是改良盐土的重要途径。

地势低洼、地下水位高、土壤盐碱，是大多数滨海地区的土壤特点。土壤中盐分的含量，可以随地下水垂直上下移动而发生变化，因此变化规律随季节的变化而发生变化，“七八月地如筛，九十月又上来，三四月里最厉害”。其运行规律是“盐随水来，盐随水去”。人们普遍认为土壤中的盐碱可以随水而走，但在以反复大水压盐灌溉的环渤海等地区，出现了“盐降碱升”现象，为碱化土的改良带来难度。因此土壤改良必须以水为先导，以肥为主，并与排盐、排水工程配合进行。

1）滨海盐土、盐滩

该类地区低洼，地表接近地下水位（海水），含盐总量高达2%以上，地表盐垢、碱斑化。应以实施系统的地下排盐工程、抬高栽植层为重点进行土壤改良。

（1）清除盐垢、碱斑，平整压实地面，回填建筑工程废弃土至地下最高水位处。

（2）按回填土：草炭：盐碱地生物改良剂（或有机肥）：磷石膏（石膏）=10 ∶ 1 ∶ 2 ∶ 1 比例充分混合，改良和配制栽植土。

2）滨海滩涂、湿地

该类地区地表积水，土壤含盐总量高达0.5%以上。零星或整体覆盖有代表性的盐生植物群落。绿化工程用土来源于客土，湿地土，挖湖取土抬高地面。应以改善土壤结构，提高土壤的活性、肥力为重点进行改良。

（1）工程基础的硬化处理，一般用建筑工程废弃土料、砖瓦石料、山石、渣石等抛入原始工地，每立方米投料按15%～20%计。

（2）湿地土（水下土）普遍土质黏重，阴冷无活性，通透性差，缺少肥力。应晾晒及反复耕锄，提高土壤含氧量。

（3）按土量：有机肥：盐碱地生物改良剂：磷石膏（脱硫石膏）：山皮石=10：2：1：1：2比例充分混合，改良和配制栽植土。

3）含带黏土层的盐碱地

土壤含盐总量在2%左右，地下1.5m以下埋藏的黏土带，对园林绿化施工影响不大，而在地下0.3m～1m处的黏土带易被忽视，灌水、雨水下渗困难，沥涝浸泡，导致苗木根系缺氧，生长衰弱甚至死亡。应以破坏黏土带结构为重点进行土壤改良。

（1）深翻至黏土层，与上层土壤混合搅拌，按混合土：有机肥（绿肥）：盐碱地生物改良剂：磷石膏（脱硫石膏）=10：2：1：1比例充分混合，改良后配制栽植土。

（2）常规栽植后，在地表按1个/m^2～2个/m^2打孔（直径0.05m～0.06m），深至打穿黏土层，在孔内灌沙，提高土壤的通透性。

4）吹填土

从严格意义上讲吹填土不能称其为“土”，它有土壤的成分但没有土壤结构，有土壤的形态但没有土壤的性质，更类似于成土母质。在沿海大兴围海造地，创建各类经济区、商贸区、海景商住区、旅游区等的大环境下，生态环境恢复与保护、园林绿化景观建设，受到前所未有的重视和发展。围海造地的吹填土改良是绿化、景观、生态恢复的基础工作，需要改造的吹填土依据质地的不同可大致分为海沙质、淤泥质、黏土质和混合质。

（1）海沙质。近海海沙表层粘着以钙、钠为主的多种盐与海水有机质组成的络和体。含盐1%以上。应以洗盐、创建土壤结构为重点进行改良。

①海沙基质结构不稳定，易流失，绿化施工前一定要做基础硬化处理。一般采取打水泥桩、抛入山石、工程废弃砖瓦石料，强排淋水，使其固化。

②海沙上附着盐分不易淋洗（手触有粘着感），场地淋盐时需覆盖一层酸性物质（糠醛渣、草炭、磷石膏、醋渣等），做畦灌水淋盐。

③按海沙：黏土：山皮石：有机质 =10 ：4 ：2 ：2 比例充分混合配制为改良种植土。

（2）淤泥质。由内河冲积、海水侵蚀、泥沙淤积或次生盐碱化而成，有水时泥泞，无水时板结，通透性差，肥力低下，含盐 1% 左右。应以抬高种植层面、设置良好的给排水管网为重点进行改良。

①按最高地下水位为标准，覆土抬高地面（乔木种植层厚度为 1.2m ~ 1.5m，灌木为 0.6m ~ 0.8m，宿根地被植物为 0.4m ~ 0.6m）。

②健全排水系统，顺排（市政管网）、强排（集水井）双配套。

③按淤泥：沙土：山皮石（渣石、碎石、工程废弃土等）：有机质 =10 ：4 ：2 ：2 比例混合配制为改良种植土。

（3）泥质黏土。近海床为深层未熟化黏性土，受海水及海基质侵蚀而盐碱化，含盐 1% ~ 2%。应以调整土壤结构为重点进行改良。

①按最高地下水位为标准，覆土抬高地面至标准要求。

②按泥质黏土：沙土（河沙、粉煤灰、碱渣等）：山皮石：有机质 =10 ：5 ：2 ：2 比例混合配制为改良种植土。

（4）混合土质。沿海滩涂、盐场、滨海湿地基质的混合物。地势低洼，地下水位（海水面）高，土壤结构混乱，成分复杂，

含盐量 1% ~ 1.5%，治理困难，需因地制宜采取措施。

①清除地表盐碱皮层，埋入地下水位（海水层）处。

②依据主要成分，参考其他改良技术措施。

（5）渣土及工程弃土。较好的再生种植土源，但多数已受海水及盐碱基质侵蚀而次生盐碱化。应以控制次生盐碱化、恢复再生土壤肥力为重点进行土壤改良。

①设置防海水侧渗、底返的隔离设施，一般采用垂直防渗土工布、底铺淋层阻隔，防渗土工布直达淋层底部，淋层高于最高水位。

②清除渣土及工程弃土中有害杂物、直径 0.05m 以上固体材料。

③按渣土及工程弃土：壤土或黏土（见沙掺黏、见黏掺沙）：盐碱地生物改良剂：有机质 =10：5：1：2 比例混合配制为改良栽植土。

23. 如何改良碱性土壤？

在环渤海盐碱区，华北、西北内陆干旱—半干旱盐碱区、东北草甸荒区等地，土壤含盐总量处于中、下水平，但碱度却很高（pH 值 > 9，甚至 15 以上）。在以反复大水压盐、灌溉的环渤海等地区，出现“盐降碱升”现象，为碱化土的改良带来难度。

（1）挖渠排水，抬高栽植层，提前对土壤进行深翻晾晒。

（2）前期可栽植泌盐及耐盐碱植物，如田菁、苜蓿、紫花地丁、柽柳、紫穗槐等，后期加入糠醛渣等酸性有机物压肥治碱。

（3）按碱性土壤：酸性有机物（糠醛渣、草炭、醋渣等）：无机物（脱硫石膏、石膏、煤矸石等）：有机肥（绿肥、畜肥等）=10：2：1：2 比例改良和配制栽植土。

（4）有条件的地方可在绿肥内加入 0.5% ~ 1% 的释酸菌液，可加速碱性土的改良。

24. 草坪建植地如何进行土壤改良？

（1）一般草坪播种坪床，土壤 pH 值略超 8.0 的盐碱地区，在进行土壤处理时，可在地表撒脱硫石膏或有机肥加以调节。

（2）广场及运动场草坪，要求种植层既要有稳定的保水、保肥能力，又要疏松、透气性好、渗透力强、土壤不易板结等。因此栽植土以轻沙壤土为好，土壤厚度为 30cm ~ 40cm，为增加土壤肥力需施入有机肥。如为黏土，应提高土壤通透性，掺入细沙和有机肥。掺沙量不少于 50％。每亩地需配制营养土 $30m^3$ ~ $35m^3$，沙与牛粪比例为 4 ∶ 1。先将腐熟牛粪捣碎过筛，然后与 5kg 尿素、25kg 磷酸二铵、混沙拌匀，将营养土撒施均匀。

25. 地形堆筑的方法和要求是什么？

1）地形堆筑的标准要求

（1）堆筑场地地基必须符合山体重量的最大承载能力，如大于承载能力的，必须采取地基加固措施。

（2）按设计要求构筑地形，土壤沉降后，山体的平面位置、地形高程、造型、坡度、表土平整度等，均应符合设计要求。考虑地形有沉降现象，堆筑时应根据施工季节、不同土壤的沉降系数，一般预留 5% ~ 10% 的沉降量，自然沉降基本稳定后，地形相对高程允许偏差必须符合规范要求。边界线位置偏差不得超过 ±50cm，等高线位置偏差不得超过 ±10cm。

（3）地形等高线走向基本准确，造型和坡度自然流畅，无明显的洼地和土坎，做到无积水、无严重水土流失。

（4）在大面积填筑土方时，应对填筑土进行分层碾压，每层填土 50cm 碾压 1 次，以增加土壤密实度，防止出现局部坍塌，密实度应控制在 90% 以上。

（5）地形表土层 30cm 达到“平、松、碎、净”，和“上虚下实”的质量标准。

（6）山体栽植层厚度必须符合园林绿化栽植规范要求，大乔木栽植土层厚度应保证在 1.5m 以上，以满足植物生长发育要求。

（7）山体外缘应比路缘石、散水、水溪驳岸、挡土墙等完成面标高低 3 cm ~ 5cm，有利于排水和避免排水时造成水质、园路污染。

2）堆筑方法

（1）划出地形外围轮廓线后，用竹片或木桩立于微地形平面位置，并做好标高标识，确定微地形变化识别点。用推土机由下而上分层填筑、压实或夯实。地形相对标高较高时，应用轻型推土机推平，再使用碾压机械碾压。每填土厚 30cm ~ 50cm 碾压 1 次，以增加土壤密实度，防止出现局部坍塌。每层填方密实度均应达到设计的密实度标准。

（2）斜坡上填土时，为防止新填土方滑落，应先把土坡修整成台阶式，夯实后再向上填方。

（3）每堆筑 1m 高度，对山体坡面边线按图示等高线进行 1 次修整。

（4）考虑地形有沉降现象，堆筑时应比设计高程高出 5% ~ 10%。顶部堆土到要求高度时，用水准仪测出等高线，并设立木桩，标明高度。对地形标高进行复测，确定测定标高准确无误后，再根据施工图平面等高线尺寸形状和竖向设计要求，对整个山体自上而下进行精细修整。

3）注意事项

（1）填土堆山时，不得使用受污染的土壤，如化学污染土、工程废料、生活垃圾土、易腐蚀物等。凡不合格的土源，严禁进入堆筑场地。

（2）凡山体坡度超过 23.5° 时，应增加碾压次数，防止自然滑坡现象发生。相对标高在 3m 以下的地形，可不进行分层压实。

（3）分层压实工作，应自地形边缘处开始，逐渐向中间进行，防止外缘土在碾压时向外挤出、滑落。

（4）随时监测堆筑地形的沉降和移位情况，当出现大于设计允许值时，应立即停止施工，查找原因，重新制定施工方案。

（5）地形堆筑过程中，遇有大雨天气，应及时开挖明沟，将雨水排出。

26. 苗木栽植前，如何做好杂草防除工作？

1）物理防除

为避免苗木栽植后杂草与苗木争夺水和养分，减少锄草次数，一般绿地在苗木栽植前，必须对土壤进行翻耕，彻底捡拾绿地内的宿根性杂草，特别是不易清除的苇根之类，蔓生性极强的火炬树、构树树根等。

2）化学防除

（1）暂不施工的闲散地段，可使用灭生性除草剂防除杂草，如草甘膦等。此类除草剂对任何植物均有灭杀作用，可抑制杂草萌生或杀死萌生的杂草幼苗。准备施工地段，可提前 30 ~ 40 天将土地平整后灌水，待杂草长至 6cm ~ 8cm 时，施用内吸型草甘膦除草剂，7 ~ 8 天后，一、二年生杂草枯亡。

（2）在距施工期限较短、杂草密集、人工拔除有难度的地方预建绿地，可将触杀性除草剂百草枯、灭生性除草剂荒草净，均匀地撒施在土壤表面，喷药后 1 ~ 3 天，一、二年生杂草基本枯死。

（3）在要求矮修剪的狗牙根草坪时，为控制秋季杂草，应在覆播前 50 ~ 90 天施一次芽前除草剂，如氟草胺等。

27. 一般绿化用地怎样进行土地平整？

（1）无需堆筑地形的绿化用地，必需按照场地设计标高，进行土地平整。地面平整应保持 0.3% ~ 0.5% 的坡度，以利排水，平整时汇水面应朝有排水设施的方向。

（2）土地平整后，要求地面平整，无积水、坑洼，无有害污染物，无水泥、石块等建筑垃圾，无直径大于5cm的砖、石块、黏土块，无淤泥，无宿根性杂草，无树根等。

28. 草坪用地如何进行土地整理？

1）土壤杀虫

为防止地下害虫危害，结合整地、施肥，同时撒施适量农药进行坪床杀虫处理，预防苗期地下害虫危害。

（1）结合翻地，均匀撒施土虫净4kg/亩～6kg/亩，下雨前撒施或撒施后灌水，可杀灭土壤中的蛴螬、地老虎、蝼蛄、金针虫等地下害虫。

每公顷用50%辛硫磷颗粒剂375kg与细土拌匀，均匀撒施在土壤表面，并与肥料同时翻入土中，杀灭地下害虫。

（2）98%棉隆（必速灭）微粒剂，对土壤害虫、真菌和杂草都有一定的防治效果，撒施后与肥料同时翻入土壤中。

2）土壤施肥

结合整地施入基肥，将腐熟有机肥拍碎、过筛、去杂，施入量$4kg/m^2$～$5kg/m^2$，复合肥$50g/m^2$～$150g/m^2$。肥料必须撒施均匀，以免草籽播种或草块、草卷铺设后出现草墩，影响草坪的整齐度和观赏性。面积较大的坪地，应分块撒施。

3）土地平整

（1）对地下管线回填土应先压实，再进行翻耕，做到栽植土下实上松，防止灌水后土壤塌陷。

（2）使用旋耕机，将肥料翻入土壤中，耕作深度一般为20cm～30cm，将土壤翻松，同时将杂草草根、树木残根捡拾干净。

（3）先用大型平地机大致抄平。草坪质量要求较高的大型广场、运动场地等，应将场地划分成数个面积相等的小方块，四角打入木桩，用水准仪定好标高，然后逐块用细齿耙耕2遍，将坪床整细、整平。坪床粗平后，整个坪床再用激光平地机，配合水平仪反复找平。低洼处边填土边整细、整平，地面必须保持一定的坡降。要求坪床土壤疏松，无粒径大于1cm的土块。无树根、宿根性草根、草茎、碎石、瓦块、其他杂物等。

（4）草坪播种地地表30cm ~ 40cm种植土需全部过筛，用细齿耙耕2遍后，耧平耙细，再用石磙碾压1 ~ 2遍。播种前2天，应在整平的播种地上灌足底水，待地面不粘脚时，将表层土耧细耙平即可播种。

29. 怎样整理花坛、花境栽植用地？

（1）大型花坛地面平整应保持0.1% ~ 0.2%的坡降度。四面观赏的花坛，植床可整理成中央高外围略低的扁圆丘状。单面观赏的花坛，植床可整成内侧高外侧低的一面坡形式。平整度与坡度均应符合设计要求。

（2）土表均匀撒施腐熟有机肥5kg/m^2，土壤深翻30cm ~ 40cm，耧平耙细，捡出草根、石块等杂物。整地后，要求土面平整，土壤疏松，无粒径大于2cm的土块、石块，无宿根杂草、草根、树根等。

第三节　定点放线

30. 定点放线的基本方法有哪些？

1）平板仪定位法

适宜绿化面积较大、地形地貌较复杂、场区内没有或有较少标志物，且测量基点准确的施工地段。可依据基点将单株位置及成丛成片栽植的范围边线按设计图纸依次定出。

2）交会法

适用于绿地面积较小，现场内建筑物或其他标记与设计图相符的绿地。操作时，可选取图纸上已标明的2个固定物体作参照物，如以道路、建筑物、花坛等任意2个固定位置为依据，根据图纸上与栽植植物两点的距离，按比例在现场相交会，该交会点就是栽植点的位置。

3）网格法

面积较大，且地势较平坦无明显标志物，或少有标志物的绿化用地，多采用坐标方格网法。先在设计图纸上以一定比例画出方格网，把方格网按比例测设到施工现场（一般为20m×20m），先在图纸上确定苗木所在位置方格网的纵横坐标距离，再按现场相应的方格位置，确定苗木栽植的中心基点。

4）边线定位法

适用于要求精度不高的粗放型绿化施工中。在图上量出植物栽植中心位置到道路中心线、路缘石、建筑物、水池等建筑物边线的垂直距离，用皮尺拉直角即可确定树木栽植点。

5）全站仪定位法

全站仪是现在比较常用的测量定位仪器，相对于以上几种方法更为准确、简单、快捷，适用于各类工程施工定位放线，是利用大地坐标精确定位的一种方式，误差较小，其参数误差一般为1.5mm+2ppm。我们可以根据施工图纸获取各个节点的坐标数据，利用全站仪中设置的大地坐标系统，在施工过程中准确找到栽植点。

31. 定点放线的标准要求是什么？

1）必须根据建设单位提供的现场高程控制点及坐标控制点，施工单位所建立的测量控制网，按照设计图纸进行测量放线。

2）栽植槽穴定点放线应符合设计要求，位置准确，标记明显。孤植树应用白灰点明单株栽植中心点位置，钉木桩标明树种名称和树穴规格。

3）树丛、树群、色带、绿篱、花坛、花境，栽植区域范围轮廓线形状必须符合设计要求，应用白灰标明栽植外缘线，标明品种、数量、苗木规格。

4）树丛、树群丛内单株苗木定点放线，应采用自然式配置方式，既要避免等距离成排成行栽植，相邻苗木也应避免3株在一条直线上，形成机械的几何图形。丛内栽植点分布要保持自然，有疏有密，做到疏密有致。树丛、树群丛内可用目测法画出单株或灌丛栽植中心位置，用白灰做好标志。

5）模纹花坛花纹图案放线要精细、准确，图案线条清晰、流畅。

6）行道树、片林株行距相等，横竖成排成行。行道树栽植点位必须在一条直线或弧线上，遇有地下管线和地上障碍物时，株距可在一定范围内调整，注意尽量做到左右对称，道路交叉口30cm范围内不得放线栽树。

7）定点放线准确度与图纸比例的误差，不得大于以下规定：

（1）1 ∶ 200者，不得大于0.2m。

（2）1 ∶ 500者，不得大于0.5m。

（3）1 ∶ 1000者，不得大于1.0m。

8）微地形及在地形堆筑前必须栽植大树时，需要标明高程的测点，必须在木桩上标上高程。

9）做好放线、验线工作，避免返工。

32. 孤植树如何定点放线？

孤植树常作为园林观赏的主景，多配置在庭院、花坛中央、开阔的草坪上等。在有建筑物或已建道路附近，可用交会法、边线定位法确定栽植中心点。在开阔草坪及大型广场绿地，可用网格法确定苗木定植点位置。对于要求栽植点位精确的地方，应用经纬仪及

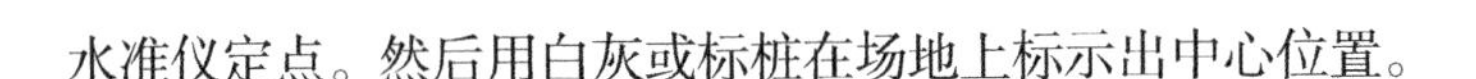

水准仪定点。然后用白灰或标桩在场地上标示出中心位置。

33. 丛植树如何定点放线?

（1）树丛、树群定点放线，可用平板仪依据基点将单株栽植位置及树丛、树群范围边线按设计图要求依次推出。也可用方格法确定树丛、树群栽植范围。先按一定比例分别在图纸上和现场画出方格，在现场相应方格内，逐株定出栽植的中心位置。

（2）树丛、树群内单株的定点放线，可根据设计要求，按自然式配置方式用目测法进行定点。

（3）定点放线后，应立即复查树丛标定的位置、树种、数量是否准确。

（4）根据苗木规格要求，如发现栽植穴位过密或过稀时，应及时反馈给监理和设计人员，以便及时进行调整。

34. 行道树栽植点如何定点放线?

（1）直线栽植时，可以道路中心线或路缘石为定点的依据，从栽植起始端点拉出道路中心线或路缘石垂直线，按要求比例尺寸量出两端的栽植中心位置，在两端栽植点拉直线，定出行位，用白灰按要求株距逐株标明单株的栽植中心点。

（2）呈弧线或曲线栽植的行道树，放线应从道路的起始点到终端，分别以道路中心线或路缘石为准，每隔一定距离分别划出与道路垂直的直线。在此直线上，按设计要求的树与道路的距离定点，把这些点连接起来，就成了一条近似道路弧度的弧线或曲线，然后在弧线或曲线上按要求株距定出每一株的栽植点。

35. 规则式绿篱、色块如何定点放线?

（1）绿地里的色块，可以道路、路缘石、花坛、建筑物，或以栽植苗木为参照物，在指定位置上，用皮尺按比例量出色块栽植范围，在地面用白灰标示出栽植外缘挖掘线。

（2）规则式绿篱，多栽植于路缘或紧靠建筑物，放线时应以路缘石或建筑物散水为界，留出设计栽植宽度，在另一侧画出栽植外缘线。

36. 非规则式色块、色带如何定点放线？

1）定点放线要求

非规则式色块、色带，一般外缘线多为流线型，因此要求栽植范围要准确，放线时外缘线要自然流畅。

2）定点放线方法

（1）在主要观赏绿地定点放线时，可用水准仪测点确定栽植区域外缘的平面位置。

（2）测点上楔入木桩，在3个以上测点设立的木桩外侧，用塑料管或粗麻绳连接，然后反复调整塑料管或绳索的位置，使外缘线达到设计要求的流线型。最后审核确定无误后，在塑料管或绳索的内侧用白灰标示出栽植区域的外缘线。

37. 花坛施工如何定点放线？

（1）平面花坛的定点放线

一般栽植面积较小、图案相对简单的花坛，可按图纸用皮尺直接放样。首先测定花坛的中心点、半径，确定出外缘线。分别区分出不同品种花卉的栽植区域，用白灰撒出轮廓线。面积较大、设计图案形式比较复杂的，可采用方格网法定位放样，将设计图案按比例放大在植床上，用白灰划出花坛轮廓线和每个品种的栽植轮廓线。

（2）模纹花坛的定点放线

模纹多为对称图形，放线时先将花坛平面分成若干份，再按图纸图样放大在地面上，然后将白灰撒在所划的花纹线上。如为不规则图形，应用方格网法及图中比例尺定点放线，采用加密方格网，方格密度不大于 1m × 1m。先用皮尺或采用方格网法确定出主要控制点位置，放线钢钎布点间距应不大于 1m。然后用较粗的镀锌钢丝或厚纸板，根据设计图样，按比例盘扎或刻制成图案模型，平放于地面轻压出模纹图案线条，然后用白灰线标示出栽植边线。

38. 定点放线时应注意的事项有哪些？

（1）需在做微地形前先行栽植的，特别是大规格苗木，栽植平面位置、栽植面标高必须测准，以免栽植过深或过浅，给日后调整栽植深度带来一定难度。

（2）定点放线时，如遇地上及地下障碍物时，应留出一定距离，遵照与障碍物距离的有关规定调整栽植点。例如乔木中心与电信电缆，给水、雨水、污水管道外缘水平距离不小于 1.5m，灌木根茎中心水平距离不小于 1.0m；乔木、灌木中心距燃气管道外缘水平距离不小于 1.2m；乔木、灌木中心距热力管道不小于 1.5m；乔木中心与电信明线水平距离不小于 2m；乔木中心距建筑物外墙水平距离不小于 3m ~ 5m；乔木中心与高度 2m 以上围墙水平距离不小于 3m ~ 4m；乔木中心与道路变压器外缘距离不小于 3m，灌木不小于 0.75m；乔木中心与电线杆距离不小于 2m，灌木不小于 1m；乔木中心与路缘外侧不得小于 0.5m ~ 0.75m；乔木树枝距 380V 电线的水平及垂直距离均不小于 1m，距 3300V ~ 10000V 电线的水平及垂直距离均不小于 3m；乔木距桥梁两侧水平距离不小于 8m。

（3）放线定点后，应立即对所标定的植物品种、栽植位置、栽植范围、栽植数量进行认真复核。

（4）及时与建设单位、设计单位、监理单位有关人员联系，对苗木栽植平面位置进行确认，如发现问题或设计方案进行变更时，应重新放线确认。

第四节 挖掘栽植槽穴

39. 挖掘栽植穴的规格要求是什么？

一般栽植穴、栽植槽的深度与宽度应根据苗木根幅、土球、容器（木箱、竹筐、营养钵）的大小、土球厚度和土壤状况而定。

（1）裸根苗。树穴直径应比裸根苗根幅大 40cm ~ 60cm，树穴深度为树穴直径的 3/4。

（2）土球苗。一般土球苗，穴径应比土球直径加大 40cm ~ 60cm。大规格土球苗，树穴直径应比土球直径加大不少于 80cm。树穴深度为穴径的 3/4。土壤较黏重或板结地，树穴直径还应加大 20%，加深不小于 20cm。

（3）容器苗。乔、灌木容器苗（筐装苗、大型营养钵苗），穴径应大于容器直径 40cm ~ 60cm。宿根地被植物容器苗，穴径应大于容器直径 15cm ~ 20cm。

（4）箱装苗。栽植穴应挖成正方形，边长比木箱宽 60cm ~ 80cm，深 15cm ~ 20cm。

40. 挖掘栽植槽穴时应注意的事项有哪些？

（1）栽植槽穴挖掘前，应向有关单位了解地下管线和隐蔽物埋设情况。在有地下管线走向范围内挖掘时，应避免使用机械作业，以免损坏管线。遇到各种地下管道、构筑物无法操作时，应立即停止作业，请设计、监理人员现场查看，及时提出调整方案，适当移动栽植槽穴位置，或调整株距。

（2）在未经自然沉降的新填客土和新堆筑地形上挖穴时，应先将穴点附近适当夯实或踏实，防止灌水后树体下沉或倾斜。如不经夯实或踏实的，应计算出客土沉降系数，以免灌水后树体下沉，导致栽植过深。

（3）挖掘栽植穴、槽时，原生土的表层土和底层土，应分别放置。

（4）土壤过湿时，挖出来的土块要及时拍碎、拍细，以备回填使用。

（5）挖掘时，如遇混凝土、沥青、灰渣、路肩三合灰土等不利于植物生长的杂质物时，应将穴径加大1～2倍，底部至清除全部杂质为止。混凝土、沥青、灰渣层过厚的，应与设计方协商，适当调整栽植位置。

（6）栽植区域内行车或人为踏实的路面，必须深翻，使土壤疏松，不可直接在硬土上挖掘栽植槽穴。穴土坚硬透气透水性差，不利于苗木根系的生长，且灌水后穴内易形成积水，导致苗木烂根死亡。

（7）在地势低洼、地下水位较高处，树穴挖掘过程中出现积水，或树穴在雨后出现积水的，应查明造成积水的原因。若因地下水位较高，则应及时与监理协商解决，或抬高地面，或调整栽植穴位置。如因下部为不透水黏土层时，应尽量打透黏土层，或穴底设置淋水层及排水设施。

41. 人工挖掘栽植穴的方法和要求是什么？

（1）栽植穴的位置、高程必须准确，穴径和深度必须符合标准要求。挖掘时，如发现栽植点标记不清楚，须重新放线标定。

（2）以定点标记为圆心，按规定的尺寸划出栽植穴边线，然后沿边线外侧垂直向下挖掘，边挖边修直穴壁直至穴底（彩图6），并将穴底土刨松、铲平，使树穴上口沿与底边垂直，切忌挖成锅底形。

（3）如穴底有建筑垃圾、水泥、石灰或砖块时，应向下深挖彻底清除渣土。

（4）如穴底为黏土层或建筑基础不透水层时，应尽量挖透或打透不透水层。已做地下排盐工程的，可直接打通至淋层。不便挖掘或打透的，穴底必须采取一定的排水措施，防止穴内积水。回填栽植土至要求深度，在栽植穴的中央底部，堆10cm ~ 15cm的土堆，并踏实。箱装苗穴底堆高15cm ~ 20cm、宽70cm ~ 80cm的长方形土台，长边与底板方向一致，将土踏实。

（5）表层为壤土或黏性土，而下部为沙质土的，穴底需深挖20cm，回填表层壤土，或黏性与沙质混合土，有利于保水保肥。

（6）在微地形斜坡上挖掘时，应先铲出一个平台，然后在平台上挖掘树穴，穴深应从坡的下沿口计算。

42. 怎样使用机械挖掘树穴，应注意哪些问题？

一般面积比较集中的规则式栽植的乔木树穴，或因工期过紧时，多采用机械挖掘。

（1）挖掘机的种类较多，应根据施工现场条件和树穴的大小，选择规格适合的机械。

（2）挖掘前，必须用白灰标示出树穴的范围。操作时，轴心一定要对准树穴的中心点，向下、向外挖掘。穴径、穴深必须基本达到标准要求，穴底要平整。

（3）不可将苗木直接栽入机械挖掘的树穴内，机械挖掘的树穴，往往达不到标准要求，因此必须经过人工修整。穴径、穴深不达标的，应按照标准要求，将其加大、加深挖掘，将穴壁上下修直。土壤过于黏重或栽植土压实的，必须将穴径扩大，穴底向下深翻20cm ~ 30cm，使土壤疏松。

43. 大树定植穴挖掘及采取的相应措施有哪些？

（1）提前挖好定植穴，树穴一般要比土球直径加大80cm，穴深应比土球厚度加深20cm。如穴底有建筑垃圾、水泥或灰渣时，应向下深挖彻底清除渣土。回填栽植土至要求深度，踏实。穴底中央堆 20cm ~ 30cm 高土堆，并踏实。

（2）如为黏重土壤，穴径要比土球直径加大 100cm，穴深再加深 30cm。如穴底为黏土层，在穴底四周需向下打孔，越深越好，以打透黏土层为宜，向孔内灌入碎石屑或粗砂。穴底铺 20cm ~ 30cm 厚的碎石屑淋层，石屑上用薄无纺布覆盖，防止树穴积水，有利大树新根生长，快速恢复树势。

（3）沿海地区，栽植穴黏土层较厚时，树穴排水不畅，土壤长期过湿，不仅不利于新根生成，而且会导致根系腐烂，苗木干腐病、腐烂病、溃疡病迅速发生、扩展蔓延，造成苗木死亡。因此，必须做好地下排水设施。在铺设淋层前，需沿穴底挖一条深 30cm 的环状沟，先铺 10cm 石屑，在石屑上铺设 PVC 渗水管（排盐管），上面再铺石屑淋层，将渗水管与穴外排水设施连通。

（4）大树移植缓苗期树势较弱，易遭受病害。因此树穴应喷洒杀菌剂，预防病害的发生。

第五节　苗木采购

44. 苗木采购中存在哪些问题？

1）采购人员不清楚合格苗木的质量标准，采购时只要求苗木规格，因此导致苗木质量不达标。应组织相关人员认真学习地方技术规程，要求采购人员必须清楚各类苗木的起掘标准、质量要求。

2）采购人员不知道如何鉴别问题苗，在苗木采购时，会出现漏查、误判等，使不合格苗木混进施工现场，因此对新上岗采购人员必须加强技术培训。

3）有的采购人员既不到苗圃进行苗木调查，也不去现场了解进苗情况，仅靠电话联系购苗，因此不能保证苗木质量。建议采购人员尽量提前到现场考察、号苗，随时掌握苗木进场情况，这是保证苗木栽植成活的重要环节。

4）为了降低运营成本，有些采购人员错误地认为，苗木价格越便宜越好，把苗木只要能活作为苗木采购的唯一标准，导致苗木质量出现问题。如：

（1）行道树胸径、冠幅、分枝点都达标，但树干弯曲不直，影响了整体效果。

（2）为了降低苗木起掘和运输成本，起掘裸根苗根幅过小，土球直径过小，土球下部尖削度过大，土球厚度过薄等。由于大量的吸收根被截断，所以此类苗木栽植成活率较低，有的虽然能够成活，但树势衰弱，缓苗期延长，栽植后2～3年内，苗木生长量小，短期内景观效果难以达到设计要求。

（3）苗木蛀干害虫和干腐病、根头癌肿病等发生严重，不仅降低了栽植存活率，而且增加了养护成本。

（4）实生苗未经过移植，直根发达但吸收根少，大树移植成活率低。

5）苗木起掘后，由于种种原因迟迟不能装车运输，又不采取任何保护措施，导致苗木长时间晾晒，使成活率大大降低。

6）苗木运输中缺少必要的保护措施，如苗木苫盖、喷水保湿等，导致苗木遭受冻害、捂苗、枝叶抽干、大枝损伤等。要求采购人员提高责任心，预先制定技术方案，调苗时向苗商提出必须采取的技术措施要求。

7）有的施工队伍管理不到位，到场苗木不管质量如何，来苗就栽。由于缺少验收机制，苗木质量的好坏与采购人员考核绩效不挂钩，也造成部分采购人员责任心不强，导致苗木质量下降。

45. 苗木采购的基本标准是什么？

（1）严格按照苗木设计规格要求采购苗木，苗木品种、变种、变型，必须准确无误。

（2）苗木生长健壮、枝叶繁茂、根系发达、树冠较完整，主轴明显的乔木树种有完整的顶梢，苗木表现出正常的物候现象。顶芽、腋芽充实饱满，无徒长、冻害和抽条现象。

（3）无检疫性病虫害或基本无病虫害。树木枝干无明显蛀孔、病斑、流胶、畸形、虫瘿、枯黄、枯死枝等。叶片无非正常变色和落叶等。根部无褐变、腐烂、瘤肿等。

（4）嫁接苗木嫁接时间应在3年以上，嫁接口愈合平整，无影响树冠整齐的砧木萌蘖大枝。未嫁接成活的苗木一概不得选用。

（5）实生苗、山地苗均应在圃地养护培育2年以上，有利于苗木移植成活和尽早恢复其景观效果。处于缓苗期的假植苗，不宜在短时间内再次进行移植。

（6）大规格苗木应是在圃养护3年以上，或提前2年进行断根缩坨处理的苗木。已进入衰老期的大规格苗木，不在苗木备选之内。

（7）苗圃土质必须以能够起掘完整土球，运输中不散坨为准。

46. 怎样才能避免采购假土球苗？

假土球苗是因苗源紧缺而通过将裸根苗在树穴内铺设的包装物上直接填土拍实制作而成的。有时因假植时间不长，苗木起掘不能成坨而采取造假手段。假土球苗直接影响苗木栽植成活率，在非正常栽植季节，甚至会导致全军覆没。因此采购时，对已选定的苗木，需认真做好调查工作，以免购进假土球苗及刚刚假植和假植时间不长的“土球苗”。

（1）先查看树穴表土的颜色，如与穴外土壤颜色不一样，看上去比较新鲜，且穴内没有划锄迹象，没有杂草，从土球外侧看不到根系，则此类苗木有可能是假植时间不长的裸根苗。

（2）用竹棍、钢钎插入土球，如感觉土壤比较松软，可挖掘做进一步检查。

第六节 苗木起掘、包装、运输

47. 苗木调运的适宜时间？

1）春植

可依据苗木萌芽早晚，根据现场作业面情况，以先大树后灌木、地被、草坪草栽植顺序，及时调整好苗木调运的顺序和时间，以保证绿植任务的顺利完成。

（1）一般苗木宜在春季土壤解冻后树木发芽前进行，华北地区以3月中旬至4月中下旬为宜。但经验证明，并不适用于所有植物，如林谚中有“椿栽蓇葖，椒栽芽”，就是说有些植物在芽膨大成球形，或发芽时为最佳栽植时期，如刺槐、臭椿、花椒、紫叶李、紫叶矮樱、紫薇、元宝枫等，因此应根据某些树种最佳栽植成活时期进行调苗。

（2）紫薇、柿树、枣树、石榴、花椒、梧桐、木槿等发芽较晚的种类，可于晚春再调苗栽植。

（3）竹类4月上中旬竹笋尚未萌发，可以起运栽植。4月底至5月上中旬，为竹笋出土及拔节高生长阶段，此时起苗易造成竹笋和幼竹损伤，故最好不进行苗木调运栽植。

（4）草卷、草块于4月中旬开始，在整个生长期均可进行起苗。

2）雨季栽植

（1）常绿针叶树种生长季节调苗计划，应安排在春梢停止生长，新梢针叶伸展长度达到正常针叶长度1/2时进行。如在春梢生长阶段进行移植，会因新梢幼嫩，运输途中风抽失水而导致嫩梢萎蔫干枯，影响景观效果。雨季栽植可延续至秋梢未开始生长前，但越早越好，当年可扎根生长。

（2）7月虽然气温偏高，但正值雨季，空气湿度较大，叶面水分蒸发相对少，且此时竹笋已拔节成形，地上部分又处于暂缓生长阶段。因此7月调运竹苗，均可提高其成活率。调苗前要注意收听天气预报，以预报有降雨前一、二天，能完成调运、栽植最好。

（3）常夏石竹喜凉爽气候，夏季处于近休眠状态时不宜起苗，高温高湿常造成根部腐烂死亡。

3）秋植

（1）大多数耐寒乡土树种，均可进行秋植。秋植可在10月下旬至11月下旬，即树木落叶80%至土壤封冻前起苗栽植。秋分前后至寒露是栽植牡丹的最佳时期，或上盆养护供翌年工程使用。冷季型草铺栽最晚至11月10日前，使草坪草根系至少有2 ~ 3周的生长时间，以便扎根，过晚则不利越冬。常夏石竹秋植宜在9 ~ 11月进行。油松、云杉等耐寒常绿针叶树种，华北地区最晚可延续至12月中旬。

（2）耐寒性较差的广玉兰、石楠、蜀桧、竹类植物等，不宜秋植。紫叶李、柿树如栽植过晚，成活率也低，故宜作明春栽植。

48. 如何调整苗木调运计划，注意事项有哪些？

（1）参照原编制的苗木采购计划，根据现场工作面施工条件、施工进度、天气状况、可投入的施工力量、栽植进度等，及时调整进苗计划，尽量以当日能栽完为宜。避免同一天内集中上苗，当天栽植不完，现场苗木大量积压，导致施工人员粗放栽植造成返工，同时也给日后养护带来诸多不便。另外剩余苗木过多，而现场又不能提供大面积临时性假植用地，苗木存放时间过长，春季干旱风大，导致严重失水，是造成苗木栽植后树势较弱或死亡、夏季发生捂苗现象的重要原因之一。而后多日上不了苗，无苗可栽，又会出现延误工期的现象。

（2）根据项目变更和增项内容，及时消减或增加苗木品种和数量，并及时落实苗源，同时调整苗木进场计划，根据起苗季节，修订苗木运输所需采取的相关技术措施，如防寒、防晒、减少树冠水分蒸发等。

（3）在苗木调运前3天，应注意收听天气预报，根据天气情况及苗源地土壤的干湿程度确定起苗时间，避免在雨天或大雨过后立即起苗运输。圃地灌水或大雨后，即使苗木能够起成土坨，但在吊装和运输过程中极易造成散坨，这是苗木栽植后树势衰弱和死亡的又一重要原因。因此采购人员应提前3天与苗源地联系落实，以便供苗方提前做好苗源地灌水、排水、开穴晾坨等准备工作，确保在运输和卸苗后土球不散裂。遇有不良天气时，应立即通知供苗方，及时调整苗木调运和栽植计划，以保证苗木栽植施工的顺利进行。

（4）早春气温虽已回升变暖，但长途运输时如遇突然降温，尤其是在夜间苗木极易遭受倒春寒带来的伤害，特别是南苗北运时遭受的伤害更为严重，因此应注意苫盖篷布。

49. 苗木挖掘前怎样做好排水和灌水？

苗木挖掘前，苗源地土壤不可过湿，但也不宜过干。可通过排水、灌水措施，使土壤达到适宜挖掘、运输的要求。

（1）刚浇过透水及大雨过后，不可立即挖苗，避免在起吊或运输过程中造成土球散坨。一般黏重土壤在灌水或大雨过后2～3天、待土壤略干时方可起苗。

（2）大雨后因赶工期急需用苗时，可采用开沟放水的方法。如灌水后土壤过湿，可在晴天提前半天挖苗、晾坨，在土球略干时再包装运输。注意预报有雨天气，不可进行挖苗、晾坨。

（3）圃地土壤过于干旱时，乔、灌木应提前 3 ~ 5 天灌一遍透水。草源地土壤过于干旱时，应提前 1 ~ 2 天灌水，土壤湿润不低于 10cm。竹类提前 2 天灌水，可提高成活率。

50. 怎样挖掘裸根苗？

（1）沿规定的根幅外侧垂直向下挖，挖掘时尽量多保留侧根和须根。当遇到粗根时，应将四周土掏空后，用手锯将其锯断，截口要平滑，禁用铁锨铲根。深挖时适当摇动树干，试探是否还有粗大侧根。当所有大根全部挖断后，开始向内掏底直至露出主根，将树身向一侧轻轻放倒，用利铲或手锯切断主根，注意保留随根护心土。在主根未切断前，不得使用吊车或人工将苗木硬性拔出，以免造成大根劈裂。

（2）挖掘时，如发现根系上有大小形状各异的近球形瘤状物时，应立即停止挖掘。

（3）为提高移植成活率，起苗后根部最好就地沾泥浆。可在苗源地挖掘泥浆池，池内填入部分原土，加入水和生根粉，充分搅拌成泥浆，将根部沾满泥浆保护，可减少运输途中根系水分的散失，提高苗木移植成活率。

51. 如何挖掘土球苗？

1）一般土球苗的挖掘

（1）灌水、排水。凡圃地土壤过于干燥或过湿的，应要求苗商提前进行灌水、排水、开穴晾坨等。

（2）拢冠。挖掘前先剪去树干基部的无用枝，用草绳或麻绳对苗木进行捆拢，但不可过于用力，避免造成大枝损伤，同时采取护干措施。常绿针叶树种，如雪松、云杉等，要注意保护好下部枝条，切勿损伤。

（3）去表土。先铲去一层表土（俗称“宝盖土”），深度以不伤地表根系为度。

（4）修坨。用铁锨自起掘线外缘垂直向下挖环状沟，沟宽以便于操作为宜，一般为60cm～80cm。向下挖掘时随即修整土球，将土球表面修成干基中心略高边缘渐低的斜面，肩部修整圆滑，土坨四周自上而下修整平滑。

（5）掏底。待挖至深度1/2时，逐渐向内缩小土球直径，将土球底部缩小到土球直径的2/3。直径大于50cm的，在土球底部掏挖一圈6cm～7cm宽的底沟，支撑土坨以便在坑内打包装。直径小于50cm的土球可以直至掏空，并用硬物支住土球。浅根性树种（刺槐、合欢、樱花、云杉等），可起掘成扁球形。深根性树种应起掘成上大下小的苹果形。要求土球完整、不偏坨、不散坨。

（6）因起苗方法不当造成土坨散裂的，应立即停止起苗，将原土回填留圃养护。

（7）未经断根处理的大树全冠移植，应以胸径的7～8倍起坨，但土质好的最大也不能超过200cm。挖掘时，尽量保护须根，如遇粗根应用利斧断根。沙壤土或杂有石砾的土，在不散坨的前提下，尽量起大土球。

2）假植苗的起挖

（1）起挖前2天应停止灌水，土球过湿时，需扒开培土，使土球表面风干，然后进行包装打络。

（2）假植时间过长，土球外已长出须根的，起苗后土球外需用湿麻片或草片包裹，防止吸收根吹干，吸收能力降低。

（3）发现筐装苗筐体有腐烂或损坏的，必须用麻绳或镀锌铁丝进行加固。

3）断根苗的挖掘

大树提前断根后，向土球外生出大量的须根，根系是依靠须根来吸收土壤中的水分和养分的，因此应尽量减少吸收根的损伤。

提前2～3年断根的，起苗时应扩坨挖掘，从沟的外缘开挖。提前半年断根的，土球应比断根处向外扩大20cm～30cm，尽量减少新生根的损伤。

52. 起掘草块的标准和要求是什么?

（1）为防止草块装卸车时破碎和利于缓苗，草块土壤不可过湿，但也不可过干。应提前2天进行修剪和灌水，大雨后2天方可起苗。

（2）可使用机械或人工用薄型平锹进行起掘，将草坪垂直向下纵切成30cm，横切成20cm～30cm，深3cm的草块，然后用平铲起出。草块带土厚度要一致，一般以2cm～2.5cm为宜，最多不要超过3cm。

53. 草坪分株建植时，草坪草应如何进行起掘?

（1）起掘前应对草坪草进行一次修剪。

（2）草源地土壤过于干燥时，需提前进行灌水，以土壤湿润10cm～12cm为宜。

（3）用平铲从四周垂直向下将草呈块状掘起，抖去部分土，草根尽量多带些宿土。要做到随起、随运、随栽。

54. 土球苗如何打包?

为防止土球在装车和运输过程中开裂、散坨，土质易松散的，在土球起掘后用蒲包、无纺布、遮阳网等包严，外面用草绳、麻绳等捆扎牢固。土质坚硬的，直接用草绳、麻绳捆扎牢固，以上所采取的这种保护措施称为打包。

1）土球打包要求

包装整齐、紧实，草绳捆绑牢固、不松脱。

2）打包方法

（1）土球直径在50cm以下的，可在树穴外打包。土球较大及土质易松散的，必须在树穴内进行打包。

（2）土球直径在30cm～50cm的，土质不松散的，可用蒲包、草片包装。将土球双手抱出，放置在浸湿的蒲包或草片中央，于干基处收紧，用一道湿草绳以干基为起点，兜底后从下向上呈纵向，采用“单股单轴”打络法将包装捆紧，绳间距应小于8cm。

（3）土球直径在50cm～100cm的，黏性土可直接用草绳打络包装。壤土和沙性土，应先用湿草片、遮阳网、无纺布等包裹土球，并用细绳加以捆拢，再用草绳打络。可采用一道草绳缠一遍的“单股单轴”打络法，即先用湿草绳在树干基部系紧，缠绕2～3道固定。然后沿土球与垂直方向约成30°斜角，经土球底部绕树干顺向同一方向，按一定间隔缠绕至满球，将绳端在干基系牢。打络时每道草绳应边缠边用力拉紧，一般间隔8cm～10cm，土质不好的可适当增加密度。在土球中部，用一根草绳横向密缠几道腰绳加以固定。

（4）土球直径达1m以上的，采用“单股双轴”打络法，先用包装物，如麻袋片、薄无纺布等裹住土球，再用一道草绳以树干为起点，将草绳理顺，自上往下至土球底沿沟内，绕树干顺时针方向缠绕2遍。同时收紧草绳，草绳间隔8cm～10cm。打好包后，在土球腰部横向缠宽约15cm～30cm的腰绳。

（5）土球直径在1.5m以上的，应采用“双股双轴”打络法。用包装物将土球包严，再用2道草绳在土球中部缠内腰绳。将2道草绳一端与树干基部系牢，沿同一方向，按相同间隔缠满整个土球。第二层草绳应与第一层于肩沿处整齐交叉相压，再于内腰绳的下部捆十几道外腰绳。用草绳从上下两端，呈锯齿状，将内外腰绳串连固定。

（6）没有做封底的土球底部底土易散落，因此土质易松散的，必须用草片或麻袋片将土球底部包严，再用草绳与土球底部兜底的草绳串连牢固，将底部包装物固定。

55. 怎样起掘竹类苗木?

竹类苗木栽植成活的关键，取决于苗木起掘的质量、运输途中的保护措施和栽植技术。起掘的竹蔸太干、太小，且尖削度大，是造成缓苗期长，甚至竹苗大量死亡的主要原因之一。

1）起掘前2～3天，圃地应灌一遍透水，使竹苗根部、茎竿吸足了水，有利于栽植后缓苗。

2）起掘时应首先确定竹鞭的走向，母竹必须带鞭。

3）散生竹可根据第一层枝的伸展方向，来确定来鞭、去鞭走向。一般情况下，竹鞭的走向与第一层枝的伸展方向一致，起掘时以第一层枝的伸展方向为长边，挖成椭圆形。起掘前，先挖开土层找到竹鞭，按来鞭20cm～30cm、去鞭30cm～40cm呈椭圆形垂直向下深挖30cm。用力切断母竹底根，竹鞭截面不得劈裂，起掘厚度20cm～25cm。

4）起掘丛生竹

（1）应先扒开表土，从竹竿外30cm处向下深挖，自母竹竿柄与老竹竿基的连接处切断，将竹蔸挖起。

（2）起掘时不得劈裂竿柄，须根应尽量保留。4月下旬至5月初起苗时，注意保护好竹鞭和笋芽，切勿损伤。竹笋已出土拔节的，要保护好幼竹，防止折损。

5）起苗后，土球用薄塑料布或湿蒲包片包裹，用草绳扎紧，注意喷水保湿。

56. 大树如何提前进行断根缩坨?

大树根系水平伸展的范围更远，向下扎得更深，但由于运输条件的限制，土球直径最大不宜超过 2m，起掘时大量的吸收根被切断，因此移植后破坏了水分平衡，使栽植成活率大大降低。而采取提前断根缩坨措施，可促发新根生长，移植后根系能够保持一定的吸收能力，有利于维持地上地下水分平衡，从而大大提高栽植成活率。

（1）一般宜提前 2 年进行断根缩坨，可于休眠期以干基径的 3 ~ 4 倍为半径画圆，分年、分次在两侧各垂直向下挖宽 60cm ~ 80cm，深 60cm ~ 100cm 左右的 1/4 环形沟。遇有 2cm 以上粗根时，应使用手锯断根，用枝剪将断面剪平，断根处喷施 10mg/kg~20mg/kg 生根粉，以利于伤口愈合和发根。

（2）回填疏松肥沃的土壤，填满土后踩实，随即浇灌一遍透水。第二年用同样方法对树体另外两侧进行断根。

（3）因工程需要而又不能提前 1 ~ 2 年进行断根处理的，可提前 2 ~ 3 个月，按胸径 7 倍开沟断根，沟深 60cm，回填疏松肥沃的土壤，填满土后踩实，随即浇灌一遍透水。

57. 苗木装车时，需要检查的内容有哪些?

（1）苗木装车时，应仔细核对苗木品种、规格，数量是否准确。

（2）苗木规格、质量，是否符合标准要求。大枝、干皮有无破损；土球和包装物有无松散；主轴明显的乔木树种，主干顶梢是否缺损；行道树主干有无明显弯曲等。凡不符合上述要求的，一律不得上车，并要求供苗方予以更换。

（3）检查苗木有无病虫害危害明显迹象和检疫性病虫害。是否已开具植物检疫证书。

（4）车后厢板与枝干接触部位，是否铺垫厚的软物。

（5）土球是否支垫稳固，树干支撑是否牢固，苗木与车体是

否捆绑牢固。枝干是否超宽、超高，树梢有无拖地等。

（6）非正常栽植季节，树冠部分是否用无纺布或遮阳网裹严。

58. 裸根苗如何装车、运输、卸车？

（1）裸根苗根系没有土层保护，易失水而影响栽植成活率。故起苗后，应于当天装车运输。做到随起苗、随运输，尽量减少晾晒时间。当天不能装车运输的苗木，可采取根部喷水、用湿草片苫盖，或临时性假植等保护措施。

（2）用人抬或肩扛搬运，严禁地面拉拽苗木。车厢底部应铺垫草片。

（3）装车时不得将苗木扔上车，以免砸坏树苗。将根系放置在车头方向，树冠顺向车尾，逐株按顺序分层码放紧凑、整齐、稳固。随车尽量装载部分苗源地土壤，以备栽植时使用。

（4）苗木装车后，需在根部喷水，并用湿草片盖住根部，车厢上部用苫布遮严，以保持根系湿润。

（5）苗木全部装完后，应用绳索将苗木束紧，并与车体绑扎固定，防止运输途中树体晃动或散落。树梢过长的，要用绳索围拢吊起，防止树梢拖地。绳索围拢处需垫苫布或草片等软物，避免损伤干皮。

（6）车后厢板和枝干接触部位，应铺垫厚草袋、蒲包等软物，以免造成干皮损伤。

（7）卸车时，必须轻拿轻放，按顺序自上而下，逐层、逐株抬放在地面。不可将苗木自车上扔下，或直接推下车，也不可乱抽乱拿，以免造成苗木损伤，护心土散落。

（8）卸车时，搬运人员应注意检查苗木质量，将合格和不合格苗木分开放置，便于清点过数。

59. 土球苗装车时有哪些要求？

（1）首先根据起掘苗木土球重量，选用相匹配吨位的起重机械，车辆支稳后方可进行苗木吊装。在苗木起吊过程中，吊臂下不得站人，避免作业人员来回穿行，以确保施工人员的人身安全。

（2）控制土球苗和容器苗装车数量，不可装得层数过多。一般土球直径小于 30cm 的可装 2 ~ 3 层，土球直径 40cm ~ 50cm 的可装 2 层，土球直径大于 60cm 的，只可码放 1 层。

（3）装车时，严禁拖、拽、乱扔苗木，要轻搬、稳吊、轻放。土球上不得站人和放置重物。

（4）装车时应做到，上不得超高，梢不得拖地，两侧不得超宽。从而保证行车途中交通安全。高度在 150cm 以下的土球苗，可将苗木直立放置于运输车上。高度 150cm 以上苗木，必须树头朝后倾斜放置。用支架将树身架稳，支架应架设牢固，防止途中因散架倒塌或支撑杆折断，造成土球散坨和大枝折损。树干支垫处必须夹垫厚的软物，防止干皮损伤。树冠过大、树体过高的大树，可在车厢上垫软木，调整树体的倾斜度。支撑点高度应以装车时与车厢接触处的大枝无损伤，树冠可以安全通过障碍线路、涵洞为准。

（5）非正常栽植季节，需用无纺布或遮阳网将树冠遮盖严，并将遮阳网与车体固定，防止途中脱离造成叶片失水萎蔫或枯萎。做到起苗后及时运输，到场后立即栽植。

60. 土球苗如何装车、卸车？

1）人工装车、卸车

直径在 80cm 以下的乔木、一般花灌木土球苗，可用人工装车、卸车。

（1）土球直径 40cm 以下苗木，不可直接提拉苗木干茎、竹竿，必须用双手抱住土球，轻拿轻放，防止土球墩散。

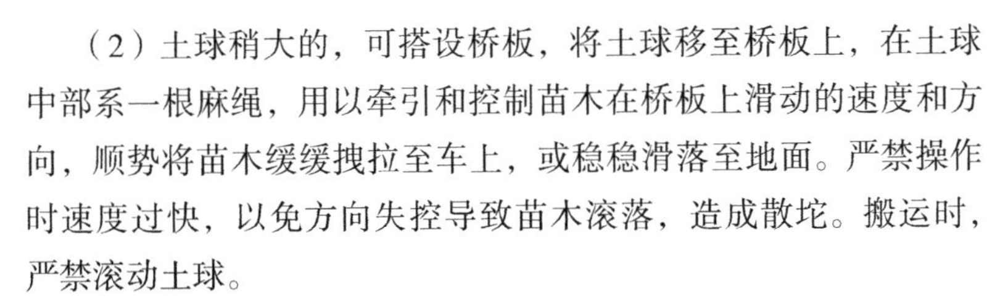

（2）土球稍大的，可搭设桥板，将土球移至桥板上，在土球中部系一根麻绳，用以牵引和控制苗木在桥板上滑动的速度和方向，顺势将苗木缓缓拽拉至车上，或稳稳滑落至地面。严禁操作时速度过快，以免方向失控导致苗木滚落，造成散坨。搬运时，严禁滚动土球。

2）使用机械装车、卸车

土球直径在 80cm 以上的乔木及大型花灌木，应使用机械装车、卸车。选择标定 2 倍于树木估重的吊车，待车辆支撑稳固后方可进行操作，以确保起吊安全。

（1）起吊土球直径在 100cm 以下的苗木时，可直接使用吊装带绑缚根颈部起吊装车或卸车。在吊装带与树干接触的位置，用厚的软包装物裹干并缠紧，保护树干不受损伤。

（2）胸径 20cm 及土球直径在 120cm 以上的苗木，不可用吊绳或吊装带直接绑缚根茎处起吊苗木。土球包装完好的苗木，可采用吊装带兜土球吊装法，用一根吊装带兜住土球底部，用麻绳将吊装带与树干固定。也可将吊装带中心位置平铺在土球下面。将吊装带两头分别从土球下部绕出，并在树干部位交叉，然后绕至树干后方，套挂在挂钩上（彩图 7）。在吊装带与树干接触的位置，用厚的软包装物裹干，并缠紧，保护树干不受损伤。也可使用 2 条可承受 8t 重量的吊装带或钢丝绳。自土球 2/3 处，将 2 条吊装带分别反方向各系一条，吊装带要平贴于土球。将吊装带的一头自另一侧吊扣中拽出。用粗麻绳将 2 根吊装带系于树干 2/3 处，拦腰绳应系紧，吊装带与树干接触处须缠厚的软物，防止起吊时干皮损伤（彩图 8）。在树高 2/3 处系一条长麻绳做牵引绳，便于在吊运过程中人为控制树体移动方向。系绳处必须包裹厚软物，防止干皮损伤。

（3）起吊土球直径在 150cm 以上的苗木时，为防止钢丝绳或吊带嵌入土球，造成土球破损或散坨，需在土球与钢丝绳或吊带间插入 6 ~ 8 块宽 15cm ~ 20cm、长 50cm ~ 80cm、厚 3cm ~ 4cm 的木板（彩图 9）。

（4）起吊胸径在 30cm 以上大树时，必须使用吊装带和粗钢丝绳。首先根据树冠和土球的重量，确定起吊部位。大树的重心必须在起吊部位以下。在起吊部位紧密缠好草绳，以便在起吊时保护树干，避免损伤干皮。大规格苗木需在树干起吊部位密缠 50cm ~ 60cm 的草绳，在草绳上均匀地钉上同样长度的厚木条（护板）保护，在起吊部位用吊装带套牢。

副钩挂住树干 2/3 起吊位置护板处吊装带。起吊部位树干处应用麻袋片层层包裹，防止绳索和吊钩损伤干皮。待检查绳索、吊装带确实拴牢后方可起吊。防止起吊后，绳索或吊装带断裂、滑脱。

（5）针叶树种应轻装轻放，防止主侧枝和顶梢折损。大型常绿针叶树，树冠部分应用麻绳围拢。车后需安装支架，防止主干顶梢折损。

（6）吊装时，应一株一吊，不可 2 株同时起吊或卸苗。土球之间应码放紧实，土球两侧用木块或砖块支垫卡紧，防止土球滚动。带冠大乔木装车时，需用绳索将土球及树干与车体固定牢固，防止行车时树体晃动，造成散坨（彩图 10）。车后厢板与枝干接触部位铺垫厚的软物，防止干皮损伤（彩图 11）。

（7）树冠过大，树体过高的苗木，可在车厢上垫软木块，用所垫木块的高度来调整树体的倾斜度。支撑点高度应以装车时与车厢接触处的大枝无损伤，树冠可以安全通过障碍线路、涵洞为准。

（8）卸车时，严禁踩踏土球，包装已松散的，必须重新包裹打络后方可卸苗。

61. 竹类苗木应怎样装车、运输、卸车？

（1）搬运竹苗时，不可用手提拉竹竿，以免造成损伤。应用双手抱住竹蔸，大规格苗木则需 2 人用布蔸抬。装车时将竹蔸轻轻放在车厢上，不可乱扔或硬墩。车上人员也应双手抱住竹蔸，然后按顺序将竹苗层层码放整齐。

（2）远距离运输时，应对竹竿和叶片喷洒抗蒸腾剂，尽量减少水分蒸发。装车后用遮阳网或苫布将竹苗遮严，中途注意喷水保湿。

（3）严禁野蛮卸车，卸车时必须逐层按顺序，抱住竹蔸一株株卸苗。不得手提竹竿将竹苗直接扔到车下，避免损伤竹竿与竹鞭间的着生点或鞭芽，防止土壤散落。

62. 草块、草卷应如何卸车？

（1）草块、草卷卸车时，应逐层自车上抱下，严禁乱扔、乱放，以免造成草块、草卷破碎。

（2）远离施工现场的，可用手推车进行倒运，每次不可装得过多，避免二次运输中草块掉落、破碎。卸车时，也应轻抱轻放，切不可将草块、草卷直接掀倒在地上。

（3）炎热天气，应将待铺草块、草卷摆放在阴凉处，并码放整齐。但不可码放太高，避免发生捂苗现象。

63. 非正常栽植季节，苗木如何装车、运输？

正常栽植季节，是在春季苗木发芽前或秋季落叶后进行苗木移植。非正常栽植季节，是指在植物地上部分处于生长阶段进行移植。因植物枝叶已经长出，为减少运输途中水分蒸发导致的叶片萎蔫，保证栽植后的景观效果，苗木装车后，必须采取一定的保护措施。

（1）苗木运输最好选择在阴天或晴天下午 4 时后进行，或早 7 时前运至施工现场。

（2）大规格苗木，装车后树冠应喷洒500～600倍液的保湿剂，以减少运输途中水分蒸发，提高苗木移植成活率。没有条件喷洒保湿剂的，中途必须有专人负责喷水保湿。

（3）高温季节运输时，叶片蒸发量加大，加之车速快，叶片更易因曝晒、风干失水而枯焦。因此远距离运输时，根部需用湿草帘盖好。树冠部分必须用无纺布、彩条布或遮阳网裹严。

（4）许多运苗车辆虽然也对苗木进行了苫盖，但因固定不牢，有的在行车途中破损或脱离，导致嫩枝萎蔫、叶片枯焦。有的苫盖物松散，途中由于苫盖物不停地拍打树冠，也造成嫩梢萎蔫、叶片干枯。要避免此类现象发生，苫盖物必须裹严、拢紧，并用绳子将遮阳网与车体系牢。运输途中如发现绳索或苫盖物松散、脱落，应立即停车，重新将苫盖物拢紧、拴牢，防止叶片曝晒、风干。

第七节 苗木验收

64. 苗木验收的内容包括哪些？

对进场苗木执行严格的验收程序，是苗木栽植施工流程中的重要环节。不仅可以杜绝不符合规格要求的苗木进入施工现场，保证苗木栽植存活率和园林景观效果，而且可以阻止外来危险性病虫害及检疫性有害生物扩大危害。验收的内容包括：

（1）苗木品种、变种或变型是否准确无误。如白玉兰、木兰、二乔玉兰、杂交玉兰；华北珍珠梅、东北珍珠梅；榆叶梅、毛樱桃（山豆子）、重瓣榆叶梅、鸾枝梅；麦李、重瓣红麦李等。

（2）苗木的株高、分枝点高度、冠幅、地径、蓬径、分枝数量，裸根苗的根系展幅、土球形状、土球直径、土球厚度、土球及外包装的完整程度等。裸根苗的根系是否完整，大根是否劈裂等。

（3）苗木生长状况，顶芽和腋芽饱满程度，枝条是否徒长，有无抽条或冻害现象。

（4）是否表现出正常的物候现象。如适时发芽、展叶。开花季节是否显现花蕾、花序，是否正常开花等。是否有非正常大量落叶、落花、落果现象。

（5）苗木分枝是否均称，树冠是否端正，枝叶是否繁茂。常绿针叶树、绿篱、色块类植物，是否有严重脱腿现象。行道树、庭荫树树干是否端直等。

（6）苗木是否嫁接成活，嫁接口愈合是否牢固，有无影响树冠整齐的较粗大的砧木萌蘖枝等。

（7）草块、草卷草色，尺寸规格、高度、带土厚度，破散程度等。

（8）乔木类中心主干顶梢及大枝、干皮破损情况。宿根及一、二年生花卉，水生植物，茎秆、花头损伤情况。

（9）检查枝干有无明显的病斑（腐烂、溃疡、腐朽），产卵孔、排粪孔，流胶、流液、枝条丛生、日灼受害程度，皮层剥离面积，根系是否失水干枯、变色腐烂，根系和枝干上有无瘿瘤，球根花卉根茎是否霉变腐烂、枯萎皱缩等。

（10）有无有害性杂草，如菟丝子等。

（11）符合质量标准要求的各类苗木的数量有多少，同时提出对不合格苗木的处理建议。将验收中苗木不合格的原因及品种、数量及时反馈给采购部门，便于采购人员与供苗方协商，以便提高供苗质量，同时确定差额苗木的调运时间。发现有检疫性病虫害苗木，应立即销毁。

65. 怎样做好苗木验收工作？

（1）对苗木检验人员、卸苗人员，要提前进行技术培训，要求由熟悉苗木验收标准的专业技术人员负责苗木验收工作。验收人员应尽可能固定。

（2）查验外地苗木、种子是否持有植物检疫专用章的《植物检疫证书》。

（3）卸车前，检验人员要先上车进行粗验，查看苗木品种、苗木规格，枝干、土球及容器损伤情况，病虫害发生情况等。在确认基本符合苗木验收标准时，方可卸车验苗。

（4）卸苗时，由检验人员和卸苗人员边卸车边逐株认真进行检查，将不符合标准要求的苗木单独放置。

（5）卸车后，仔细清点合格苗木的数量，及时与苗商沟通并确认不合格苗木的处理方案。

（6）苗木全部卸完后，检验人员应根据苗木验收实际情况，认真做好苗木验收记录，及时填写进场苗木验收记录表和苗木验收单。进场苗木验收单要一式三份，交由供苗方签字确认，一份给供苗方，一份由工程部存档，一份交财会保存。

66. 苗木验收时应注意哪些问题？

作为苗木验收人员，应该清楚地了解假土球苗、根部失水苗的识别方法，病虫害苗木的伪装方式，假顶梢苗的造假技术等，只有这样才能在验苗时正确区分达标苗和问题苗。

1）假土球苗

因苗源紧缺，有的苗商就用假土球苗来充数。假土球苗是在穴坑内的包装物上，将裸根苗根部放入，填土夯实至与地面平齐，制作成圆形土球，在土球包装物外，再用草绳打络（彩图 12）。假土球苗若在非正常季节栽植，苗木将无一成活。如果是在正常栽植季节，人们也会按土球苗的正常修剪量进行修剪，从而使树木根部水分吸收与树冠蒸发严重失衡，故而导致苗木死亡。因此必须对苗木土球做认真检查，严防假土球苗混入施工现场。检查方法如下：

（1）目测检查。一般假土球苗土质不实，在吊运时树干会发生晃动，造成树干基部与土球间出现明显的缝隙。土球顶面未生长任何植物或疏生植物，土球外侧看不到任何大根和须根，此类苗木应疑为假土球苗。有的假土球苗，在运输途中土壤与根系明显分离（彩图 13），不易被发现，因此必需进行仔细检查。

（2）开包检查。凡用多层包装物包装严密，吊起时树身明显晃动的土球苗，应做仔细检查。检查方法，先查看土球形状是否对称圆整，对土球形状不规则的，应用钢钎插入包装物内进行探查，凡土球松软可扎透者，应打开包装物做进一步查验。

2）实生苗

土球硬实，形状整齐，但撤除包装物后，土球外侧仅见个别粗壮大根，而少有须根（彩图 14）。

3）根部失水裸根苗

因起苗时间过长或长距离运输，又没有采取任何必要的防护措施，常导致苗木根系严重失水，直接影响苗木栽植成活率，因此对裸根苗苗木根系的检查尤为重要。

（1）如何确定根系是否失水，需用枝剪剪取粗 0.5cm ~ 1.0cm 的根系先端部分，观察根系湿润状况，根系皮层和木质部的紧密情况。用手摸感觉比较湿润，说明起苗时间不长，但不是越湿润越好，如果发现含水量过多，则要进行仔细检查，看皮层与木质部是否已发生分离，出现皮层与木质部分离现象的，则可断定为根系严重失水后坑水泡制而成。此类苗木栽植后必定烂根死亡，应坚决予以退回。

（2）若根系比较干燥，须根用手折极易脱落，或用手可将根部掰折，细小枝条也干枯易折，说明根系失水严重，已经失去吸收能力，此类苗木应拒绝接收。

4）根系上有大小形状各异，近球形瘤状物的根头癌肿病裸根苗。根部串生米粒至黄豆大小根结的根结线虫病苗，均应拒绝接收。

5）树干处理苗

（1）草绳缠干苗

草绳缠干密实的，应拆除草绳，检查树干上是否有病斑、虫孔，树干干皮是否有破损、树皮开裂、翘起现象，有无用小铁钉固定的假树皮等。

（2）树干涂白或抹泥苗

树干涂白或抹泥较厚的，应用木棍敲击或用水冲洗，检查树干上是否有虫孔或病斑等。凡明显有病虫危害迹象的苗木，一律严禁进入施工现场，避免造成异地传播危害。同时将检验出危害性较大的病虫害苗木，远离施工现场进行封杀。

（3）干皮铁钉固定苗

不正确的吊装方法，使苗木干皮严重损伤，为了能够蒙混过关，将树皮复位后用铁钉固定（彩图15）。验苗时，对大树及珍贵树种树干进行认真检查，防止伤皮苗、假皮苗混入施工现场。

6）树干顶梢绑棍苗

凡树冠呈圆锥形、塔形及中央领导干形的苗木，必须有完整的顶梢，如果顶梢损伤，将破坏其观赏树形。验苗时，如发现中心主干顶梢用细竹竿捆绑的苗木，特别是常绿针叶树种，如雪松、云杉等，应解开小绳，检查是否为顶梢损伤后绑缚的假顶梢。

7）尽量避免在夜间接车验苗，以免有不合格苗木蒙混过关。

67. 怎样判断嫁接苗木是否成活？

有的苗商用实生苗冒充嫁接苗。如采购的碧桃苗，开花展叶后却发现是开单瓣花的毛桃，使景观效果大打折扣。因此嫁接苗木是否已经嫁接成活，并判明真假嫁接苗，是确保景观效果的关键。

（1）未嫁接成活苗。“T”字形芽接苗，嫁接后接芽没有成活时，则由嫁接口下的潜伏芽萌发成枝培育成的苗。虽然在枝干上有“V”字形愈伤组织，但仔细观察，可发现其树干接口上下一样粗或上细下粗，萌芽抽条部位皱褶多，接口上下部分的皮色、皮孔完全相同。有的新生枝开张角度较小，多直立旺长，如嫁接砧木（山桃、毛桃、槐树、榆树等）比栽培变种碧桃、龙爪槐、垂枝榆新生枝开张角度要小，直立性强。根据以上特征，可以判定此类为未嫁接成活苗。（彩图 16）

（2）嫁接成活苗。嫁接口成“V”字形愈伤组织，“V”字形下部成一锐角。接口处愈伤组织明显，接口上部比下部粗。嫁接口以上干皮与砧木的皮色、皮孔有明显不同（彩图 17）。一般新生枝开张角度大，分枝多。由此可以判断，此类苗木为嫁接成活苗。

68. 苗木土球、根幅，草卷、草块验收的标准是什么？

1）裸根苗

乔木切留根幅不小于胸径的 8 ~ 10 倍（彩图 18），灌木根幅不小于株高的 1/3。

2）土球苗

（1）落叶乔木土球直径，应不小于其胸径的 8 倍。移植较难成活的苗木、珍稀苗木，土球直径可为其胸径的 10 倍。大树土球直径，可为其胸径的 6 ~ 7 倍。常绿树土球直径，可为树干基径的 8 ~ 10 倍或株高的 1/3。灌木土球直径为其株高的 1/3。经提前断根处理的及较长时间假植的苗木，土球直径需比原土球加大 10cm ~ 20cm。

（2）一般土球厚度应为土球直径的 2/3。浅根性树种，土球厚度可为土球直径的 3/5。树木根系垂直方向分布较少或土层浅薄的山地苗，土球厚度可适当酌减。深根性树种，土球厚度应为土球直径的 4/5。

（3）土球应呈苹果形，即底部直径为土球直径的 2/3（彩图 19）。尖削度较大的锥形土球苗，因下部大部分须根被切断，栽后往往长势弱，缓苗期长，苗木成活率低（彩图 20）。

（4）竹类土球根幅不小于 30cm ~ 40cm，土球厚度 20cm ~ 25cm，鞭芽饱满。

3）草块、草卷尺寸基本一致，边缘平直。草卷带土厚度 2cm ~ 2.5cm，草块带土厚度 2.5cm ~ 3cm，土层厚度均匀，根系致密，带土不松散。草色纯正，草心鲜活，杂草不超过 5%，基本无病虫害。

第八节　苗木栽植

69. 如何控制施工扬尘？

（1）要求进入施工现场的土方、砂石运输车辆、垃圾清运车辆，不可装载过满。车上必须进行苫盖，防止沿途撒漏造成扬尘。

（2）现场主要道路，每天派专人进行清扫，保证路面清洁。根据现场情况，适时进行洒水降尘。4 级以上大风天气，不得进行土方工程施工作业。

（3）整地后，对暂时不栽植植物的裸露地面，要用防尘网压盖，避免干燥天气出现扬尘。

（4）随时清理绿化废弃物，做到垃圾不乱堆放，清理不过夜。

（5）每日将清理的垃圾运送到垃圾临时集中堆放处，并进行苫盖。

70. 如何做好交叉施工协调工作？

现场施工往往存在着建设电力、通信、热力、土建施工等单位的交叉施工现象。交叉施工对园林绿化施工成果的损坏最大，如果协调不好，将会影响成品的保护，甚至造成反复施工，直接影响到工程进度和施工质量，同时也增加了施工成本。因此，必须及时做好现场交叉施工的协调工作。

1）进场前

对影响施工进度较大的交叉施工问题，应提前将施工方要求的施工条件、施工进度安排、交叉施工中需协调的内容、时间要求及有关建议等，上报监理及建设单位，以便及时沟通，提前做出协调解决方案，确保施工工作顺利进行。

2）进场后

（1）及时与业主方及监理取得联系，了解对工程的整体安排，各施工单位工程进度计划。在此基础上，根据现场进度变化，及时调整本公司的施工计划。

（2）随时掌握各有关施工单位的工程进度和下一步施工安排，以便与各施工单位直接协调，现场解决交叉施工问题，相互提供施工条件，确保工程如期完成。如大树栽植，根据栽植位置，与各施工方进行沟通，确定可提供栽植地作业面及交通运输的具体时间，是完成大树栽植施工的重要保证。

（3）如遇灾害性天气，应及时与其他施工单位进行协商，及时调整施工方案。

71. 怎样做好现场技术交底？

由于施工人员的不固定性、施工队伍级别及施工人员技术具有差异性，做好施工技术交底和技术培训工作非常必要。这是绿化施工不可缺少的重要环节，是提高栽植施工质量的重要保证。

（1）施工前集中施工人员分别进行分项技术交底，使每个施工人员了解和掌握各工序的操作规程、规范的标准要求、施工的难点和操作方法。如做排盐、排水工程时，介绍排盐、排水工程的施工程序和关键技术要点；苗木卸车前，组织卸苗人员了解什么是不合格苗木，掌握识别不合格苗木的方法；栽植槽穴挖掘的标准要求，确保苗木合理栽植深度的操作顺序和方法；苗木支撑方向、高度、支撑方法；保证灌透定根水的必要措施和具体操作方法；根据不同施工时期，各类苗木修剪方法、剪口及伤口处理的标准要求；现场介绍检查识别病虫害的目测方法，施药技巧，农药使用注意事项等；对出现“假死”“假活”现象苗木的识别方法，应采取怎样的补救措施等。并以此作为施工质量控制标准，使每道工序都能按照质量标准要求进行。

（2）必要时需进行现场操作演示和技能培训，如不同种类苗木的修剪方法，可在不同种类苗木中，选一株有一定代表性的进行修剪示范，按照修剪程序、修剪顺序，边操作边作讲解。

选一株截干苗，介绍涂抹杀菌剂的作用，杀菌剂与封闭截口保护剂的区别，哪些树种的剪口、截口、伤口必须涂抹杀菌剂。对涂药的方法、涂药顺序、标准要求等进行演示。在涂药不到位的苗木处，介绍病害侵染途径，对苗木造成的危害，并演示操作到位的涂药方法。使操作人员有初步感性认识，以便加以重视，认真进行操作。

（3）施工过程中，如发现违规操作，应及时予以纠正，并演示正确的操作方法，直至达到标准为止。

72. 各类苗木栽植的适宜时期是什么时候？

1）落叶乔灌木

（1）一般树种春植宜在早春土壤解冻后至发芽前进行，华北地区以3月中旬至4月上旬为好。

（2）由于北方地区早春干旱风大，有些树种如紫叶李、红枫等，其枝条易失水抽条而影响成活率。林谚有“椿栽萺葖，椒栽芽”，就是说有些树种以在芽膨大成球形或刚发芽时，为最佳栽植时期，如花椒、紫薇、紫叶李、紫叶矮樱、元宝枫、五角枫等，故此类苗木不可栽植过早。发芽较晚的树种，如石榴、枣树、柿树、木槿、梧桐等，可在晚春栽植。

（3）较耐寒的树种也可进行秋植，多在叶片大部分脱落至土

壤封冻前进行。如乡土树种及牡丹等。耐寒性差的树种，如紫叶李、紫薇、石榴等，不宜进行秋植。柿树秋植成活率不高，故也不适宜进行秋季移植。

2）常绿针叶树种

（1）可在春季土壤解冻后至发芽前进行。因雪松叶片较薄，易失水，北方地区早春、清明前后多大风天气，故可选择在大风天气后进行。如早春进行移植时，必须采取树冠喷水等保湿措施。

（2）生长期栽植时，应在春梢停止生长，而秋梢尚未开始生长前进行。若在春梢生长期进行长途运输，常造成顶端嫩梢失水萎蔫下垂，最终干枯。可在春梢上的针叶长至老叶长度的一半时，开始进行移植。

（3）耐寒性强的常绿针叶树种，如油松、云杉等，也可进行秋植，但最晚可延长至12月上中旬。雪松耐寒性稍差，秋植必须在11月上旬前结束，必须搭建防寒棚防寒越冬。

3）竹类苗木

（1）以3月上旬至4月上旬，笋芽尚未萌发，及7月中下旬嫩竹已拔节成形时进行移植为宜。4月下旬至5月上旬，正值竹笋出土、拔节生长期，不宜移植，以免影响幼竹生长。

（2）北方地区冬季干旱，多大风天气，故竹类植物不适宜秋植。

73. 各类苗木栽植深度标准要求是什么?

苗木不可栽植过浅或过深。栽植过浅，部分根系外露，根系易失水，造成树势弱，不利于缓苗。同时缓苗期缺水，导致干腐病、腐烂病发生严重。栽植过浅，苗木易发生冻害和倒伏，影响正常生长发育，甚至导致死亡。

有的人怕大树倒伏，特意将苗木深栽。花谚中云："深则根不行，而花不发旺"。由此可以看出，如果苗木栽植过深，根系呼吸受阻，则不易生根，常会发生“闷芽”现象。观察时发现，虽然苗木枝条没有明显失水现象，芽也较为鲜活，但就是迟迟不发芽，有的伸展的叶片又全部回抽枯萎。这些现象的发生，很有可能是因为栽植过深造成的。

（1）一般落叶乔、灌木，宿根花卉，及一、二年生花卉，栽植深度应掌握浇灌三水后，裸根苗栽植面与原根径土痕线平齐，土球苗土球顶面应与栽植面平齐，假植苗应去除虚土，以原土球顶面为准。干旱缺水及漏水、漏肥的沙土地，可适当深栽5cm ~ 8cm。

（2）常绿针叶树种宜浅栽，以土球顶面略高于栽植面5cm为宜。

（3）竹类可深栽3cm ~ 5cm。

（4）球茎花卉栽植深度，应为球茎的1 ~ 2倍。块根、块茎、根茎类植物，一般深栽3cm ~ 8cm。

74. 怎样才能确保苗木栽植能够达到合理的深度？

（1）在苗木卸车前，首先应量好土球的直径和厚度（彩图21）及裸根苗的根幅。然后根据土球直径和厚度、裸根苗的根幅大小，及时调整树穴的直径和深度（彩图22）。通过扩穴、深挖、回填等，待穴径和穴深分别达到标准要求时，方可入穴栽植，切不可到苗后不管树穴是否符合要求，直接卸苗栽植，以免入穴后发现苗木栽植过深或过浅，再行挪动土球造成散坨。

（2）计算土球厚度时，应依土球的顶面为准，而不是依包装物顶面为准，特别是包装物较厚的苗木，以防栽植过深。

（3）假植苗栽植过深的，应按照原土球的厚度，调整树穴深度。

（4）未经自然沉降的客土，树穴底部应踏实或灌水沉降后再行栽植。来不及提前沉降的，栽植时应预留出沉降系数，以确保

浇灌定根水后，能够达到合理的栽植深度。

（5）对于先栽植大树，后堆筑地形的，必须准确测定栽植面标高。地形修整时应以实际栽植面为准进行，以免造成苗木根部埋土过深或土球外露。

75. 如何栽植裸根苗？

（1）凡起苗后根部未沾泥浆保护，又不能及时装车运输，或24小时内运送不到的裸根苗，卸苗后根部可浸水12～24h后再行栽植。如冬枣裸根苗，栽植前浸根10h后，再行定植可大大提高成活率。

（2）栽植前，应有专人负责测量裸根苗的根幅，根据所起苗木根系状况，及时调整树穴的穴径及深度，使苗木栽植深度达到标准要求。

（3）苗木入穴前，必须对根系进行修剪。剪去病虫根、过长根，劈裂根等，剪口要平滑。大根断口应用利刀削平，有利于剪口、截口愈伤组织生根。

（4）为扩大株丛冠幅，体现大的绿化效果，常将数丛同种花灌木苗拼栽在一起。进行拼栽时，一定要注意单株观赏面的朝向和栽后全株的整体效果。有的将数株苗木直立栽植在一起，不仅株丛冠幅没有扩大多少，枝条也显得过于拥挤，栽后效果并不理想。栽植时，中央的苗木直立栽植，外侧苗木栽植点应均匀分布，将苗木好的一面朝向外，苗木略向外倾斜栽植。这样栽植后，既扩大了冠幅，又不显拥挤，株丛内还能通风透光。

（5）将苗木根系舒展地放置在穴底的土堆上，使根系自然下垂，切勿窝根。回填时必须使用细土，使根系能够与土壤密切接触。如填入土块，则使土壤缝隙加大，根系与土壤接触不严，易造成漏风，根部易失水，不易扎根。

（6）裸根苗应采用“三埋、二踩、一提苗”的栽植方法。一埋，即先将掺拌好基肥的栽植土填入穴底，调整好苗木观赏面和垂直度。大树移植时，穴底需先填入部分原生地土壤，创造近似原生地的土壤环境，尽快建立起与原生地相仿的根系微生物系统，有利于生根，可提高移植成活率。二埋，回填表层细土，填至一半时，将苗木轻轻向上提一下（一提苗），使根系向下自然舒展，并使根颈部与地面平齐。将苗木扶正，然后用脚踩实（一踩），使根系与土壤紧密接触。三埋，继续填土至原栽植线，进行第二次踩实（二踩）。

（7）裸根苗最好采用泥浆沉降栽植法。先在穴内倒水至穴深的1/3，按比例将生根粉倒入，往穴内填土，将土充分搅拌成糊状。将苗木放入，上下搅动，调整好苗木栽植深度，将苗木扶正。填土至2/3，轻轻踩实，然后将土填满，再踩实。

76. 如何栽植土球苗？

1）选苗、散苗

同样的苗木，但栽植出的景观效果却相差很大。其主要原因是有些人在苗木栽植时缺少了选苗、散苗的重要环节。

（1）主要景观苗，必须按照号苗时标注的编号，对号入座。

（2）同一品种、同一规格的苗木，孤植树应挑选树冠端正、整齐、丰满的优质苗木。

（3）群植时，其外围宜选株形丰满，高度相对略低，有好的观赏面的苗木，里面栽植略高些的，使其栽植后内高外低，高低错落，富有层次。

（4）三面观赏的树丛，高的苗木摆放在后面，矮的摆放在外侧。

（5）四面观赏的树丛，中间应选较高的苗木，树形好、稍矮些的放在外围。

（6）行列式栽植的苗木，应选胸径、树体高度、冠幅相近的进行排队编号，以株高相差不超过50cm，胸径相差不超过1cm为宜，以保证栽植后相邻苗木规格（胸径、树体高度、冠幅、分枝点高度）大致相同，整齐美观。

2）调整穴深和树穴直径

根据苗木土球的直径和厚度，及时调整树穴的直径和深度，以防栽植过深或过浅（彩图 23、彩图 24）。如穴底遇有不利于苗木生长的水泥、灰渣时，应全部清除。

3）调整苗木朝阳面和观赏面

苗木落穴前，注意调整树木的观赏面朝向，尽量保持苗木原生地栽植面方向，重点观赏树种及行道树，应将树形好的一面朝向主要观赏面。

4）调整树体垂直度

将苗木稳稳地放置于穴底中央的土堆上，先在土球底部填入少量土，将土球稳定，然后调整树体垂直度。使树干或树体重心与地面保持垂直，填入部分土并踏实，将树体固定后，再撤去吊装带或钢丝绳。严禁填满栽植土后，发现树身不正，采取人工拉拽的方式进行调整（彩图 25），以免拉伤根系和造成土球散坨。

5）去除包装物

（1）厚的及不易腐烂的包装物，如厚草片、厚无纺布、双股双轴草绳等，高温季节，特别是在土壤黏重、排水不畅的栽植地，不仅严重影响通透性，而且包装物腐烂后，常导致树木烂根死亡。因此土球未松散的，在土球稳固后，必须将较厚不易腐烂的包装物全部取出（彩图 26）。

（2）土球稍有松裂的，应将其土球上部的包装物取出，腰箍以下的包装物，能取的尽量取。实在不能取出的，需在底部剪数个孔洞，有利于扎根和透气排水。栽植袋容器苗入穴后，用利刀将袋划破取出。

6）喷洒生根剂

对不耐移植树种、散坨苗，根部喷洒生根剂，促使剪口、截口、伤口愈合，有利于新根生长，尽快恢复吸收能力，增强树势。

7）埋设透气管

（1）透气管不仅能够增加透气性，还可用于输送水分、肥液及药液等。为提高大树移植的成活率，较大规格的常绿针叶树种、肉质根苗木、山苗，如雪松、白皮松、油松、银杏、玉兰等，在较黏重土壤中栽植时，土球外侧需设置透气管 3 ~ 5 根。将透气管紧贴土球，垂直放置至土球的底部，透气管长度以高出土球顶面 5cm 为宜（彩图 27），且不可将数根透气管集中埋在一起（彩图 28）。管内可灌或不灌石屑、陶粒，上口用薄无纺布封裹。

（2）也可将向日葵秆或玉米秆数根绑扎成把，垂直贴近土球埋入 3 ~ 4 把，以改善土壤的通透性。

8）喷洒杀菌剂

枯萎病、根头癌肿病、根腐病均为土传菌，因此易患枯萎病、根头癌肿病、根腐病的树种，如雪松、华山松、白皮松、黄栌、杨树、樱花、榆叶梅、梅花、月季、苹果、海棠类、碧桃、丁香、柳树、合欢等，树穴、苗木土球及树干均应喷洒杀菌剂保护。

9）回填栽植土

（1）将 1/3 客土与有机肥、山皮砂或草炭土掺拌均匀，沿土球周围均匀撒入。严禁将砂或有机肥不经掺拌直接填入穴内，肥集中的地方易造成烧根，没有砂或有机肥的地方土壤透气性差，达不到土壤改良应有的效果。

（2）用原土栽植时，应先回填表层土，用木棍或铁锹将土捣实，每埋入 20cm ~ 30cm，要分层踏实，但不可伤及土球，至填满为止。凡栽植时栽植土未踏实的，灌水后苗木易出现树身倾斜甚至倒伏现象。

10）散坨苗可采用树穴泥浆栽植固根法，方法同裸根苗。

11）栽植复查

苗木栽植后，应及时依据施工图纸认真进行复查，检查苗木

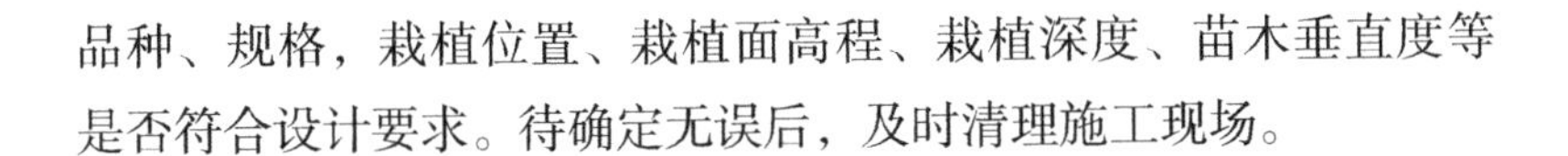

品种、规格，栽植位置、栽植面高程、栽植深度、苗木垂直度等是否符合设计要求。待确定无误后，及时清理施工现场。

77. 行道树及行列式苗木应如何栽植？

（1）行道树栽植前，必须设置禁行安全标志，吊臂下严禁行人穿行。由专人疏导交通，以确保过往车辆和行人安全通行。

（2）散苗时，应按苗木规格进行适当调整，以保证相邻苗木胸径、高度、分枝点、冠幅大致相近。

（3）在栽植穴中心点距路缘石相同距离的点位，间隔20株先栽好一株“标杆树”，然后以标杆树作为栽植的依据，逐株与标杆树对齐，以确保苗木栽植在一条直线上，纵向最大误差不得超过半个树身。树干不直的，应将弯朝向行内。

（4）栽植时，一定要调整好苗木栽植深度和垂直度，保证苗木栽植深度和垂直度符合要求。

78. 绿篱、色块和色带植物土球苗如何栽植？

1）选苗

最外面一行应选株形稍矮，分枝较多，下部不脱腿，高度相近的苗木。

2）栽植顺序

由路缘向内，由中心或沿内侧长边线，向外依次“品”字形栽植。在微地形上栽植时，应由上向下，沿等高线逐行“品”字形栽植。

3）栽植要求

（1）栽植深度，土球顶面与地面平齐。

（2）栽植面与花境、草坪栽植面平齐，要低于路缘石、建筑物散水、驳岸等2cm ~ 3cm，以免下雨或灌水后对路面、水系造成污染。

（3）最外一行可适当加大栽植密度。去除土球包装物，将观赏面好的一面朝向外侧。将苗木扶正，逐株瞄齐，保证外缘线栽植整齐或呈自然流线型。苗木根系必须埋严，不得外露，随填土随埋严，并踏实，栽植后表土必须整平。

（4）不同植物色块间，宜留 10cm 间隔的生长空间（彩图 29），以免植物间相互挤占生长空间，导致界限不清（彩图 30）。宽度超过 200cm 的，中间应留有 20cm 的作业步道，便于养护时使用。

（5）栽植后不可立即进行修剪，以免灌水后篱面高度参差不齐。待浇灌 2 遍水后，按规定高度及形式先进行粗剪，缓苗后再行细剪。

79. 怎样栽植竹类苗木？

（1）竹苗掘出后，如不及时运输、栽植，根系和叶片会很快失水，将影响苗木栽植成活率和栽后的景观效果，因此苗木进场后必须及时栽植。短时间内栽植不完的，需卸于阴凉背风处，将苗木根部喷水、盖严，并注意喷水保湿。

（2）在自然式园林中，讲究“种竹不依行”，即不应成排成行地栽植，宜成丛栽植。在规则式园林中，或根据景观要求，可成排成行栽植，栽植时要注意横竖成行。

（3）栽植前，按竹蔸的大小、厚度，调整好栽植穴的大小和深度。丛生竹的栽植穴，需大于竹蔸 1 ~ 2 倍，中小型散生竹穴径应比鞭根长 30cm。为防止竹鞭外露，可适当深栽 3cm ~ 5cm。

（4）解开包装物，将竹蔸放入穴中，将苗木扶正，舒展竹鞭后覆土。踏实四周回填土，踏实时不得踩踏土球，以免损伤竹鞭或笋芽。

（5）因竹苗根浅、坨小、苗高，栽后易倒伏，故应及时设立支撑。用细竹竿，水平方向逐株连接绑扎固定，防止母株晃动，有利于提高栽植成活率。

（6）栽植后及时灌一遍透水，地面覆一层细土保墒。发现竹鞭外露的，及时覆土。

80. 一、二年生花卉，宿根花卉栽植的顺序是什么？

（1）独立花坛及四面观赏花坛，应由中心部位向外，按内高外低的顺序，“品”字形等距离栽植。大型花坛，宜分区、分块栽植。单面观赏花坛，要由后向前栽植。

（2）模纹花坛，要先沿图案的轮廓线栽植，然后再栽植里面填充部分。

（3）坡式花坛的花苗，应沿等高线，由上而下，依次按“品”字形栽植。

（4）由几种花卉或同种不同色彩花卉组成的花坛、花境等，应按品种和花色，分区分别栽植。

（5）宿根、球根花卉，与一、二年生花卉混栽时，应先栽宿根、球根花卉，后栽一、二年生花卉。

（6）单面观花境，应先栽植后面高大植株，再由高到低依次向前栽植。

（7）双面观花境，应先从中心部位开始，向两侧依次栽植。

81. 怎样种植球根及块根花卉？

球根花卉为多年生草本植物，其地下部分变态成肥大的鳞茎、球茎、块根、块茎、根茎。常见栽培的有大丽花、美人蕉、花毛茛、蛇鞭菊、郁金香、欧洲水仙、风信子等。

1）土壤整理

宜选避风向阳、排水良好的栽植地，均匀撒入腐熟的有机肥和骨粉，翻入20cm深的土中，将地面整平耙细。

2）秋植

郁金香、欧洲水仙、风信子等，虽然花芽在夏季休眠的鳞茎内分化完成，但带有花芽的鳞茎，必须经过低温春化阶段，花芽才能萌动并开花。而露地栽植的，必须在冬季自然度过春化阶段，因此这类花卉需在秋季地栽。秋季当年虽有新根生出，但因气温较低，故芽并不萌发。

（1）生长期可发育多个大小不一的新鳞茎和小子鳞茎，但不是所有的鳞茎都能开花。子鳞茎球体太小，则不能形成花芽，秋植后第二年春季，只长叶而不开花，只有发育充实的大鳞茎才能开花。发育不充实的小鳞茎，需经地栽培育，待发育充实后才能开花，如风信子小球需经 2 ~ 3 年，晚香玉小球经 1 ~ 2 年。因此鳞茎挖出后，必须进行分级贮藏。如欧洲水仙选择发育圆整、硬实、直径 4cm 以上的大鳞茎，晚香玉选择直径 2cm 以上的鳞茎，郁金香多选择 10cm ~ 11cm 以上充实的鳞茎进行栽植。

种植前必须选好种球，种球须经当地植物检疫主管部门检验，并签发《球根花卉种球检疫合格证书》。标志牌上印注种球产地、品种的中文名称（品种、变种或杂交种名）、拉丁学名、科属、花色、花型、等级、数量和标准编号等。种球品种纯度应在 95% 以上，发育充实、饱满，测量种球圆周长或直径，应符合栽植当年开花能够达到一定观赏要求的等级标准。无枯萎皱缩，无病虫危害，无机械损伤、无霉变腐烂。球茎类种球主芽无损伤，块茎类芽眼无损坏，鳞茎类中心胚芽不损坏，根茎类主芽芽体完整，块根类根茎无损伤。

（2）连茬栽植地土壤必须进行消毒后方可种植，种植时顶芽要朝上摆正。郁金香在 9 月下旬至 10 月份穴植，株行距为 15cm ~ 20cm，种植深度约 12cm ~ 15cm。风信子 10 月份穴植，株距为 12cm ~ 15cm，覆土厚度 10cm。欧洲水仙株距为 10cm ~ 15cm，种植深度 10cm。秋水仙种植深度宜 5cm ~ 7cm。

3）春植

大丽花、美人蕉、花毛茛等，花芽为当年分化型，因耐寒性差，故宜在晚霜后种植，蛇鞭菊可在发芽前进行。

（1）块根处理。将上年贮藏的大丽花丛生状块根取出进行分切，每块连同小块根和根颈上的附生芽一齐分割。分切的块根上无根或根颈上无芽眼的，栽植后不能发芽。

花毛茛须于 9 ~ 10 月进行分株，剪去部分老根，用手将块根带根茎顺自然状态掰开，3 ~ 4 个为一株，放置于阴凉处，待伤口略干时，在室内盆栽，覆土以高出顶芽 2cm ~ 3cm 为宜。

将美人蕉根茎切成数块，每块带芽 1 ~ 2 个。

（2）种植。将腐熟有机肥与种植土掺拌均匀施入穴底。大丽花脱盆定植，株距 50cm ~ 100cm。花毛茛翌年春季脱盆定植，株距 25cm ~ 30cm，种植深度与原栽植线平齐。发芽前，将蛇鞭菊母株起出，用利刀分切成数株，株行距 30cm ~ 40cm。美人蕉将分切块根生长点垂直向上摆放于穴内，覆土 7cm ~ 10cm，将栽植面整平并压实。

82. 怎样采用铺草块、草卷的方法建植草坪？

用草块、草卷铺设建坪，方法简单，见效快，易养护管理，生长期内均可进行。冷季型草最晚于 11 月中旬前结束，过晚则不利于越冬。

1）铺设方法

（1）平地建植

草块、草卷必须按同一方向顺次逐块平铺，遇有粒径大于 1cm 的土块、石块时，应彻底清除（彩图 31）。地面不平或草块带土厚度不匀时，应垫土或去土，找平后再铺。将草块、草卷外缘对齐，按压至地面，多余部分必须用利刀切齐。在已栽植乔、灌木的地块铺栽草块、草卷时，应铺至树穴外沿。

草块、草卷铺栽后，应将散落在草坪上的碎草块全部清理干净，不能有遗漏。然后用 0.5t ~ 1.0t 重的滚筒进行碾压或踏实，使坪草根系与土壤紧密接触。发现有明显凹凸处，应及时修整找平。重点观赏草坪，可在灌水后表土略干时，进行二次滚压，以便提高草坪的平整度。

（2）坡地建植

须沿等高线方向逐层顺铺。在坡度较大的地段，为防止草块、草卷下滑，在草块、草卷的底边，可用小木楔或竹签插入土壤加以固定。

（3）在花坛、花境、绿篱、色块外侧铺栽时，要留出 10cm 空间。

2）建植要求

（1）草块品种必须统一，草块间要衔接整齐不留缝隙、死角。草块不叠压（彩图 32），接口处应平整不压边，草块土边不外翻翘起。

（2）铺栽时，应将草块上的杂草拔除。

（3）草块、草卷外缘须低于路缘石，土面与地被植物栽植面平齐，坪面高度保持一致。

（4）草坪铺栽平整，外缘线条平顺自然、流畅。树穴外缘草边要截切圆整。

（5）铺栽工作完成后，要及时将散留在坪地上的破碎草块集中清走，保证施工现场清洁、无杂物。

3）注意事项

（1）应根据现场施工条件，依平整土地面积、铺设进度，测算出每天的用苗量，保证当天能够全部栽完。

（2）高温季节，应将草块、草卷整齐地码放在阴凉处，码放不宜过高，以免发生捂苗现象。

83. 如何用分栽的方法建植草坪?

一般根状茎和匍匐茎较发达或种子繁殖较困难的草种，如野牛草、丹麦草、结缕草等，多采用此种方法进行建植。该建植方法操作简单，在生长期均可进行，但短期内草坪不能郁闭，见效较慢。因此用此种方法建植草坪，不可进行得过晚，以免年内达不到预期的景观效果。

1）栽植密度

白三叶、草地早熟禾及分蘖少、成坪较慢的丹麦草，可适当栽密，一般株行距为 10cm × 10cm，匍匐翦股颖 20cm × 20cm，野牛草 15cm × 20cm，羊胡子草 12cm × 15cm 穴栽，结缕草 15cm 行距条栽。但也可根据栽植地的位置和设计要求而定。在主要观赏地段可适当栽密，使其尽快成坪。

2）建植方法

（1）将装放苗木的编织袋平放在阴凉处，高温季节需注意喷水，保持草根潮湿。

（2）条栽。在平整好的栽植地上，以一定的行距开挖成深 6cm ~ 8cm，行距 20cm ~ 25cm 的栽植沟，将草根 3 ~ 5 根为一丛，具根状茎或匍匐茎的草种一般为 2 ~ 4 个节，按照一定的株距埋入沟内，注意根系不得外露，覆土后压实，并将表土整平。

（3）穴栽。草坪大面积分栽时，建议采用钉木桩，逐行拉线栽植，以此作为控制栽植面标高和栽植行距的依据，可大大提高栽植整齐度，穴深 8cm、穴径 8cm ~ 10cm“品”字形栽植。分栽时每 5 ~ 7 根为一丛，理齐草根，将草根全部植入穴中不得外露，每穴栽植后填入细土，用手将土面整平、压实。

84. 如何用埋蔓的方法建植草坪?

具发达匍匐茎的草种，如匍匐剪股颖、野牛草、结缕草等，也可采用埋蔓法建植草坪。

可于4月下旬至9月下旬进行，行条植或穴植。将草坪成片起出，用手抖去根部土，或用水将根部泥土冲洗干净，将茎切成8cm ~ 9cm长的草段。

穴植时，穴深4cm ~ 5cm，株行距15cm ~ 20cm，等距离“品”字形栽植。开沟条植，适当掌握栽植密度，匍匐剪股颖条植行距20cm，结缕草行距15cm。穴植或条植时，草蔓外露1/3 ~ 1/4。栽后覆土平整，压实。

85. 种子建植草坪的适宜时期？

1）冷季型草

（1）春播在日平均气温稳定在6℃ ~ 10℃，至日平均气温稳定达到20℃前进行。天津一般在4月10日以后至5月20日以前，春播宜早不宜迟，早播有利于草坪草越夏。过晚气温升高，杂草易于萌发旺长，增加清除杂草的工作量。

（2）秋播宜在夏末日平均气温稳定降到24℃以下时开始，至日平均气至15℃之前进行，天津地区为8月中旬至9月底前。此时雨量适中，适合冷季型草的发芽和生长，杂草不严重，过晚则不利于草坪草安全越冬。

2）暖季型草

在春季日平均气温稳定通过12℃，至夏季日平均气温不低于25℃进行。5 ~ 6月是京津地区最佳播种时期，此时气温回升，有利于草种发芽生长，暖季型草播种可持续至7月底。

86. 如何掌握草坪草的播种量？

1）要严格控制单位面积的播种量，播种量过少，苗木稀疏成坪慢。但也不是播种量越大越好，播种量过大，成坪后苗量过密通透性差，会导致病害发生和蔓延。由于苗木生长空间拥挤，生长细弱，因此耐践踏性也会降低。

2）播种前需首先做发芽实验，测定草种发芽率，根据种子千粒重、纯净度、发芽率、播种时期，确定合理的播种量。要求种子纯净度在98%以上，暖季型草发芽率70%以上，冷季型草发芽率85%以上。

3）播种量

（1）一般草坪播种量，剪股颖7g/m^2～8g/m^2，结缕草10g/m^2～15g/m^2，多年生黑麦草25g/m^2～30g/m^2，白三叶7g/m^2～10g/m^2，草地早熟禾10g/m^2～15g/m^2，异穗苔草（大羊胡子草）、卵穗苔草（羊胡子草）15g/m^2～20g/m^2，高羊茅30g/m^2～35g/m^2。

（2）一般混播草坪，因多年生黑麦草扩张能力强，耐寒性、耐热性稍差，故与其他冷季型草种混播时，一般不宜超过播种量的15%～20%，以免挤占过多生长空间，影响其他草种的生长。高羊茅与其他草种混播时，所占比例不应低于70%，以占总播种量的80%为宜。

（3）运动场草坪，需要长期经受高强度的踩踏，故应以耐践踏、绿色期长的品种为主，要求草毯具有密集扎实、弹性好、恢复性强、易于快速更换等特点，因此适合采用混播的方法建植。混播建植的草坪，草色均一、鲜艳、弹性好、耐践踏、耐低修剪，可以满足其功能要求。北方地区多选择高羊茅、草地早熟禾、多年生黑麦草等冷季型草种，建议混播草种比例为5∶4∶1，播种量40g/m^2。

87. 为什么北方地区，多采用草地早熟禾、高羊茅和黑麦草混播建坪？

混播就是将2种或2种以上，或同种中不同品种的草种，按一定比例进行混合播种。混播使不同草种弥补了各自的不足，优势得以互补，既可增加草坪的抗性，又提高了草坪的耐践踏能力。不仅成坪快，可保持较好的观赏效果，又延长了绿色生长期。

1）混播草种选择的依据

要求混播建植的草种，其生长速度、扩繁方式、分生能力要基本一致，叶片质地相近，叶色基本一致。

2）不易混播的草种

（1）冷季型草。翦股颖、多年生黑麦草、高羊茅，虽然都是冷季型草，但翦股颖具有侵占性极强的地下根茎和地上匍匐茎，分生扩繁能力强，不适宜与靠分蘖扩繁直立生长的多年生黑麦草、高羊茅等草种进行混播，以免出现斑块，破坏了草坪的均一性、整齐度和观赏性。

（2）暖季型草。马尼拉、结缕草等暖季型草，因其生态习性差异较大，竞争力不同，混播破坏了草坪的均一性，故多进行单播。

（3）暖季型草与冷季型草。一般暖季型草，6 ~ 8 月进入旺盛生长期，也是需肥最多时期，通常多施用氮肥。而冷季型草，夏季处于休眠状态，为避免病害发生，一般不施用氮肥。因暖季型草与冷季型草需肥时期不同，绿色期差异较大，故也不易进行混合播种。

3）混播草种选择

北方地区，混合播种常用于冷季型草坪的建植。多选用草地早熟禾、高羊茅、多年生黑麦草，或高羊茅和多年生黑麦草混播建坪。

（1）草地早熟禾耐寒性强，虽然成坪速度稍慢，但能形成致密的草坪。不足的是在高温季节夏季休眠。有的品种对褐斑病有较强的抗病性，但抗锈病的能力差。

（2）高羊茅长势强健，抗干旱，寿命长，耐践踏。虽然耐寒性相对较差，但耐热性强，在炎热的夏季，许多冷季型草种进入休眠期，但高羊茅夏季不休眠，仍能够保持良好的观赏效果，和其他草种混播时，往往作为主体。

（3）多年生黑麦草耐寒性、耐热性都较差，但分蘖能力强，成坪快，发芽早，一般播种后 5 ~ 7 天可出苗，可使多年生黑麦草的速生与草地早熟禾的慢生达到互补效应。

88. 如何进行草种处理？

1）种子消毒

播种前对草种进行消毒处理，可减少苗期病害的发生。

可用 50%多菌灵可湿性粉剂、70%百菌清可湿性粉剂等杀菌剂，配制成种子重量 0.3%的溶液搅拌浸种 24 小时。大面积草坪播种时，可用多菌灵可湿性粉剂、代森锰锌、托布津等杀菌剂进行拌种消毒，药量一般为种子重量的 0.3%。先将药与细土拌匀，再与经过催芽处理的种子多次翻拌均匀。也可每 50kg 种子，用 50%福美双可湿性粉剂 0.3kg ~ 0.5kg 拌种。

2）浸种

冷季型草一般不用催芽处理，可直接播种，急需时也可用冷水进行催芽。直接播种发芽率低的草种，如结缕草等，播种前种子必须进行催芽处理。经过催芽处理的草种，比杂草早出土，可避免发生草荒。

（1）冷水浸种，适用于比较容易发芽的草种。将种子提前用冷水浸泡数小时，捞出后摊开晾干，及时播种。播种量较大时，可将整袋种子用自来水反复冲泡，待种子吃透水后摊开沥水。当发现种子 80%以上破嘴、露白，摊晾至表面略干爽时，随即进行播种。

（2）烧碱液浸种。可用 0.5%氢氧化钠液浸泡 24 小时，用清水漂洗干净，再放入清水中浸泡 7 ~ 8 小时，将种子捞出摊在地上，待种子表面水分沥干后播种使用。此种方法较简便易行，多用于结缕草种子处理。

（3）石灰水浸种。这种浸种方法既可对草种进行消毒，又可加速种子萌发。按1份石灰兑99份水使用，先将石灰中加入少量水，将其搅拌成糊状，再加入足量的水继续搅拌充分，待沉淀后取澄清液浸种。石灰水需没过种子，用木棍用力搅拌，以免种子浮在水面。24小时后将种子捞出，用清水清洗至水清为止，摊晾至种子无明水时即可播种。也可将草种装袋浸种。

3）沙藏

发芽比较困难的结缕草等，不可用冷水浸种后直接进行播种，必须进行沙藏催芽处理。将草种混入2～3倍湿沙拌匀堆放沙藏，用编织袋或草片苫盖，每天翻动一次，并注意喷水保持种、沙潮湿，待50%种子露白时，既可进行播种。

89. 怎样利用种子直播建植草坪？

播种建植的草坪，一般采用人工撒播和机械播种。面积较小的坪床应用人工撒播，坡度较大及播种面积大的地块，应采用机械喷播。

1）人工撒播

草种细小的，应将草种与2～3倍的细沙土掺拌均匀。

（1）面积较小的坪床，先倒退着用钉耙浅划表土1cm～2cm。为将种子撒播均匀，应采用双向撒播法，即将种子等分为二，先横向撒播一遍，再沿纵向撒播一遍，交叉撒播2～3个来回以确保种子撒播均匀。撒播后用钉耙向前轻轻平趟，使表土覆盖草种，用平锹轻轻拍压，或用碾子碾压，使种子和土壤紧密接触。

（2）面积稍大的坪床，宜将坪床划分为若干个条、块，按播种量分摊到每个条、块中。再将每个小区草种平均分为2份，采用垂直交互撒播的方法，即确保撒播均匀一致以免造成漏播。播种后坪床均匀撒覆细土 0.3cm ~ 0.5cm，及时用碾子轻压。

（3）草种混播建坪的，撒播时每个草种宜进行单独撒种，使各草种分布均匀，以利提高草坪的均匀性和整齐度。

2）机播

用于大面积建植的运动场、机场或广场草坪的建植，可采用旋转式播种机或自行式播种机交叉进行播种。播种后立即用无振动振压器振压，使草种能够与土壤紧密结合。

3）喷播

在坡度超过 30% 坡面，或建植较大面积草坪时，多采用液压喷播方式建植。要根据天气情况安排施工，选择无风天气，将经过处理的草种、复合肥、保水剂、黏合剂、染色剂、木纤维或纸浆，按设计比例混合、搅拌，配制成绿色草浆，利用喷浆机组，直接均匀地喷送到播种地。喷播时，平坦坪床应由里向外，坡地要由高向低进行，喷播压茬 40cm ~ 50cm。为提高工作效率，可使用 2 台喷播机，进行交替作业。

4）撒播后

（1）为保持土壤湿润促进草种发芽，防止喷灌或大雨对种子造成冲刷，坪床应及时顺向用草片、薄无纺布或遮阳网拉直加以遮盖，以减少太阳曝晒和表土水分蒸发。遮盖物接口需压茬 5cm ~ 10cm，插入竹签或“U”形钩固定。喷播草种晾晒 2 ~ 3 小时，待地表浆全部干燥结壳，坪床覆盖无纺布。

（2）种子萌发前，每天进行雾状喷灌 2 次，保持坪床土壤持续潮湿。

（3）待苗长至 5cm ~ 7cm 时，于傍晚揭去上面的遮盖物。

第九节　苗木支撑、灌水

90. 苗木设置支撑的标准要求是什么？

移植的大树根盘小、树身大，如果在未做好支撑前就进行灌水作业，尤其是遇上风雨天气，极易造成苗木倾斜或倒伏。常言道："苗木晒了根，成活减三分"，甚至会导致死亡。因此苗木栽植后，必须立即架设支撑固定，然后再浇灌定根水。

（1）支撑杆材质要统一。不同支撑方式的撑杆，要材质统一，粗细一致，整齐美观。

（2）不使用未经处理带有病虫的木质撑杆，用松木做支撑杆时，必须刮除树皮，经过杀菌除虫后方可使用，以防止如小蠹、腐烂病等病虫害传播和蔓延。

（3）支撑标准要统一，做行列式栽植及片植的同一树种，其三角支撑、四角支撑、"n"字支撑，支撑杆的设置方向、支撑高度、支撑杆倾斜角度、绑扎形式、牵拉物长度等必须完全一致，以免显得杂乱破坏整齐度。

（4）支撑位不可过低（彩图 33），树干扎缚处，必须夹垫厚的透气软物。否则树体随风晃动，常导致镀锌钢丝嵌入干皮内，支撑处干皮磨损，病菌易于破损处侵入并发病，造成树势衰弱甚至死亡（彩图 34）。

（5）支撑设置方向、支撑高度、支撑杆倾斜角度要合理，支撑必须稳定牢靠，不偏斜、不吊桩。支撑架设后，用手摇晃支撑杆，检查支撑架设是否牢固，防止树体晃动、倾斜、倒伏。

（6）软支撑牵拉物与地面连接点要连接固定，必须设立警示标志。

91. 如何设置三角支撑?

（1）选3根材质一致、粗细一致的支撑杆，将一根设立在主风方向上位，其他2根均匀分布。

（2）支撑点不可设立得过低，以免灌水后土壤出现下沉，或大风后树体发生倾斜和倒伏。一般落叶乔木树种，支撑点宜在树干高度的1/2处。苗木高度在6m ~ 7m以上、树冠较大的，支撑点应在树干高度的2/3处，也可设置两层支撑。常绿针叶乔木树种，宜为树干高度的2/3或树体高度的1/3。

（3）支撑杆基部应埋入土中30cm ~ 40cm并夯实。也可将撑杆基部直接与向外斜向楔入地下30cm ~ 40cm的锚桩固定。

（4）树干扎缚处应用草绳缠干或夹垫厚的透气软物，以防磨损树干，支撑杆用10号镀锌钢丝绑缚固定。切不可把支撑杆直接钉在树干上，以免树体随风晃动时，干皮磨损，支撑杆出现吊装等（彩图35）。

92. 怎样设置四角支撑?

为保证交通安全和方便行人通行，一般行道树多采用此种支撑方法。胸径在10cm以下的乔木，可用松木杆，也可用钢管材料固定树体。一般高度120cm ~ 150cm的，先在树干扎缚处密缠草绳，或夹垫厚的透气软物并系牢。将2根短木与树干夹紧，用镀锌钢丝绑缚固定。在其上再用2根短木，呈“井”字形夹紧树干绑缚牢固。将4根支撑杆放置在树穴4个角，斜向与夹板的4个夹角绑缚固定。支撑杆基部与埋入土壤中的锚桩固定（彩图36）。行道树大乔木，为使支撑更加牢固，可在支撑杆下部，分别水平绑缚4根横杆加固。绿地栽植的大乔木可设置2层支撑（彩图37）。

93. 设置“n”字支撑的方法是什么?

树体不过于高大的灌木或小乔木类，可使用“n”字支撑。立柱高度60cm～100cm，设置在树干下风方向一侧。在土球外两侧，各埋实一根80cm～120cm的直立木桩，两木桩间距80cm。树干支撑处，先夹垫好透气软物，再用长100cm的横杆与树干、立桩固定拴牢。

94. 如何设置联排“井”字形水平支撑?

成排、成行片植的较大型乔木或竹类、临时性集中假植的较大型乔木，可采用联排“井”字形水平支撑。

支撑杆与树干绑扎处密缠草绳或缠垫软物。用粗杉木杆、竹竿，粗细两头交错与树干相互连接固定。周边用斜撑加固，也可用镀锌钢丝与斜向楔入地下的锚桩固定。支撑杆必须绑扎牢固，保证连接固定水平杆的绳索不脱扣，撑杆不滑脱。整体稳固不倾斜。大风后，发现撑杆、绳索或镀锌钢丝出现滑脱时，要及时进行修复加固。

95. 怎样修筑灌水围堰?

灌水围堰的大小须视栽植品种规格、土质而定。灌水围堰过小、围堰过浅，虽然进行正常灌水，但每次仅能湿润土球的表层，下面的根系层根本吸收不到水分，这是造成缓苗期苗木缺水的主要原因。缓苗期缺水，常导致苗木生长势衰弱，易发生病害，甚至苗木因干旱失水死亡。

（1）灌水围堰修筑的标准要求

苗木定植后，应在栽植穴外沿用细土筑成高15cm～20cm的灌水围堰，围堰应踏实或用铁锨拍实。严禁用大土块和夹杂砖块、石块的土修筑灌水围堰，以免灌水时导致跑水、漏水。同一品种

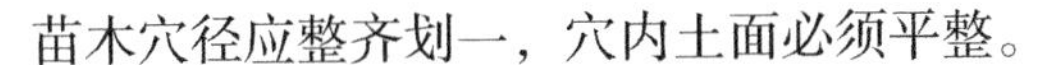

苗木穴径应整齐划一，穴内土面必须平整。

（2）两道灌水围堰的修筑

为确保大规格土球苗能够灌透水，应修筑两道灌水围堰。第一道围堰在土球外沿向内堆筑，第二道围堰应在树穴的外沿堆筑（彩图38），灌水时内外围堰同时灌水。

（3）分段畦式灌水围堰修筑

栽植较密的片植乔、灌木或地被植物，可以分片、分段修筑围堰灌水。在地形及坡地上，灌水围堰应沿等高线水平修筑。

96. 新植乔灌木类如何灌水?

（1）土球松散的，在填至一半土时，可先浇一次半截水，使根系与土壤紧密结合，然后再将土填满。

（2）定根水应在定植后24小时内浇灌一遍透水，3 ~ 5天内浇灌第二遍水，7 ~ 10天内浇灌第三遍水。10月下旬秋植苗木，因此时天气渐凉，部分叶片开始脱落，水分蒸发量减少，栽植后可在10天后浇灌二遍水，第三遍水可作封冻水。11月上旬栽植的，第二遍水可作封冻水浇灌。

（3）浇灌头遍水时，水管应对准放置在树穴内的缓冲垫，防止直接冲刷穴土和根系，也可将水枪插入回填土中，边灌水边上下搅动，使虚土快速沉降，并成泥糊状，使根系与土壤紧密接触，待水从穴底返上灌满树穴为止。

（4）土球较大、土质过于黏重及土球较干的苗木，如果按照通常采用的灌水方式，水很快会从回填的虚土中渗入地下，给人以灌透的错觉，但实际上土球内往往吃不透水。因此浇灌三遍水后，树体仍表现出缺水现象时，说明没有灌透水。

此类苗木灌水时，应采取打孔灌水的方法。灌水前或灌水时，用钢钎在土球顶面中外部，打3 ~ 6个深10cm ~ 15cm的孔，然后再灌头遍水，让水从土球外和土球上同时下渗，以确保定根水灌足、灌透。

97. 一、二年生草本花卉如何灌水?

（1）草本花卉一般株丛矮小，根系较浅，灌水时，严禁直接冲刷花苗根际，防止水流过急时根系被冲刷，发生根系外露，植株倒伏现象。

（2）草本花卉栽植地土壤疏松，故浇灌定根水时管头下需垫一蒲包或瓦片，防止水流过急，将地面冲刷成坑。

（3）待表土略干燥时，发现苗木倒伏或根系外露的，应及时将苗木抹正覆土压实。

（4）头遍水应灌透，栽植后的 3 ~ 4 天内，应于每天早晨或傍晚，用喷壶在苗木根际喷水，防止将泥土溅到植物的茎叶上。大面积花坛，可用小水漫灌。

98. 苗木灌水时应注意哪些问题?

（1）在土壤含盐量较高地区，灌水就要灌足，不浇半截水。特别是返盐季节，遇小雨天气，要及时灌透水，以水压盐，以免植物遭受盐害。

（2）灌水时应控制水流速度，水流不可过急，严禁急流冲毁树堰。灌水时不可直冲根系，水管出水口下方应垫放耐冲刷的硬物（缓冲垫），防止苗木根系外露或倾斜。

（3）微地形上的草坪，灌水应从高处向下慢渗，以保证灌透水。

（4）发现跑漏水时，应及时用细土进行封堵，捣实。穴土沉陷或出现孔洞及根系外露的，应及时回填栽植土，埋严、压实。

（5）灌水后因出现土壤沉陷，导致树木倾斜或倒伏的，应及时扶正培土踏实。

（6）灌水后发现土球过湿时可开穴晾坨，防止苗木烂根。如发现树穴透水性差或有积水时，应采取打孔灌砂措施，即从土球外侧向下打孔，孔越深越好，向孔内灌入粗砂。也可在树穴内取 3 ~ 4 个点，将土球外栽植土挖出，深度到土球以下 15cm ~ 20cm，向穴内填入粗砂、石屑或陶粒以利排水。

（7）三遍水后，应认真检查土球是否灌透。用钢钎或竹棍在土球上扎孔试探，如果土球下部坚硬，说明水未灌透，应及时补灌。若下部土壤松软，说明水已灌透。

（8）新建草坪灌水后，应注意做好成品保护工作，可设置防护栏，严禁闲杂人员及施工人员随意进入踩踏。

99. 种子建植草坪如何灌水？

播种后，如因土壤灌水不及时或断水出现土壤干燥时，会导致草种失水不能发芽，或出现发芽后“回芽”现象。因此为保证种子的发芽率，在播种出苗阶段，必须保持坪床土壤的湿润状态。

（1）播种后至幼苗长至 7cm，每天需喷水 2 ~ 3 次。

（2）一般幼苗期土壤宜见湿见干，灌水以土壤浸透 8cm ~ 10cm 为宜。高温季节坪床地面温度较高，容易造成幼苗灼伤，应避免中午前后高温时进行灌水，以免对幼苗造成伤害。

（3）随着幼苗的加速生长，灌水次数可逐渐减少，但灌水量应逐渐增加，土壤持水深度需达到 10cm ~ 15cm。

100. 营养体建植草坪如何灌水？

有些人错误地认为，灌透水就是水越大越好，结果造成浇过水的建植地汪着水，而大面积建植地的草坪却因灌不上水而萎蔫、枯黄。因此定根水的灌水量，应考虑根系的生长长度，以土壤湿润到根系下 3cm ~ 5cm 为宜，灌水过量不仅浪费水源，也延误了其他草坪草头遍水的浇灌。

（1）草块铺栽后24小时内必须灌一遍水。因草块下白色的吸收根非常短小，且铺栽后每天要喷水养护，故不宜灌大水，以水渗透种植土下5cm为宜。5～7天内，每天早晚各喷水一次，保持土壤湿润直至新叶开始生长。

（2）分栽建植草坪，一般根系较长，栽植较深，故灌水以土壤湿润10cm～12cm为宜。为防止灌水时草根外露，应采取大水漫灌的方式进行灌水。

第十节　苗木栽植修剪

101. 园林植物栽植修剪的目的是什么?

（1）因移植时，苗木的根幅在一定程度上有所缩小，使吸收根受到一定程度的损伤，导致根系吸收能力降低。因此移植后，必须对树体进行整形修剪。通过合理的修根、疏枝、短截、抹芽、摘叶、疏花、疏果等修剪措施，减少水分蒸发，使苗木地上和地下部分，水分和养分代谢维持相对平衡，有利于缓苗提高苗木栽植存活率。

（2）通过合理修剪，使树体结构合理，树形整齐美观，从而提高园艺观赏性。

（3）通过疏枝、除蘖、疏花、疏果，防止养分过多消耗，改善树冠内的通风透光条件，增加苗木的着花和结实量。

（4）通过修剪，促进苗木生长，增加幼龄树的分枝数量，扩大冠幅，使苗木快速成型。

（5）防止砧木萌蘖枝争夺养分，挤占生长空间，确保栽培品种正常生长。

（6）剪除病虫枝，摘除病虫果，可控制病虫继续危害和蔓延。

102. 整形修剪的依据是什么？

苗木修剪不可千篇一律，修剪应根据栽植环境条件、景观要求和配置方式，每个树种的自然树形、造型要求、苗木及顶芽的生长势、枝条伸展状况、成枝能力、花芽着生位置、开花时期等，进行适当的整形修剪。

1）根据植物在园林绿化中的功能要求

同一种植物，在园林中应用的目的不同，不同园林风格的景观要求及栽植形式的不同，其修剪的方式也有所不同。

如枸杞果实的药用价值很高，作药用植物栽植时，多修剪成主干分层形。但在园林中不是以提高坐果率为栽植目的，故不必全部整剪成主干分层形。如栽植在水岸、石旁，主要起固土护坡作用时，则可保持自然灌丛形。

孤植树应稍加修剪，尽量保持和维护其自然树形。与其他植物配置时，要视点缀的对象和背景、周边植物及生长空间，决定形体的高度和冠幅大小。

2）根据树木的自然树形

不同树种的分枝方式不同，其自然树形也不同。非造型树修剪时，一般要参照其自然树形进行。

（1）有明显中央领导干的树种，如新疆杨、钻天杨、箭杆杨等，中心主干明显，此类树种必须保留其中央领导干，对主干不得行短截。雪松、银杏有生长势较强的中央领导干，自树干上发出多数轮生主枝，自下而上逐渐缩短，形成特有的尖塔形或圆锥形，此类树形的苗木，修剪时大枝一律不得进行短截，以免破坏其树形。

（2）无明显中心主干但自基部可发出多数主枝的树种，如珍珠梅、黄刺玫、棣棠等，多可修剪成丛球形。

（3）帚型树，如照手白、照手红等帚桃类，为观赏桃中的直枝类型。其着枝紧密，枝条分枝角度小，贴主干直立生长形成较

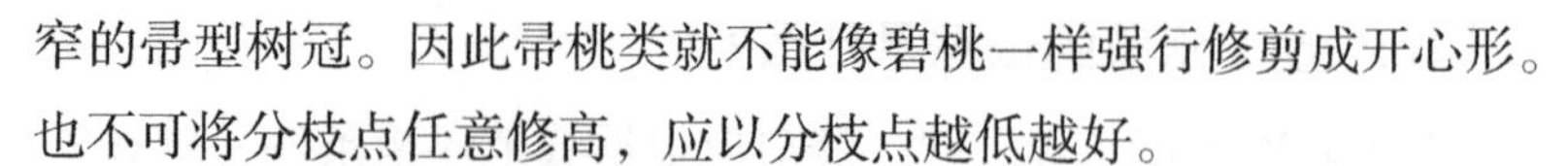

窄的帚型树冠。因此帚桃类就不能像碧桃一样强行修剪成开心形。也不可将分枝点任意修高，应以分枝点越低越好。

3）根据特定的观赏树形

有些植物通过整形修剪，可达到特定的观赏树形。如耐修剪的榆树、桧柏等，虽为乔木树种，但通过多次整剪，可植作绿篱，也可修剪成球形树观赏。枝条呈自然下垂的龙爪槐、垂榆、金叶垂榆、大叶垂榆等树种，通过扩冠修剪，可培养成开张的伞形树冠。

4）根据树木的栽植环境及功能要求

（1）孤植悬铃木可保持其圆形或卵圆形的自然树形。作行道树栽植时，也不一定必须修剪成"三股、六杈、十二枝"的杯状形，只有在树冠上方有架空线路的地段，为解决树电矛盾，才采用此种整剪方式。

（2）椰子树苍翠挺拔，是热带和亚热带重要的景观树种，果实汁液可吸食。但作行道树栽植时，因其果实硕大，沿海地区又多台风，故在果实未成熟前，必须将其全部摘除，这是养护工作的内容之一，以防飓风时果实脱落砸伤路人。

（3）在沿海地区及多风地段，为防止风雨后大树倒伏，树木的冠幅可适当缩小，树体高度要适当有所降低，以便提高树木的抗风能力。

5）根据花芽着生位置

不同树种其花芽着生的位置有所不同，修剪时应根据植物的成花习性确定修剪方案。

（1）山里红花芽为混合芽，红色肥大而饱满，呈乳头状，着生在结果母枝顶端或顶芽下的 1 ~ 4 个叶腋内；苹果混合芽着生在结果枝顶端；梨树混合芽在膨大的短枝上或鸡爪状枝端开花结果。故此类树种冬剪时，结果枝均不可进行短截（更新结果枝除外）。石榴花芽着生在结果枝当年生小枝顶端，休眠期修剪时注意保留健壮结果枝，显蕾前不可短截结果枝。丁香为早春观花植物，花芽在前一年分化形成，着生在小枝顶端，因此休眠期修剪时对健壮生长枝不能进行短截。

（2）紫薇、珍珠梅、醉鱼木等，花芽虽为顶生，但是在当年分化形成，着生在当年生枝顶端，此类树种的小枝冬剪时可进行短截。

（3）花芽着生在2年生以上的紫荆、贴梗海棠等的老枝上时，修剪时则应注意培养和保护老枝。

6）根据成枝能力

玉兰、广玉兰、梧桐等为萌芽力、愈伤能力弱的树种。对不耐修剪的树种，应尽量不剪或轻剪，如樱花尤其不宜短截，否则会造成树势衰弱，且易流胶。悬铃木、蜡梅、桃树、葡萄等萌芽力、成枝力强的树种，应多疏枝少短截，防止枝条旺长，造成树冠郁闭。萌芽力、成枝力弱的树种如核桃等，修剪时则应少疏枝多短截，促其多发分枝，迅速扩冠提早开花结果。

7）视起苗时期

正常栽植季节土球苗可适当减少修剪量，非正常栽植季节应适当加大修剪量。

8）视起苗质量

土球起苗质量好的、枝叶不过密的苗木及假植苗，可适当减少修剪量。土球较小的、散坨及未经提前断根处理的大规格苗木，要适当加大修剪量，但修剪后应确保一定的景观效果。

9）视枝叶的稠密程度

枝叶稠密的可适当多疏，改善树冠内的通风透光条件。枝叶稀疏的可以不疏或少疏。

10）视苗木的生长势

生长势较弱的树，应适当进行重剪，幼龄树及旺长树易轻剪，防止重剪后造成枝条徒长，不利于开花结实。

103. 整形修剪常用的基本方法有哪些?

1）平茬

将苗木茎干自地面 5cm ~ 10cm 处进行截除，称之为平茬。多用于灌木类更新修剪，平茬后可自地面萌发数个健壮萌蘖枝，使灌丛扩大。

2）截干

指对树干、粗大主枝或骨干枝进行截断的措施。如自树干分枝点以上，将树冠分枝部分全部锯除为截干，又叫抹头。主要用于大树、裸根苗移植，或枝干损伤严重，但萌芽、发枝力强的种类及大树更新复壮的修剪。

3）短截

将一年生枝条剪去一部分，仅保留基部部分枝段或剪去一部分根段的修剪方法。如裸根苗的劈裂根、过长根等的修剪；影响树冠整齐的枝条、作更新老枝或填补空间培养的徒长枝、伸展过远的枝条的修剪；为延长花期，促再次开花的花枝的修剪；为扩大树冠，促发分生枝的主侧枝的修剪等。

根据枝条的剪留长度，又有轻短截、中短截、重短截、极重短截等之分。

（1）轻短截。剪去一年生枝顶端部分，即枝条长度的 1/5 ~ 1/4。由于轻短截打破了顶端优势，可控制枝梢旺长，有利于花芽分化和二次开花，故多用于花灌木、果树类强壮枝的修剪。

（2）中短截。剪去枝条长度的 1/3 ~ 1/2 至壮芽处。由于剪口下枝条中部的壮芽成枝力强，故常用于幼龄树骨干枝、延长枝的培养。短截时，可以通过留芽的方位、留芽的质量，改变枝梢的延伸方向和延伸角度。有生长空间的健壮徒长枝，作为更新枝培养时多用中短截。

（3）重短截。剪至枝条下部 1/4 ~ 1/5 的半饱满芽处。由于重剪刺激，剪口下基芽萌生成枝力强，多用于老树、弱树、老弱枝的更新复壮修剪、大树移植修剪。

（4）极重短截。仅保留枝条基部2～3个瘪芽，多用于竞争枝的处理。短截后剪口下可抽生旺长枝，多见于紫薇、珍珠梅等休眠期修剪。

4）疏枝

疏枝又称疏剪，是将密生的、无用的整个枝条自基部完全剪除。适用于枯死枝、重叠枝、交叉枝、细弱枝、过密枝、乔木分枝点以下枝条、根际萌蘖枝、嫁接砧木萌蘖枝、无用的徒长枝、异型枝、主干延长枝竞争枝的疏剪。

疏枝可以降低冠内枝条密度，改善通风透光条件，抑制旺长枝的生长势，保持中心主干枝顶端的生长优势，有利于干型和树形的培养。如树冠为尖塔形的银杏、华山松、云杉等幼龄树，对主干延长枝上的竞争枝必须进行疏除，才能确保形成优美的树形。

5）抹芽

抹芽也属于疏剪的范畴内容，是指徒手把树干基部、枝干上、剪口处、枝端萌发的多余的顶芽、脚芽、腋芽、嫁接砧木上萌生的蘖芽及时剥除。清除位置不当、芽伸展方向不适宜、过密的无用芽及延长枝的竞争芽，可以减少无用枝的成枝量，节约养分。如紫叶李、紫薇等树种萌芽力强，枝条短截后，其剪口下萌生多个蘖芽，必须将无用的蘖芽及时抹去。又如牡丹、芍药每年自根际萌生数个蘖芽，掰除过密、细弱蘖芽，防止养分无效消耗，保证主枝发育，保持株丛通透，减少病害发生。

6）摘心

生长期摘除有生长空间的新梢顶端2cm～3cm幼嫩部分，叫做摘心。可用于控制顶端优势，抑制枝条过旺和枝条延长生长、促发二次枝，有利花芽形成和果实膨大等。花灌木及果树类促花芽形成，宿根花卉控高、促分蘖、调控花期等均可通过摘心完成。枣树花期对枣头进行摘心可提高坐果率。

7）摘叶

摘叶也属于疏剪的范畴，是在生长季节苗木栽植时，采取摘除部分叶片的一种修剪措施。

（1）将过密叶片自叶柄以上剪去，可减少叶面水分蒸发量，有利于新植苗木缓苗和提高栽植成活率。主要用于较大规格苗木、叶片稠密的落叶苗木、阔叶常绿苗木，如银杏、玉兰、石楠、广玉兰、紫叶李等苗木的非正常栽植季节修剪。

（2）摘叶可改善通风透光条件，有利于花芽分化和果实着色，提高果实品质和观赏性。

（3）摘除病叶、虫叶可减少病虫害发生。石榴紧贴叶片下的果实易发病，坐果后及时摘去紧贴果实的叶片，可降低果实的发病率。

8）剪梢

剪梢，是指在生长期剪去一段半木质化新梢顶端部分的修剪措施。剪梢可以削弱新梢的顶端优势，促进分生侧枝，提高分枝级数。也适用于非正常栽植季节苗木的修剪。

9）疏蕾、疏果

是指对过密的花蕾、果实生长过多及无观赏价值的果实、病虫果等进行疏剪和摘除的修剪措施。通过疏蕾、疏果，可以稳定果实产量，保持长期的观赏效果。

（1）疏除新植苗木部分花蕾、果实，剪除无观赏价值的丁香、牡丹、芍药、玉兰等果实，可提高苗木的整洁度，减少养分消耗，有利于缓苗和提高栽植成活率。

（2）摘除过密的幼果可以减少落果，提高坐果率，有利于果实发育和花芽分化，增加来年开花结实量，克服大小年现象。如保留石榴顶端发育充实的果实，摘除其下部的并生果，疏去6月中旬以后座的果实，有利于提高果品质量。

（3）摘除病虫果，如苹果树、梨树、桃树轮纹病病果，葡萄白腐病病果；摘除梨大食心虫、柿蒂虫、桃蛀螟等危害的虫果，防止病虫害扩展蔓延。

10）扭梢

扭梢也叫拧梢，是指对有生长空间的旺梢或背上直立枝，在枝条半木质化部位，用大拇指和食指捏住新梢基部，将新梢折伤并扭转 180°，用以阻碍养分的运输，缓和生长势，控制新梢过旺生长，是促进幼龄果树形成花芽，提前结果，促使中、短枝花芽分化，提高坐果率的重要技术措施之一。适用于苹果、石榴树等果树类，如桃树待有生长空间的旺梢，长至 30cm 时进行扭梢。当苹果树背上直立旺枝长到 20cm 左右半木质化时，从基部 5cm 处扭梢。注意操作时，只扭伤木质部但并不折断，即“伤骨不伤皮”。

11）环剥

生长季节，在树木主干或大枝上，用利刀或环剥器切掉一圈皮层组织的一种修剪措施。通过环剥阻断叶片在光合作用下制造的碳水化合物向下运输，增加树冠上部碳水化合物的积累，有利于花芽形成和提高坐果率。多用于进入结果期，但不结果或坐果较少的旺长树。环剥在枣树、苹果树、梨树、山里红、石榴树及柿树等果树上应用比较多，但不适用于伤流过旺或宜流胶的树种，如樱桃等。

12）断根

将植物的根系在一定范围内，部分或全部切断的措施。提前断根后可刺激根部生长大量须根，有利于提高大树和不耐移植苗木的栽植成活率。

休眠期常用修剪措施，通常是用截干、疏枝、短截等手段实施完成。生长期常用修剪措施，以去蘖、抹芽、摘心、摘叶、疏枝、剪梢、扭梢、疏花、疏果、环剥、断根等手段来完成。

104. 苗木修剪作业的程序是什么？

苗木修剪时必须严格按照“一知、二看、三剪、四拿、五保护、六处理”的修剪程序进行，才能防止误剪、漏剪，才能平衡树势，修剪出理想的株型。

（1）一知。首先修剪人员对所剪苗木的生长习性、自然树型（开心形、圆球形、拱枝形、伞形等）、花芽着生位置、花芽分化时期、分枝方式、成枝能力、园林功能要求、特型树及主要景观树种的修剪标准要求等做到心中有数。

（2）二看。修剪前应绕树 2 ~ 3 圈，从上到下，从里到外，仔细观察待剪树大枝分布是否均匀，是否缺枝偏冠，有无病虫枝、枯死枝，大枝及小枝的疏密程度等。根据树木的生长势，待看清预留枝和待剪枝，决定对待剪枝是轻剪还是重剪，是短截还是疏除，确定修剪量后方可下剪。切不可盲目修剪，盲目下剪常会造成错剪，把该保留的剪掉了，应该剪掉的却留下了。

对轮生枝或分枝较多的大树，可在待剪枝上拴草绳或布条做好标示，确认无误后再行修剪。

（3）三剪。按制定的修剪方案和修剪顺序进行修剪，首先疏去病虫枝、枯死枝、交叉枝、过密细弱枝、无用徒长枝、嫁接砧木萌蘖枝。然后对待剪枝进行初剪，对去留拿不准的枝条，再进行二次修剪，不可一次修剪到位，以免因盲目下剪造成错剪或漏剪。

修剪时要边修枝边观察，对在修剪中认为可留可不留的枝条，应缓剪，待最后根据整株的修剪效果，再决定去或是保留。枝条短截时应注意剪口下的留芽方向。

（4）四拿。及时将挂在树上、篱面、球体表面的残枝拿掉，并集中清理堆放。

（5）五保护。易患干腐病、腐烂病的树种，截口和剪口必须涂抹杀菌剂进行防护。截口和剪口直径在 5cm 以上的，须用利刀

将截口和剪口削平滑，然后涂抹保护剂封堵伤口。

（6）六处理。将剪下的病虫叶、病虫果及残枝，集中销毁，减少污染源，防止病虫继续扩展蔓延。

105. 苗木修剪的顺序是什么?

1）一般落叶乔木树种

（1）修剪应遵循先疏枝，后短截原则。

（2）按照先剪大枝，再剪中等枝，后剪小枝的顺序依次进行。这样既能解决树体通风透光问题，又可避免骨干枝上出现枝条过稀的秃裸现象。

（3）先疏病枯枝，再疏无用枝，以免出现偏冠，内膛空秃现象等。

（4）先剪内膛枝，后剪外围枝，可避免外围枝过稀，观赏效果欠佳等。

2）果树类

（1）应按照先拉，再疏，后截枝的顺序进行修剪，通过拉枝改变枝条伸展的角度填补空缺方向。避免因先将密枝疏掉，缺枝处因找不到能利用的枝，而造成内膛枝条出现空缺。

（2）修剪时，由外向内，先剪大枝，再剪中等枝，后剪小枝的顺序进行修剪。以达到大枝稀，小枝密，既解决了冠内通透问题，又保证了一定的结实量。

（3）先上后下，以利于盛果树形成上小下大、上稀下密的树体结构。避免人员下树、修剪掉落的残枝对下层枝芽的损伤，导致下部枝条缺损。

3）灌木类

（1）一般灌木类应由内向外，先疏后截。保持内膛通透、立体开花、外围枝丰满的理想株型。

（2）丛球、绿篱、色块类植物，应先短截后疏枝。即绿篱、色块类植物，先剪顶面，再剪侧面，由外部修剪成大体轮廓，然后疏除枯死枝。球形树，先剪球体表面，再疏内部枯死枝、过密枝。

106. 观赏树木哪些类型的枝条是必须进行疏剪的？

1）枯死枝。因冻害、枝条过于拥挤、通透性差等原因，而造成干枯死亡的枝条。

2）病虫枝。被病虫危害，如害虫钻蛀，出现病斑、萎蔫、坏死、腐烂、丛生等病状的枝条。如不及时清除虫源、病源，使病虫继续侵害蔓延将直接影响树木的生长势，严重时会导致树木死亡。

3）交叉枝。是指 2 个或多个相互交叉生长的枝条，常会造成冠内枝条生长紊乱，影响株形美观和树冠通风透光。

4）重叠枝。2 个处在同一垂直平面上，上下重叠伸展的枝条，称为重叠枝。此类无用枝，不仅消耗树体大量的水分和养分，也影响通风透光。

5）平行枝。两个处于同一水平面上，互相平行伸展的枝，称为平行枝。疏去平行枝可减少水分和养分的消耗，也改善了冠内的通透性。

6）并生枝。从枝条的一个节或一个芽处，同时长出的 2 个以上的枝条，称为并生枝，此类枝条也属于无用枝。

7）过密枝。指在生长空间不大的树冠内比较拥挤的大枝或小枝条。此类枝条严重影响到树冠内的通风透光，消耗水分养分，不利于花芽分化，易于病虫害发生。

8）下垂枝。是指除自然垂枝形树种外，枝条向下延伸生长的枝条。多因枝条开张角度过大或修剪时剪口留芽不当造成，大枝下垂也是树木表现出的衰老症状之一。回缩修剪下垂枝可保证路人和车辆的通行安全，有利于大树更新复壮。

9）徒长枝。自树干基部或主枝上抽生的直立营养枝，称为徒长枝，多由背上芽和潜伏芽萌发形成。徒长枝生长旺盛，占据生长空间影响光照，扰乱树形。这类枝条节间较长，组织不充实，不能形成花芽开花结实，故除作更新枝培养或填补空缺使用外无保留价值。

10）竞争枝。是指延长枝顶端优势减弱，由下部1个或数个侧生壮芽萌发成与顶端枝条生长势相近形成竞争势态的枝条。这种枝条会改变延长枝的延伸方向，不利于中心领导干树形的培养。宜将竞争枝疏除或回缩原头，以健壮竞争枝代替原头。但对大树长势旺盛的中心主干的竞争枝已形成均衡树势，不能再行疏剪，应保留现有株型，以免导致树势衰弱，甚至造成偏冠。

11）萌蘖枝

（1）根际萌蘖枝是指自树干根际萌发出来的枝条。根蘖枝消耗母体的水分和养分，影响植株的生长。根蘖枝截留了单干苗木树冠的水分和养分，削弱了生长势，使观花、观果树木花果减少，同时也破坏了观赏树形。

灌木类过多的根蘖枝会影响株丛内的通透性。

（2）剪口萌蘖枝，多因修剪刺激潜伏芽萌发而成。此类枝条生长势强，消耗树体养分，不利于花芽分化，影响通风透光，无用的萌蘖枝必须及时疏除。

（3）砧木萌蘖枝。自嫁接繁殖苗木嫁接口以下萌生出的原生树的枝条，称为砧木萌蘖枝（彩图39）。这种枝条生长势旺盛，不仅截留栽培品种水分和养分，而且还挤占一定的生长空间，直接威胁到栽培品种的生长和生存。如不及时加以控制而任其生长，将会出现树上长树或栽培品种被“欺死”现象，数年后栽培品种将会被原生种所替代，因此必须及时进行疏剪。

（4）乔木树干上萌蘖枝。指生长在分枝点以下树干上的萌蘖枝。

107. 树木的剪口、截口如何进行处理？

（1）有些单位不管什么树种，剪口、截口处统一涂抹绿色油漆，其实殊不知涂油漆只是为了防止水分蒸发，避免剪口或截口下出现干木桩而已。油漆本身并没有杀菌作用，对于不宜侵染腐烂病、溃疡病、干腐病的树种，5cm 以上剪口或截口均可涂抹油漆进行封堵保护。

对于易感染腐烂病、溃疡病、干腐病的树种，如合欢、杨树、柳树、梨树、苹果树、山里红、海棠类、悬铃木、红瑞木、雪松、白皮松、华山松等，2cm 以上剪口处只涂抹油漆或防护剂涂抹不到位，是导致病菌自截口及剪口处侵入，发病并迅速扩展蔓延，造成苗木死亡的原因之一。落叶树种修剪后，剪口或截口处必须及时涂抹，如腐皮消、新腐迪、福永康、果腐康、树腐康、果腐宁、梳理剂、酪氨铜、过氧乙酸、石硫合剂等防护剂保护。常绿针叶树种需涂抹愈伤涂膜剂或绿色伤口涂补剂。药剂必须涂抹到位，剪口及伤口处不能留白茬。

（2）剪口和伤口较大及伤口不易愈合的树种，剪口或锯口处应用利刀削平不留毛茬。

（3）有些病源类菌质体感染的病害，如枣疯病、早园竹丛枝病、泡桐丛枝病等，最易通过修剪传播病害，因此修剪病枝后，对修剪所用的器械、剪口、伤口均应涂抹 1 ： 9 土霉素凡士林药膏，进行消毒保护处理。

108. 伤口及折损枝如何处理？

苗木在吊装、运输及卸苗过程中方法不当就会造成苗木大枝或树皮损伤。因此在栽植后，应及时对干皮损伤部位、折损枝进行处理。

（1）局部干皮搓起但未脱离树体的，应在树木皮内形成层未干时，及时将翘起的树皮粘贴复位，用尼龙绳绑扎固定使树皮与伤口紧密结合；裂皮较大时，可用 1cm 长铁钉将脱离树皮按原位固定。伤口处涂抹愈伤涂膜剂、绿色伤口涂补剂、伤口一抹愈合灵等。也可用黄泥糊严，外侧用湿草绳缠紧并裹薄膜保护，约 40 天后将外侧包裹物撤除，树皮可基本愈合。

（2）对树皮已与木质部分离的伤口，应将伤皮边缘剪切整齐，伤口用 40% 福美砷可湿性粉剂或 5 波美度石硫合剂或果腐康等进行消毒。白皮松、华山松、雪松伤口处可涂涂膜剂或绿色伤口涂补剂保护。紫叶李大苗伤口处可用硫磺粉和生根剂按 1 ∶ 1.5 比例调成糊状抹在伤口处，涂抹必须到位，然后用无纺布绑扎好。

（3）折裂枝的处理，对折裂程度较轻的大枝，扶正后用 2 根长度超过折裂部分的硬枝将其固定，如折裂位置在分枝处要将枝条与骨干枝绑扎固定，折裂处涂湿泥、缠草绳或薄膜保护。

（4）大枝断损的，可将断枝缩剪到断口下部角度适合的分生枝处。如所留部分较短，则可将其自基部锯除。锯口必须用利刀削平，及时涂抹防护剂和绿色油漆保护。

109. 常绿针叶乔木树种如何进行栽植修剪？

（1）常绿针叶乔木树种不可修剪过重，以疏枝为主，除病虫枝、折裂枝外，大枝尽量不短截。

（2）旺盛生长期栽植时，尽量少修剪，以免造成伤流，可喷雾保湿减少叶面蒸发量。

（3）低位分枝领导干形的雪松、云杉等，除基部枯死枝、病虫枝外，尽量保留下部贴近地面的生长枝。

（4）中心主干生长优势明显的雪松、冷杉、云杉等，可疏去主干延长枝下部的多头竞争枝。如主干延长枝生长势较弱，则可用较直立、生长旺盛的竞争枝代替原主干延长枝。但对于已经成形的大树，疏去竞争枝会破坏株形的，则应予以保留。

（5）中心主干生长优势不明显，树冠呈圆头型、圆柱状、半球形的树种，如白皮松、龙柏等，可适当疏除贴近地面的 1 ~ 2 层轮生枝，疏剪或短截影响树冠整齐的旺长枝。

（6）大枝轮生的云杉、雪松等应疏去轮生的过密枝，层间的斜生枝、下垂枝、枯死枝、密生小枝。疏除云杉各轮大枝上过密的垂叠枝、侧生小枝。

（7）作行道树和风景林栽植的雪松、油松等应疏去过低的轮生枝，分枝点高度以不影响行人或车辆通行为准。

（8）疏枝时基部应保留 2cm 枝桩。

110. 乔木裸根苗如何进行移植修剪？

1）根部修剪

应剪去病虫根、枯死根、劈裂根，适当短截过长根，剪口要平滑。

2）地上部分修剪

（1）小规格苗木，在栽植前适当疏去分枝点以下及内膛密生小枝。疏枝时，剪口应紧贴大枝不留残桩。

（2）对萌芽力及发枝力强的大苗，可在苗木起掘后进行粗修剪。槐树、柳树、悬铃本等大规格苗木可行重短截，保留分枝点以上，上下错落分布均匀的 3 ~ 5 个主枝，每个主枝自基部 40cm ~ 80cm 处短截或自分枝点以下进行截干。

（3）截口要剪切平滑，易感染干腐病、腐烂病的树种，截口必须反复涂抹树腐康、涂膜剂、络安铜等杀菌剂原液，再用油漆将截口封住。

111. 一般全冠落叶乔木正常栽植季节如何进行修剪？

全冠移植，是指在不破坏原有树形的前提下，对树木进行适当疏枝，但对大枝原则上不行短截的一种栽植形式。苗木胸径在

30cm 以上，未经提前断根处理的原生树，一般不适宜作全冠移植。

（1）为防止在运输过程中造成大枝损伤，可在装车时进行粗修剪，对超宽的大枝进行适当短截，栽植时再进行细剪。

（2）栽植修剪可在栽植前或栽植后进行，为了便于操作大树修剪多在栽植前进行。

（3）一般落叶乔木树种修剪应以疏枝为主，短截为辅，尽量保留树冠外围枝。短截或疏除折损枝，疏去病枯枝、交叉枝、过密枝、并生枝、过低的下垂枝、砧木萌蘖枝、树干上的冗枝、影响观赏效果的徒长枝。疏枝时应紧贴大枝，剪口应与枝干平齐不留残桩，疏枝量 1/4 ～ 1/3。修剪后树体保持“上稀下密，内稀外密”，自然完整的树形。

（4）行道树分枝点以下的枝条必须全部疏除。分枝点过低的银杏、水杉等可疏去基部 1 ～ 2 层轮生枝。

（5）多主枝丛生型山苗，如蒙古栎、五角枫、茶条槭等，从观赏角度来看，是主枝数越多越好。但因山苗土层较薄且多石砾，起不了大土坨，起苗时吸收根损伤严重，故不宜保留过多大枝，应根据起坨质量决定留枝数量。对于树体过高，下部枝条严重秃裸的，应适当回缩修剪，促使下部萌生新枝。疏去枯死枝，剪去枯梢，回缩修剪影响树冠整齐的枝条。

112. 正常栽植季节，带冠落叶乔木如何进行修剪？

正常栽植季节，修剪以疏枝为主、短截并重。首先疏去折损枝、病枯枝、交叉枝、过密枝、并生枝、过密的大枝、过低的下垂枝、砧木萌蘖枝、树干上的冗枝、影响观赏效果的徒长枝。所留主枝要分布均匀、上下错落。对所留主枝进行回缩修剪，剪去长度的 1/3 ～ 1/2。主枝上的健壮侧枝短截 1/3 ～ 2/3，且自下而上逐个缩短，适当保留部分小枝。短截时，剪口要平滑，不得劈裂。

113. 非正常栽植季节落叶乔木如何进行修剪？

苗木起掘时，根系受到了较大损伤，加之非正常栽植季节，叶面蒸发量加大，故应适当加大苗木的修剪量。但也有人错误地认为，修剪量越大就越容易成活，因此剪得很辛苦。大枝是树体的骨架，修剪过重势必会影响观赏效果，尤其是对一些萌芽及发枝力较弱的树种，更不可进行重剪。修剪量一定要适度，应本着既保证苗木成活率又使树木不失形的原则。

1）疏枝、短截

剪枝量应视栽植前后的天气状况、苗木移植的难易程度、土球的完好程度及枝条的疏密度而定，一般剪枝量可控制在30%左右。

（1）全冠移植苗应以疏枝为主，首先疏去病枯枝、过密枝、交叉枝、重叠枝、嫁接砧木萌蘖枝、剪口处无用的萌蘖枝、冠内无用的徒长枝、根际及树干上的萌蘖枝等，疏枝时要尽量多保留树冠外围的大枝。当年新生枝细嫩的合欢、紫叶李、石榴、栾树等，应剪去嫩梢的1/4 ~ 1/3。

（2）带冠移植苗木除疏剪上述枝条外，应对主侧枝进行短截，剪去1/3 ~ 1/2，短截至分生枝或壮芽处。

2）疏叶

仅仅依靠通过短截和疏枝来减少水分蒸发是不够的，应在疏枝的基础上，适当摘除部分过密叶片，既可改善通风透光条件，又减少了叶面的蒸发量，从而达到地上及地下水分的基本平衡。这样不仅提高了栽植成活率，又能够保持苗木较好的观赏性。一般全冠移植苗，疏叶量宜1/3 ~ 1/2；带冠移植苗，疏叶量宜1/3；愈伤能力较差，发枝力较弱的树种，如七叶树、玉兰、广玉兰等，则应以疏叶为主，疏叶量掌握在1/2 ~ 2/3。

疏叶时应掌握内稀外密，观赏面适当多留的原则，以确保一定的观赏效果。疏叶时切不可用手去撸拽叶片，以免造成嫩枝和叶片损伤。必须使用手剪，将整个叶片剪去或仅剪去合欢、栾树复叶的一部分。剪整个叶片时尽量保留叶柄，以便保护腋芽不受伤害。

3）抹芽

抹去树干、树干基部、剪口及截口处无用的蘖芽，抹去嫁接口以下砧木上的蘖芽。减少无用枝的成枝量，在一定程度上也减少水分蒸发和养分的消耗。此项工作需经数次完成。

4）疏花、疏果

苗木开花，特别是果实发育，需要消耗大量养分，过多的养分消耗则不利于缓苗。应根据苗木质量，移植难易程度，适量进行疏花、疏果。

（1）根据土球完整程度和着花数量，适当疏去部分花，减少开花数量，以利缓苗。疏花时，非主要观赏面可多疏或全部疏除，观赏面留花要注意分布均匀。

（2）已经结果的，应首先疏去病虫果，如梨小食心虫钻蛀的苹果、梨、杏、山里红等虫果，疮痂病、褐腐病，炭疽病等病果，再疏除过密果实。结实量多的，疏果量要大。土球松散的苗木，尽量少留果或不留果。

（3）无观赏价值的果实，如五角枫、悬铃木、玉兰、暴马丁香、槐树等苗木的果实应及时全部疏除。

114. 花灌木类如何进行栽植修剪?

1）正常栽植季节

（1）首先疏去病枯枝、交叉枝、过密枝、衰老枝、嫁接砧木萌蘖枝，扰乱冠形整齐的乱枝，短截或疏除折损枝。

（2）单干型灌木类如丁香、连翘、月季、紫荆、海州常山等，应疏去根际全部萌蘖枝，短截过低的下垂枝。帚桃应保持其特有株形，下部的生长枝应尽量保留。

（3）丛生型灌木类应以疏为主，短截为辅。需疏除根际过密、细弱的萌蘖枝。大规格苗木要选留健壮、方向适宜的根际萌蘖枝做更新老枝培养。老枝上开花的紫荆、贴梗海棠等，要注意保护和培养开花枝。

（4）春季观花类的，如榆叶梅、紫荆等，花芽多在6～7月分化而成，故应剪去秋梢。但顶芽为混合芽的丁香等，枝条不可进行短截。

（5）夏秋观花的珍珠梅、紫薇、木槿等，花芽当年分化，故可适当进行短截，宜保留当年生枝2～4个芽。

（6）分枝少，耐修剪的醉鱼木、棣棠、火棘等，可适当进行重短截。

（7）裸根苗应修剪病根、劈裂根、过长根，剪口要平滑。除上述修剪外，枝条还需进行适当短截。萌芽力、发枝力强的可进行重短截。

2）非正常栽植季节

（1）剪梢。高温季节栽植时，一般应剪去当年新生嫩梢的1/3。如醉鱼草、紫荆、珍珠梅、猬实、锦带花、天目琼花等。

（2）疏枝。疏除嫁接砧木萌蘖枝，病枝，枯死枝，无用的徒长枝，残花枝，灌丛基部细弱、过密的萌蘖枝等。

（3）短截。折损枝短截至分生枝处。短截影响冠丛整齐的旺长枝、做培养枝的徒长枝，促其发生分枝。

（4）疏叶。对叶片较繁密的，应适当疏除部分叶片，如丁香等。

（5）疏花、疏蕾。对显现花蕾较多，花序较密，开花较大的苗木，如牡丹、火棘等，可适当疏除部分花蕾。对紫薇、珍珠梅等小规格苗木，已显现花序、花蕾的应全部剪除，以利苗木“发棵”。

（6）疏果。已结实的观果类苗木，如花石榴、火棘等，应及时疏去大部分果实。非观果类植物，如珍珠梅、紫薇、牡丹、猬实、丁香等，需将果实全部剪除，有利于缓苗，提高栽植成活率。

第十一节　苗木假植

115. 如何做好苗木临时性假植？

短期内能栽植完的苗木，可在施工现场附近，选择高燥、背风地进行临时性假植。

1）裸根苗

半天内不能栽完的裸根苗，苗木可分类集中摆放在背风处，根部喷水、苫盖湿草帘或苫布。当天栽不完的，根部需用潮湿土壤埋严不得透风。2天内栽植不完的，应做好短期假植，在背风处挖掘一条深30cm ~ 40cm的假植沟，将苗木分类、逐株按行倾斜摆放，每一行根部必须用湿土埋严（彩图40）。放置时间在3天以上的，根部要灌水保湿，确保苗木根系不透风、不失水。

2）土球苗

（1）当天栽植不完的，土球四周须培土保护。

（2）非正常季节栽植土球须用湿草片盖严，并对草片和树冠喷水保湿。

（3）初冬当天栽植不完的，土球必须用草片包严或培土防冻。

（4）施工场地暂时不能提供作业面，需要数天后才能栽植时，可将苗木集中倾斜或直立摆放，土球四周培土埋严。大乔木直立摆放时，数量不多的可单株设置三角支撑，数量较多时，可采用“井”字形水平支撑，防止大风造成苗木倒伏。放置时间较长的，要注意适时灌水保湿。

非正常栽植季节，树冠要注意喷水保湿，以减少叶面蒸发量。

3）草块、卷草必须当天栽完，暂时栽不完的，应卸放在背风阴凉处。高温季节，草块、卷草码放不可过高，防止发生捂苗现象，上面用遮阳网苫盖。提前备好苫盖物，遇雨天必须用彩条布或无纺布遮盖。

4）竹类植物1小时内栽植不完的，根部必须用湿草片盖严，待草片略干时，对草片和枝叶同时喷水保湿。

116. 假植地苗木如何进行假植？注意事项有哪些？

提前采购的大型苗木、稀缺苗木等非正常栽植季节用苗、死苗后补植使用的备用苗木，因工程计划临时变更或交叉施工未能提供作业面，导致进场苗木不能及时栽植的苗木，必须进行临时性假植。现场能够提供临时性假植地的，可在假植地进行假植。施工现场不能提供临时性假植地，短期内又不具备栽植条件的，应运回苗圃进行假植。

1）裸根苗假植

需挖假植沟进行假植，假植地应选在地势平坦、排水良好的背风处、假植沟的宽度和长度，应根据苗木规格、数量而定。在假植沟内，将树干向背风方向倾斜45°摆放一排，根部用土壤埋严，依次一排苗木培一层细土，严禁整捆排放（彩图41）。假植后进行灌水，土壤湿度以60%含水量为宜。

2）土球苗假植

（1）可采用行列式“品”字形假植。一般苗木按照栽植深度要求直接栽植在树穴内。

（2）在地势较低洼之地，可采用地上或半地上假植。采用半地上假植时，挖掘深度约达土球厚度的1/3～1/2，将苗木放置于穴内填土埋严并踏实，培土高度至土球顶面。采用地上假植时，可将苗木直接摆放在假植穴位处，用土将整个土球培严。

（3）做好灌水围堰，拍实后灌透水。

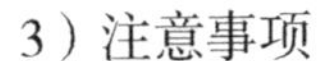

3）注意事项

（1）在表层土为壤土或黏土，但大树根系生长土层范围内为沙质土的苗圃或苗木假植地，应深挖 20cm 回填表层土，土球外围也应回填表层土，以便苗木二次起运时新根不外露。

（2）短期内假植的土球苗，可以不撤包装物，但假植时间较长时必需撤去过密不易腐烂的包装物。

（3）土壤干旱时必须及时补水。

（4）易感染干腐病、腐烂病、溃疡病的树种，假植后及时喷药预防病害发生。注意防治病虫害，及时拔除死苗并销毁。

（5）随时调查苗木发根及生长状况，对生长势较弱的苗木，采取叶面追肥、浇灌生根粉、输营养液等复壮措施。

第三章　施工期植物养护管理

第一节　非正常栽植季节植物养护应对技术措施

117. 大树移植的难点是什么？

所谓大树是指胸径在 20cm 以上的落叶乔木，高度 6m 以上或地径 18cm 以上的常绿树，冠幅 3m 或高 4m 以上的灌木，地径 5cm 或树龄超过 20 年的藤本植物。

（1）苗圃不生产大树，老城改造、小区拆迁、道路扩建及城市路树改造，乡村宅前屋后的绿化树，是当前城市绿化的主要大苗来源。这些树木定植生长多年，树冠逐年向外扩展，根系也不断地向外、向下延伸，有效的吸收根分布在土壤深层，水平伸展可至树冠投影之外。如刺槐的侧根可水平扩展至 20m，即使起掘胸径 10 倍的土球，也会造成大量吸收根被切断，导致吸收能力大大减弱。大树树冠庞大，根系的损伤严重影响到上下水分的平衡，从而使栽植成活率降低。

（2）在大树资源日渐枯竭的情况下，人们开始把目光投向山区的大树，如五角枫、蒙古栎、水曲柳、山核桃等。这些林下木多为实生苗，其主根发达侧根较少，而且已逐渐进入衰老期，根部木栓化严重，新根的再生能力减弱，根系损伤后恢复较慢，吸收能力差，增加了苗木移植存活难度。

（3）树木在原生地环境条件下的生长发育过程中，树木与光照、温度、湿度、空气，根系与土壤等，形成了一定的适生环境，使树体水分及养分的代谢达到平衡，移植则改变了这种协调的生存环境。当移植技术措施不到位时，易造成不耐移植及适应性差的树种枯萎死亡。

（4）有些在自然环境较差条件下生长的大树，虽然树龄不大，但已进入衰老阶段，俗称"小老树"。有些速生树种生长快，但衰老也早，如柳树扦插苗很快便能成材，但20年左右就会出现心腐、枯梢等衰老现象。桃树栽植后15～20年即开始进入衰老期。刺槐10年即可成材，30年后逐渐衰老，李树的寿命约为40年。这些已进入衰老阶段的大树，树势衰弱、抗病虫害能力、更新能力差，使移植成活难度大大增加。

（5）有些是移植较难成活的树种，如日本五针松等。因此大树不采取提前断根等必要的栽植和养护措施，移植就更难成活。

（6）在华北地区移植大树，耐寒性不是考虑的唯一条件，有些在冷凉而空气湿度较大环境下生长的树种，如东北红豆杉、华北落叶松、白桦等，在干燥温暖的地区移植就难以成活。

因此大树能否移植成活，与移植苗木能否适合移植地的环境条件、大树树龄、生长势、栽植季节、土球起掘质量、栽植技术、养护措施等密切相关。

118. 为什么山苗移植成活率低？

（1）山区一般土层浅薄，有些土壤中多石砾，故土坨不易起掘，土球直径和厚度往往达不到标准要求。

（2）山苗多为自然播种的实生苗，其主根发达，须根较少，且有效吸收根多沿石层水平向外伸展，而靠近树干的须根更少。苗木起掘时，大量的吸收根被切断，导致吸收能力大大减弱。特别是大树，起掘前在原生地可以生长，但移植后打破了原有的平衡状态，造成因水分消耗和供给严重失调，增加了苗木存活难度，当树体内水分耗尽时，枝叶开始枯亡。

（3）山区土壤及气候条件相对较差，植物常年靠天吃饭，土壤干旱、瘠薄，导致生长缓慢，同样规格的苗木，山苗树龄却大得多。工程中喜用的大规格苗木，多已成了衰老树，新根的再生能力减弱，根系损伤后恢复较慢，吸收能力差，易造成移植后苗木失水死亡。

（4）树木在长期的生长发育过程中，建立起了一定的适生环境。移植则改变了原始的生存条件，林区与城市土壤、光照、温度、湿度、空气等条件的较大改变，使适应难度增加，导致移植成活率降低。

由于以上诸多不利因素，影响了移植成活率。因此，园林中不提倡使用大规格山苗，以免造成环境的破坏和自然资源的浪费。

119. 非正常栽植季节苗木栽植常采取哪些应对措施？

1）修枝

通过加大修剪量减少枝叶水分蒸发和养分消耗，提高栽植成活率。但也不可过量修枝，以免影响观赏树形。

2）摘叶

通过摘除部分过密叶片，减少水分蒸发，有利于缓苗和提高栽植成活率。对于发枝力弱，愈伤能力差，不宜大量修枝的树种，可适当加大摘叶量。但摘叶也不能过量，以免影响光合作用产物的合成，不利于恢复树势。

3）喷洒抗蒸腾剂

为了控制和减少苗木在运输过程中及缓苗期叶面水分的过度蒸发，装车后或栽植前应及时对一些叶片较大、质地较薄的树种、散坨苗、长距离运输苗木的树冠喷洒抗蒸腾剂，以便在叶片及枝干表面形成一层保护膜，促使气孔关闭，减少水分蒸发，维持水分基本平衡，提高栽植成活率。

4）浇灌生根粉

为了刺激大树和难生根植物受损根系尽快长出新根，恢复水分和养分吸收能力，增强树势，可在撤掉包装物后，剪去过长根、劈裂根，在土球立面喷洒大树根动力①号 200 倍液和“根灵”500 倍混合液，重点喷根断面，消毒防止根腐促生根。使用速生根 50000 ~ 80000 倍液，傻根（生根液）150 ~ 200 倍液进行灌根，以药液浸透为准。

5）树干涂白

（1）涂白作用。树干涂抹涂白剂，可起到杀灭病菌、虫卵等作用，减少和预防病虫害的发生，可避免或减轻日灼病、非侵染性病、流胶病等生理性病害、冻害的发生。

（2）涂白树种。对易患腐烂病、干腐病、溃疡病的树种如：杨树、柳树、合欢、山里红、杏树、紫叶李、海棠类、碧桃、樱花、苹果树、梨树、樱桃树等，应在苗木栽植后树干及时进行涂白。速生及干皮较薄，在强光下易发生日灼病的树种如：速生法桐、杨树，梧桐、楸树、马褂木、合欢、五角枫等，涂白高度最好至分枝点，南向和西南向应涂刷 2 遍。

6）缠干保湿

干皮较薄的树种，不耐移植的苗木，及未经提前断根处理的

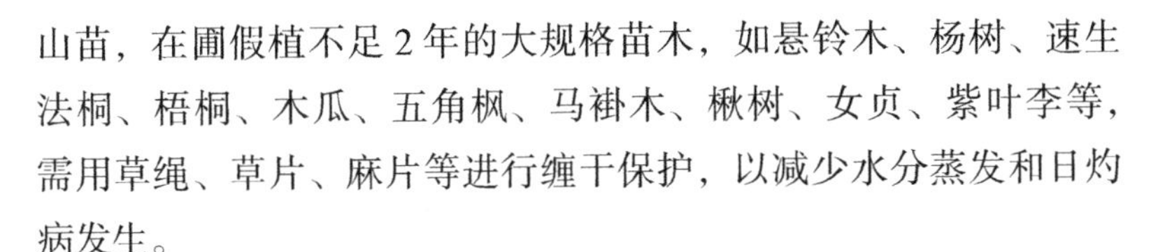

山苗，在圃假植不足2年的大规格苗木，如悬铃木、杨树、速生法桐、梧桐、木瓜、五角枫、马褂木、楸树、女贞、紫叶李等，需用草绳、草片、麻片等进行缠干保护，以减少水分蒸发和日灼病发生。

（1）用湿草绳将树干缠紧，乔木树种一般可缠至分枝点，灌木可缠至分枝点或分枝点以上20cm。缠干后注意喷水保湿。

（2）易患干腐病、腐烂病、溃疡病的树种，在用草绳缠干前，树干必须先喷洒杀菌剂，如树乐、石硫合剂、福美砷，或涂抹梳理剂等，然后再缠干。以免发病后不宜及时发现，待发病严重时再行防治则为时已晚。

（3）春季用塑料薄膜缠干的，在5月初必须将其撤掉，防止高温季节干皮腐烂。

7）遮阴缓苗

对于叶片较大、叶片较薄、长途运输及不适宜高温干旱季节移植的苗木，如水杉、紫叶短樱、红枫、紫叶李、杏树等，为了降低小环境条件下的温度，减少树体水分过量蒸发，栽植后需架设遮阴棚遮阴保护。以后视缓苗情况，逐渐去掉遮阳网。

8）喷水保湿

（1）新植苗木根系吸收能力较差，叶面蒸发量又大，因此必须注意喷水保湿。栽后7 ~ 15天内每天向树干、树冠喷水1 ~ 2次。喷水宜在上午10时前或下午4时后进行。

（2）喷水时要求雾化程度高，喷到为止。水枪不可直接对准树冠，以免造成嫩梢损伤。喷水时水量不宜过大，谨防喷水后树穴土壤过湿或造成积水。

120. 怎样进行根外追肥？

根外追肥又叫叶面喷肥，是将肥料配制成一定浓度的溶液喷洒在植物的枝干和叶片上。肥液通过叶片上的气孔和角层渗入叶内，很快被吸收利用。因此这种喷肥方法简单易行，用肥量小，发挥作用快。多用于因病虫危害或缓苗期树势衰弱，某种营养元素缺乏，或为保花、保果而采取的一种有效复壮措施。

（1）肥液浓度。喷施浓度要适宜，不可过大或过小，以免造成叶面灼伤或肥效不佳。可将磷酸二氢钾、尿素、硫酸铵等速效肥中的一种，配制成浓度2‰～5‰的肥液。

（2）追肥适宜时间。喷施宜选择无风的晴天或阴天，在清晨或傍晚时进行。严禁在强光照射时进行，避免叶片发生灼伤。大风天气或雨前不可进行追肥，以便保证追肥效果。

（3）喷施方法。因叶背较叶面气孔多，有利于肥液的渗透和吸收，故喷施时全株均应喷到位，重点喷洒叶背。

121. 怎样使用抗蒸腾剂？

（1）抗蒸腾剂应现配现用，稀释浓度不可过大，但也不能过稀，以稀释500倍为宜。

（2）喷洒抗蒸腾剂应避开中午高温时，宜在下午5点后进行。喷洒要全面、均匀，以喷湿但不向下流液为度，最好间隔5～7天再喷一次。

（3）此类有机高分子膜，易遇水溶解，故喷洒抗蒸腾剂24小时后，树冠方可喷水。如遇大雨，应再补喷一次。

122. 如何架设遮阴棚？

1）使用遮阳材料

遮阳网不可密度太大，也不可过稀，以70%遮阴度的遮阳网为宜。既可降低棚内的温度，减少水分蒸发，有利于缓苗，树体又可接受一定的散射光，保证植物光合作用的正常进行。

2）遮阴棚设置方法

（1）孤植乔木可单独设置遮阴棚，丛植苗木可数丛架设一个遮阴棚（彩图 42）。

（2）设置方向。遮阳网以覆盖在东、南、西及顶面为宜。

（3）标准要求。遮阴棚搭设整体美观，支撑杆规格统一，支撑设置牢固，支撑杆不倾斜。遮阳网与支撑杆连接平整、牢固，不下垂、不破裂、不脱落。遮阴棚不可架设得过低，以免树冠遭受日灼伤害。也不可过于窄小，避免遮阳网直接接触树体，以便保持棚内空气流通。遮阴棚应距乔木树冠顶部 50cm、灌木 30cm、色块和绿篱植物 15cm ~ 20cm，宽度距乔灌木树冠外缘 20cm，色块和绿篱 10cm。边网下垂高度以至苗木分枝点为宜（彩图 43）。

3）遮阳网可视缓苗情况在阴天或傍晚撤除。

第二节　苗木的养护管理

123. 什么叫“假活”现象？如何判断苗木是否已经成活？

苗木栽植后不能看其发芽、展叶就认为树木已经成活，因而掉以轻心疏于管理。春植后，由于气温升高，土壤温度低于气温，则会出现先发芽，抽生新枝现象。但此时受损根部尚未长出愈伤组织，根系吸收水分的能力尚未得以恢复，依靠树体内贮存的水分和养分，供其初期发芽、展叶完全没有问题，但经过一段时间，当树体内水分和养分完全耗尽，而仍没有大量新根长出时，枝叶开始萎蔫、枯亡，此后再也不能萌芽展叶，这种现象叫做“假活”。有些大规格银杏树没有新根生成，但当年甚至第二年仍能发芽展叶，故银杏有“三年活不算活”之说。因此不能用发芽、展叶来作为判断苗木是否成活的标准。如何确定栽植苗木是否成活，可通过观察苗木地上、地下生长情况做出判断。

（1）腋芽或顶芽饱满，展叶后叶色鲜亮，叶片大小正常，不萎蔫，小枝不失水皱缩。扒开树穴发现有多数白色新根长出，说明根系开始恢复吸收能力，此类苗木可判断已经成活。

（2）如发现萌芽或展叶后开始萎蔫回抽，而又无新根长出，此类苗木应该为假活。

124. 苗木栽植后为什么会出现回芽现象？

苗木发芽、展叶后，生长势较弱，表现萎蔫、不挺拔，且叶、芽逐渐回缩枯亡，这种现象称为“回芽”。有些出现回芽现象的苗木，采取一定的技术措施后可以挽救，但有些出现回芽现象的苗木则无可挽回。造成回芽现象的原因主要有以下几点：

（1）土球过小，土球尖削度过大或裸根苗根幅过小，大量的吸收根被破坏掉，短时间内新根不能长出，嫩枝、芽因水分、养分供应不上，就会出现回芽现象。

（2）刨苗后放置时间过长，没有及时运输或未能及时栽植，且没有采取必要的假植措施，致使苗木根系严重失水，使吸收能力大大降低，甚至根系全部木栓化，完全失去吸收能力，苗木仅能依靠树体内贮藏的水分供其萌发，而后力不足，故而导致出现回芽现象。

（3）苗木栽植后，迟迟未能灌水或三遍水未灌透，使苗木无法持续补充水分。

（4）树穴灌水围堰太小，太浅，土球太大或太干，导致灌水量不足，致使土球内土壤始终处于干燥状态，除土球表层根系外，大部分根系根本吸收不到水分，待树体内水分逐渐耗尽时，嫩枝、芽萎蔫回缩。

（5）穴土过于黏重、穴底有不透水层、栽植土碾压过实，灌水过量，造成穴土过湿甚至积水，导致苗木不生新根甚至根系腐烂，使苗木无法补充水分。

125. 造成苗木出现“假死”现象的原因是什么？应采取哪些补救措施？

苗木栽植后迟迟不发芽，或叶片开始萎蔫、出现干枯落叶，常误以为苗木已经死亡。但仔细观察发现枝条并未失水回抽，芽依然饱满，这种苗木仍有活的希望，这种现象就叫“假死”现象。造成苗木出现“假死”现象的原因分析如下：

（1）扒开穴土，发现苗木栽植过深，造成“闷芽”。应尽早将土球扒开重新包装，提高栽植面标高重新栽植。

（2）灌水围堰修筑得太小、太浅，造成灌水量不足，虽然已浇过三遍水，但土球并未吃透水。或土球太大、太干，三水未灌透，导致缓苗期根系缺水，造成苗木不发芽，或叶片傍晚出现萎蔫、落叶。当出现以上两种情况时，应立即扩大树穴，并加高灌水围堰，大水灌溉时土球上扎几个孔使土球内部吃透水，3 ~ 4 天后浇灌根动力②号生根粉促使快速发根。密切关注生根和展叶进展情况，效果不理想时，应对枝条适当进行短截，继续采取浇灌生根粉、输营养液等补救措施。

（3）穴土过湿或树穴积水。植物只有在穴土见干见湿的环境条件下才易生根，土壤过湿则不利于愈伤组织和新根生长。如扒开树穴发现穴土过湿，但根系并未变黑腐烂时，可采取开穴晾坨，更换栽植土，适当控制灌水次数和灌水量等补救措施。若穴底出现积水，则应自穴底向下，打数个孔灌砂或在土球下部设置排水管引至树穴外排出，保证树穴内不积水。

（4）如因不易腐烂的过密包装物未撤除或穴土过湿及树穴积水，造成根系已开始变黑腐烂时，则应撤除全部包装物，切除烂根，土球及树穴喷药杀菌后，更换新土重新栽植。

126. 施工期苗木如何进行养护修剪？

新芽萌发是树木移植成活的希望，地上部分的萌生，对新根生长具有一定的刺激作用。但是萌芽、展叶并不证明苗木已经成活。为了尽快恢复苗木生长势，提高苗木存活率，有利于株形的培养，就必须认真做好苗木修剪工作。

1）抹芽

（1）全冠及带冠土球苗及时抹去树干基部和树干分枝点以下的蘖芽、剪口及截口处无用蘖芽。修剪刺激了潜伏芽萌发，由于潜伏芽保持萌发能力时间长短的差异，故抹芽工作需经反复数次完成，以避免无用枝萌发生长，减少养分消耗，有利于缓苗。

（2）截干苗，及时抹去截口 30cm 以下树干上的蘖芽。

2）疏枝

待新枝长出后，要及时疏除嫁接砧木的萌蘖枝、剪口及截口处无用的萌蘖枝、内膛直立徒长枝、影响冠形整齐的乱枝、病虫枝、枯死枝、乔木树干分枝点以下的萌蘖枝。

截干苗，由于重修剪刺激，潜伏芽大量萌发并抽生成枝，造成水分和养分的大量消耗。因此必须疏除整形带以下树干上的萌蘖枝，对整形带内细弱、过密的枝进行初次疏剪，减少无用枝水分与养分的消耗。待下一年再对整形带枝条进行整剪，选择生长健壮、着生位置和角度适宜的骨干枝，保留基部 30cm ~ 50cm 短截培养，剪口下留外向芽。

3）疏叶

展叶后，如发现树势较弱或冠内叶片较多时，应及时疏去部分过密叶片，减少叶面水分蒸发，以利新根生长。

4）疏花、疏果

果实无观赏价值的树种，花后应及时剪去残花。未散坨的土球苗，可疏去过密的花序、花蕾及果实，注意观赏面适当多留。散坨土球苗及生长势较弱的苗木，应将花序、花蕾及果实全部疏除，以利缓苗。

127. 苗木栽植后如何才能及时控制病虫害的发生和蔓延？

1）验苗时未表现明显症状，栽植后发生危害现象

（1）病原微生物都有一定的潜伏期，有时在苗木进场时没有表现出明显症状，但栽植后显现出危害症状。

（2）患有根头癌肿病的土球苗，验苗时不易被发现，但生长期地上部分表现出明显病症。

（3）有些食叶害虫、叶部病害，如美国白蛾、叶枯病、锈病等在休眠期则表现不出危害症状。

（4）有些钻蛀害虫的幼虫是在树干内越冬，如天牛类、吉丁虫类、木蠹蛾类等在树干上未出现排粪孔或羽化孔时，是不易检查发现的。

对于验收合格的苗木，栽植后不可掉以轻心，忽视病虫害的防治工作。要加强检查巡视，发现有病虫危害时，应立即进行防治。

2）对易感染干腐病、腐烂病、溃疡病的树种，由于缓苗期树势较弱易发病，故应以预防为主。栽植后及时涂刷或喷洒杀菌剂，几种药剂交替使用可在一定程度上降低发病率。

3）有些苗木因土球、根幅过小，栽植不规范，养护不到位，导致缓苗期树势较弱而诱发干腐病、腐烂病、溃疡病。对此类苗木应检查分析造成树势较弱的原因，及时采取必要的补救措施，增强树势，提高抗病能力，同时抓紧病害防治，控制病斑继续扩展蔓延。

4）为防止食叶害虫成虫羽化，幼虫孵化后对苗木进行危害，应抓紧做好害虫的预测、预防工作，及时采取人工捕捉、修剪、刮除、敲击、诱杀、阻杀、化学防治等措施，防止成虫产卵，控制成虫、幼虫危害。

128. 造成苗木栽植后树势衰弱的原因是什么？应采取哪些补救措施？

苗木栽植后树势表现衰弱时，应仔细检查地上部分是否有病虫危害；干皮是否有严重的机械损伤；苗木是否栽植过深；是否有过密不易腐烂的包装物，导致根系已经开始腐烂；未及时浇灌定根水或三遍未灌透水，导致土球过干，造成缓苗期根系严重缺水；是否灌水过多、过勤，导致土壤长期过湿；树穴有无积水等。

1）苗木栽植环境不适宜

油松耐寒、耐干旱瘠薄，是华北地区重要的荒山造林树种，但不耐盐碱，忌黏重土壤，怕涝。天津、曹妃甸、锦州、营口、黄骅等沿海地区，要求客土 pH 达标标准为 8.5 以下，但油松在 pH7.5 时，即表现为生长不良，提前衰老。在黏重土壤上，生长势衰弱，树冠提前封顶，寿命缩短甚至死亡。不能做到适地适树，是导致苗木栽植后树势衰弱的主要原因之一。

2）树龄过大

栽植大树虽然能够迅速体现绿化效果，但并不是树体越大越好。有些树虽然高大雄伟，树姿优美，但因已经进入衰老阶段，其生长速度、再生能力和抗病性明显减弱，移植导致生命力急速下降，苗木栽植后生长势极弱，病害发生严重，出现大量死苗现象。尤其是蒙古栎、五角枫、山荆子等山苗，栽植后树势衰弱现象表现尤为严重。

（1）不使用进入衰老期或生长势较弱的苗木，不使用在圃假植不足 2 年的大规格实生苗、山苗。

（2）对表现树势衰弱的大树，适当采取重修剪、树穴浇灌根动力、树干输营养液、根外追肥、加强病虫害防治等措施，尽快恢复生长势。

3）树穴挖掘不达标

树穴太小或呈锅底形导致土球局部架空，根系无法吸收到水

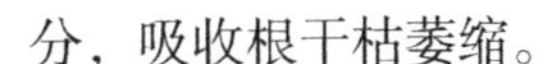

分，吸收根干枯萎缩。

扒开树穴清除全部栽植土，向外垂直下挖扩大树穴，重新填土并踏实，土球上扎孔灌透水。

4）干皮损伤

在起吊、运输过程中，因方法不当造成苗木局部干皮破损、开裂或分离。干皮分离的损伤部位，往往从外表不易被发现。用硬器敲击时，发出空洞的声音，说明树体已受内伤。

（1）干皮破损，病菌常自伤口处侵入，导致苗木诱发流胶病、干腐病、溃疡病、腐烂病等，造成苗木树势衰弱。

已感病的，及时用利刀划伤皮层圈住病斑，划伤处反复涂抹腐皮消、新腐迪等杀菌剂，防止病斑继续扩展蔓延。

（2）干皮开裂，仔细检查发现树皮有裂缝，裂缝处钉有小铁钉，干皮受伤后造成干皮分离，使苗木水分及养分的输送局部受到影响，造成树势衰弱。

5）树穴土壤过湿

（1）因机械上土时反复碾压，造成黏重土壤极度板结，树穴透水性差。扒开树穴发现苗木未有新根生出或吸收根稀少，严重时根系变黑腐烂。初期地上部分表现树势较弱，如不及时改善穴土通透条件，最终将导致苗木死亡。

及时扩大树穴，深度到土球底部，向下打孔灌沙，每穴4～6个或更多。根系腐烂不严重的，将烂根剪至健康处，根部喷洒杀菌剂，树穴回填配制沙：草炭：栽植土＝1：1：4～5混合土，改善通透性，灌水养护。

（2）有些人错误认为，喷水量越大越好，有的水顺着树干大量流下，造成树穴积水或土壤过湿。

改变喷水方式，喷水时要远离苗木，让水呈雾状从树冠上落下，喷到为止。对大规格苗木喷水时，树穴可架木杆，其上搭盖彩条布，防止树穴土壤过湿。已造成穴土过湿或积水时，应在晴天及时扒开树穴，让土球晾晒半天或一天，然后回填较干燥土壤。

（3）苗木叶片出现萎蔫，可能是因为土壤缺水，也可能是因土壤过湿或积水所致。苗木根系只有在见干见湿的土壤环境下才易生新根，有的养护人员看到树穴表土干燥就赶紧灌水，其实表土干燥并不一定表明根部缺水。灌水过多、过勤和雨后未及时排水，造成土壤过湿、透气性差，不利于苗木新根生长。前期会导致树势衰弱，如此长时间下去，最终造成苗木死亡。

控制灌水量，做到不旱不灌，灌则灌透。雨后及时排水，土壤过湿时开穴晾坨。黏重土壤大雨及灌水后，树穴及时划锄排水除湿。

6）树穴内铺草块或摆放草花，影响到土壤透气性。草块、草花根系浅，水分蒸发快，多风及高温天气需不断补水，使穴土长期处于湿润状态，不利于根系生长，严重时造成苗木死亡。

揭去树穴内草块，搬移摆放的草花，树穴内及时划锄松土，土壤过湿的，开穴晾坨。

7）树穴过小，围堰过低。栽植后虽然浇过三遍水，但并未灌透，造成植物根系严重缺水，树势衰弱，如不及时采取补救措施，将导致苗木死亡。多表现为叶片小，叶片萎蔫，不舒展；枝条有失水现象，发枝量少；花小，叶小，花叶不舒展或芽及叶片萎蔫、干枯等。

疏去过密枝叶，短截枯枝，适当疏花、疏果。及时扩大树穴，将围堰拍实，土球上扎孔将水灌透。

8）常因水源过远就地取材，使用矿化度高或污染的河水、坑水等不符合水质标准的灌溉水，对苗木根系造成了伤害。

立即停止使用水质不达标的灌溉水。土壤通透性较好的，在不积水前提下，浇灌绿化用水冲洗土壤。树冠及时进行根外追肥，增强树势。

9）不适宜的修剪时期或修剪过重

（1）在苗木伤流期进行修剪，导致树势衰弱，因此对有伤流现象的苗木，修剪应避开伤流期。

（2）日本花谚中有“不修梅花是笨人，修剪樱花亦笨人”之说。有些树种愈伤能力较差、不耐重修剪，如樱桃、大山樱等，过度修剪会导致树势衰弱，干腐病、流胶病发病严重，甚至导致死亡。对此类苗木应尽量减少枝条修剪量，栽植后可通过疏剪过密枝、细弱枝，抹芽、疏花、疏叶、遮阴、树干涂白、喷雾等措施，减少苗木水分蒸发量，提高成活率。

对因修剪过重已导致树势衰弱的，可通过叶面追肥、输营养液和加强病虫害防治等综合措施，逐渐恢复树势。

10）栽植后未及时设置支撑、支撑不牢固或因埋土后人工拉拽树干调整树体垂直度等，造成根部松动甚至吸收根拉伤，使根部吸收能力降低。

及时加固支撑，土球树干缝隙处填土埋严，防止露风。树穴浇灌生根粉，促发新根。

11）病虫危害

（1）因干腐病、腐烂病、溃疡病、流胶病等危害所致，有的在苗源地已经发病，但因苗木在侵染期，苗木验收及栽植时尚未表现出病症，或因验苗时检查不仔细所造成。此类苗木发病不十分严重时，可及时涂药控制病斑向外扩展。发病严重者必须立即拔除换苗重栽，清除病死株远离施工现场，并烧毁。

细菌性根头癌肿病是一种土传病害，多发生在主、侧根及根颈处或主干及主枝上，土球苗验苗时不易被发现。染病苗木植株生长缓慢，发展严重时则造成苗木死亡。建议拔除发病较严重的病株，清除全部穴土，树穴喷洒杀菌剂，换土重新栽植。

（2）多见蛀干害虫臭椿沟眶象、沟眶象、吉丁虫类、天牛类、木蠹蛾类、豹蠹蛾、小蠹等危害所致。检查发现树干上有明显或不明显流胶现象发生，或有蛀孔、羽化孔或排粪孔等，在排粪孔外及树下可见大量木屑和排泄物。

遭受蛀干害虫危害的苗木，植物输导组织受到损害，导致树势衰弱。此类苗木应及时修剪虫枝，向树穴或排粪孔灌注药剂，消灭钻蛀幼虫。成虫羽化期注意捕捉成虫，树干涂白防止产卵，释放寄生蜂，降低虫口密度。危害严重的植株应及时拔除并销毁。

129. 恢复苗木生长势常采用的技术措施有哪些？

（1）及时检查苗木新根生长状况，对迟迟不生根或新根量较少的苗木，采取树穴打孔灌石屑或更换栽植土的方式，增加土壤透气性。浇灌生根粉刺激生根，有利于恢复树势。

（2）及时疏除无用蘖芽、无用枝、全部果实，减少水分和养分消耗。栽植时未行修剪或修剪量较少的，适当进行修剪。

（3）输营养液。输营养液是对树势衰弱树体采取的一种修复措施，营养液容易被植物吸收，输入的营养液能够激活衰弱树木的抗逆能力，帮助树木很快恢复树势。

（4）根外追肥。大树移植初期，根系吸收能力较差，不宜进行土壤施肥，可采取根外追肥，追肥有利于恢复树势。对生长势较弱的大乔木，可定期进行根外追肥。

130. 怎样给树木输营养液？

目前苗木栽植后，不分树种、不分栽植成活的难易程度、不分栽植季节，使用插瓶和吊袋给树体输液（彩图 44、彩图 45），几乎成了一种常见现象。但营养液不是万能剂，不分辨苗木不发芽、树势衰弱和死亡的原因，而盲目挂袋输液，不仅造成了不必要的浪费，往往也收不到理想的效果。

（1）输营养液的作用

一般未经提前断根处理的山苗、生长势较弱的大型苗木及散坨苗，均可使用树干输液措施。及时给树体补充养分，有利于促进生根，增强树势，提高苗木栽植成活率。

（2）营养液种类及配制

除了目前市场上销售的专业用产品外，也可自行配置0.2%磷酸二氢钾营养液。难生根的乔木树种可同时在所输营养液中，每千克加入0.1g ABT5号生根粉。先将生根粉用酒精溶解，然后加入磷酸二氢钾均匀搅拌，确保无杂质，加水稀释后，灌入输液瓶内待用。

（3）树干打孔

使用钻头孔径5mm ~ 6mm的电钻，在根颈、树干或一级分枝处的上、下方，向下倾斜45° 打吊注钻孔，钻孔深度至木质部5cm ~ 6cm。根据树体胸径大小，确定用药数量。一般胸径10cm ~ 20cm钻2个孔，胸径20cm以上的大树，可钻孔2 ~ 3个。钻孔应避免在同一水平面或同一垂直线上。钻孔时，钻头应沿孔的方向来回操作，以便将木屑带出。清除钻孔内木屑，将针头细管深入孔底部向孔内输水，将孔内空气完全排出。

（4）输液方法

销售的专业产品应按使用说明操作使用。自行配制的营养液，可使用医用输液瓶作容器，选择与孔径等粗的金银木（空心）枝条，插入孔内3cm、外露2cm，捅破过滤器中的滤纸，把针头插入金银木髓心处，将输液瓶挂在输液孔上方1m以上处，用调速阀控制输液速度。

（5）输液次数

输液次数视树势及缓苗情况而定。根据缓苗和生根情况，可继续再输1 ~ 2次。营养液快输完时，及时灌入洁净水继续输水，每天一瓶或一袋，至苗木完全恢复长势为止。

131. 输营养液需注意哪些事项？

（1）配制营养液前，必须将原液摇匀，然后兑洁净水稀释，且现配现用。

（2）输液孔在2个以上的水平分布要均匀，垂直分布应上下错开。避免输液钻孔在同一水平面或同一垂直线上。钻孔深度不得超过主干直径的2/3，但也不可过浅，过浅药液不易输入。

（3）输送营养液速度不可过快，以24～30小时，输入500mL为宜，过快则会造成营养液大量外溢流失。

（4）严禁超浓度、超剂量使用营养液。

（5）输液瓶或输液袋尽量挂在树干北侧，高温季节输液时，输液瓶或输液袋应用遮阳网遮盖，避免瓶内液体温度升高，对树体造成不利影响。

（6）易流胶树种，如雪松、华山松、白皮松等宜在3～4月或9～10月使用。

（7）输液期间应加强巡视，发现液量不足时要及时补充，不可出现空瓶、空袋现象。发现输液管脱离输液瓶、输液袋和输液孔，或出现输液管及输液道堵塞，营养液外渗时，要及时把空气排出，然后将输液管插好恢复输液。

（8）输液结束后，立即撤除全部输液装置，及时回收再次使用。将枝条全部插入孔内，枝端与树皮平齐，向孔内注入600倍液多菌灵、甲基托布津等内吸式杀菌剂，并用油漆封堵。雪松、白皮松、华山松等苗木的伤口必须涂抹保护剂。

132. 造成苗木栽植死亡的原因是什么？有哪些预防和补救措施？

1）栽植环境不适宜，如：

（1）白桦、华北落叶松虽生长在海拔1400m以上，耐寒冷，喜酸性土和冷凉气候，但在京津冀地区栽植难以存活。

（2）雪松抗烟尘和二氧化硫能力差，忌黏重土壤，将其栽植在燃煤发电厂、硫铵化肥厂附近，叶片逐渐枯焦、死亡。

（3）水杉喜土壤湿润而排水良好之地，不耐涝，故苗木产地俗有“水杉水杉，干旱不长，积水涝煞”之说，栽植在地下水位较高或低洼处易造成苗木死亡。

因此选择树种时必须做到适地适树。

2）假土球苗

进场时苗木土球直径、厚度均达到标准要求，且外包装非常严密，苗木在起吊时树干来回晃动，用钢钎扎入土球内，感觉土壤松软，打开层层包装物，土球散塌下来，可见根系与土壤分离，此类则为典型的假土球苗。栽植后表现为生长季节仍不发芽，检查枝条上的腋芽和顶芽已欠饱满，并有明显的回抽现象。此类苗木成活率非常低，建议拔掉重栽。

3）根部严重失水

（1）起苗时间拖得较长，又未能及时运输的苗木，没有采取临时性假植措施，根部既未喷水保湿，也未培土假植，或未用湿草帘苫盖，导致根系严重失水。检查裸根苗根部剪口处，发现根系含水量非常少。土球苗土球干燥、坚硬，土球外缘粗根剪口不湿润。此类苗木如失水不是特别严重时，可适当缩剪根幅。

（2）没有制定合理的苗木进场计划。因抢工程进度，未考虑作业面施工条件、施工难度、水源条件、施工能力、气象条件等而盲目集中进苗。导致数日栽植不完，且苗木又未采取任何防护措施，造成苗木根系、枝条严重失水。

（3）因进苗量大忙于抢栽，或因距离水源过远，苗木栽植后未及时灌水，导致苗木失水死亡。

（4）修筑的灌水围堰太小、太浅，有的浅到随灌水随向外流，甚至有的根本就没有树穴，虽经多次灌水，仅土球表层湿润，土球中下部并未灌透，造成缓苗期因根系严重缺水而死亡。

根剪口处较干的裸根苗，可在水中浸根24小时后再行栽植，在一定程度上也提高栽植成活率。发现苗木不发芽或小枝有回抽现象时，应立即扩大树穴加高围堰，在土球上扎孔将水灌透，同时对枝条适当进行回缩修剪。枝条失水不十分严重时，可进行缩冠修剪，减少水分蒸发。若枝条和芽已出现严重失水，则应拔掉重栽。

4）根系腐烂

（1）进场裸根苗根系非常湿润，但仔细观察皮层已与木质部分离，这类苗木多因起苗时间过长、运苗不及时，或运苗途中长时间堵车，造成苗木根系严重失水，到场前在水坑长时间浸泡所致。此类苗木不可入场栽植，应予以退回。

（2）灌水过勤，灌水量过大。有些人认为灌透水就是勤灌水，灌大水，结果导致土壤过湿甚至树穴积水，造成土壤透气性差，特别是在黏重土壤中更为严重，扒开树穴时发现部分根系开始变色或已腐烂。

（3）苗木栽植时不易腐烂及过密的土球包装物未撤出，因透水透气性差，包装物发酵腐烂，引起苗木根系变黑褐色腐烂，并发出恶臭味。如不及时开穴检查，采取必要的补救措施，最后将导致苗木死亡。在黏重土壤、土壤板结及高温季节状况发生严重。

立即撤出包装物，剪去腐烂根露出健康组织（彩图46、彩图47），根断面喷洒根腐灵500倍液和根动力①号200倍液进行消毒防腐，诱发新根，更换新土回填踏实。用根动力②号2000倍液和根腐消200倍液混合液、速生根2g＋根腐消200mL＋水100kg一起灌根，灌透为止。同时采取缩冠修剪，树干输营养液，根外追肥等措施提高树势。

5）栽植过深

（1）有些施工单位不了解各类苗木栽植的标准要求，多年来一直沿用苗木到场后不管树穴大小、深浅，只要能放进去就栽的粗放式栽植方式。往往苗木栽植后不是过深就是过浅。春植苗木栽植过深常发生“闷芽”现象，即栽后枝条没有明显失水，芽也鲜活，但就是不发芽，处于类似休眠状态。生长期栽植过深时，往往表现为枝叶回抽，生长季节不再萌芽、展叶。此类苗木如不及时抬高浅栽，将导致“闷芽”死亡。

（2）回填客土或做地形时，土壤未经碾压或自然沉降，虽然栽植时土球顶面或裸根苗原栽植线与地面平齐，但未考虑沉降系数进行适当浅栽，导致灌水后树体下沉，造成栽植过深。

（3）栽植面高程测定有误，导致苗木深栽。

（4）深栽苗木的处理

栽植过深的苗木，必须在土壤略干燥时，将栽植土全部清出，大规格苗木重新包装后，按设计高程进行栽植。在不具备机械操作条件的地方，做地形时可以苗木原栽植线为准进行地形整理。

6）浇灌不符合水质标准的灌溉水

因水源过远而就地取材，使用矿化度高或污染的河水、坑水等，对苗木根系造成了伤害。尤其是在缓苗期，对新长出的吸收根危害更大，如长期浇灌不符合水质标准的灌溉水，会导致树冠衰弱死亡。

7）不适宜的栽植时期

某些苗木对移植季节有一定的敏感性，如柿树、蜀桧等秋植成活率较低，故不适宜做秋植。

8）苗木未经验收或验收不严格

正常栽植季节忽视了对苗木物候现象的检查，如枝条的颜色、枝条的含水量、芽的鲜活程度等，特别是有些树种，如紫薇、紫叶李、石榴等，枝条较细、较干，冬芽瘦小不易观察，易造成误判，导致采购的死苗进入施工现场。

（1）严格按照苗木验收标准进行苗木验收，特别是休眠期要仔细观察枝条的颜色是否正常，芽是否饱满、鲜活，以确定是否是合格苗木。

（2）拔除死苗及时补栽。

133. 对苗木萎蔫、树势衰弱和死亡原因进行分析的方法有哪些?

1）首先检查地上部分

（1）检查树皮是否有开裂，如发现有干裂缝，且在树皮上钉有小铁钉，说明受伤后造成干皮分离面积较大。因受伤部位水分及养分的输送受到影响，造成树势衰弱，或局部枝条枯死。

（2）从外表观察树木干皮完整，但用枝剪敲击树干会发出空空的声音，此种现象多为在苗木装卸车时，起吊方法不当或起吊部位及系绳处没有缠紧较厚软物造成撸皮或拧皮现象。如仅限于局部位置上，则影响同一侧枝条的生长势，表现为叶片小、发黄、枝条枯萎等，如已绕树干一周时，水分的输送则完全被阻断，初期枝叶枯黄，待树体内贮藏的水分耗尽时，则很快全株死亡。

（3）查看枝干有无病害症状，如干腐病、腐烂病、溃疡病、枝条枯萎等。仅局部发生时，表现为树势衰弱。发病严重时，叶片萎蔫、小枝枯死，甚至全株死亡。

（4）仔细检查树干上有无虫孔、虫粪或木屑排出。如树干排粪孔外或地面堆积大量虫粪或木屑，说明蛀干害虫危害严重。检查发现树干内密布纵横蛀道，严重阻碍水分及养分的输送，导致树势衰弱。受小蠹危害，待韧皮部和木质部完全剥离时树木死亡。

2）从地下查找原因

（1）认真检查根茎处、根部有无粗糙龟裂的球形瘤状物。根头癌肿病危害上百种植物，是果树上常见的一种病害，初发时常造成树势衰弱，严重时植株死亡。

（2）检查苗木栽植深度，看落叶树土球顶面是否与地面平齐，常绿针叶树是否略高于地面。如发现常绿针叶树下部枝条基部在土面以下，或嫁接繁殖苗木的嫁接口在土面以下，说明苗木栽深了。栽植过深常造成“闷芽”，短期内导致苗木迟迟不发芽或长势较弱，时间稍长时会造成苗木死亡。

（3）扒开树穴检查是否有不易腐烂的过厚包装物未撤出，包装物已经腐烂，则必然会伤及根系。如发现吸收根已经变黑，且用手撸时皮层脱落，并发出腐臭味时，表明根系已经腐烂。

（4）苗木根部未腐烂，但长出的吸收根已木栓化，说明苗木已经成活，但养护期内未及时补水，导致根系严重缺水，是造成苗木萎蔫、树势衰弱和死亡的重要原因。

（5）检查土壤中有无金针虫、蛴螬、蝼蛄、地老虎等地下害虫危害，受害植物幼嫩根颈或幼根是否被咬伤或咬断，地下害虫常会造成苗木枯萎死亡。

134. 球根花卉类如何养护管理?

1）耐寒性较差的春植球根花卉

（1）大丽花、美人花蕉、毛茛等，种植后及时浇灌一遍透水，发芽后适当控水，使植株矮壮充实，防止苗木徒长。

（2）大丽花待植株长至 40cm ~ 50cm 时抹去基部及叶腋多余的芽，通过适时摘心控制株高，促使侧枝生长。现蕾后，侧花蕾可分 2 次疏除。大丽花茎高、脆嫩，易倒伏，故花头较大的应及时立柱支撑。初花后，及时剪去残花花茎，每枝保留 2 对叶片短截，促其分生新侧枝，灌透水 60 天后可再次开花。

大丽花喜肥，花后可追施稀薄腐熟液肥，但高温季节不宜追肥。高温季节注意叶面喷水喷到为止，避免土壤过湿。11 月中下旬，保留茎秆 10cm ~ 15cm，将块根掘出抖去泥土，晾晒后 1 ~ 2 天置于室温 3℃ ~ 5℃，相对湿度 50%处干沙埋藏。也可剪去地上枯萎部分，浇灌冻水后培土防寒越冬。注意防治棉铃虫、绿盲蝽、潜叶蛾、夜蛾、地老虎、白粉病、花腐病、枯萎病等。

（3）花毛茛大花重瓣品种，现蕾后及时进行疏蕾，每株保留4 ~ 5个健壮、分布均匀的大花蕾，以保证开出优质大花。花毛茛喜湿润土壤、忌积水，故生长旺盛季节，以保持土壤略潮湿为宜，过湿则易导致块根腐烂。

花毛茛喜肥，宜10 ~ 15天追施稀薄液肥1次。花期适当控水，禁止喷水。花谢后及时剪去残花，有利于块根生长。待植株地上茎叶干枯后，及时将块根掘出，冬季在不结冰的室内，置于凉爽干燥处贮藏。

（4）大花美人蕉生长期宜保持土壤疏松、湿润。抽生花序后，追施1次稀薄液肥。花后自残花花茎节上进行短截，可很快抽出新的花茎再次开花。秋季待茎叶枯萎后，将根茎掘出，放置在凉爽通风的室内沙藏。注意防治棉铃虫、无弧丽金龟子、四纹丽金龟子、叶螨、花叶病、灰斑病、叶枯病等。

2）郁金香、欧洲水仙、风信子等耐寒的秋植球根花卉

（1）发芽后适当控水，保持土壤湿润，防止苗木徒长。追施腐熟稀薄液肥1 ~ 2次，现蕾后增施磷钾肥，花期适当控水。

（2）花后剪去花茎，促进鳞茎生长，并控制水肥。待茎叶枯萎后，在土壤略干燥时将鳞茎挖出。鳞茎要轻拿轻放，将鳞茎分级放置于室内通风处，阴干贮藏。

（3）注意防治茎腐病、软腐病、根腐病、花叶病、灰霉病等。

第二篇 园林绿化养护工程

第一章 绿地植物养护管理

第一节 中耕除草

135. 杂草类型有哪些？

所谓杂草，是指除有目的的栽培植物以外的其他植物。如在树穴、花坛内生长的所有草及草坪内除草坪草种之外生长的其他草种，均称之为杂草。如白三叶是优良的阔叶草种，但在结缕草、草地早熟禾等禾本科草坪内就属杂草。

（1）单子叶杂草（禾本科杂草）。常见有芦苇、狗尾草、狗牙根、虎尾草、牛筋草、马唐、蟋蟀草、白茅、稗草、莎草、三棱草、香附子等。

（2）双子叶杂草（阔叶杂草）。常见有毛地黄、车前子、蒲公英、马齿苋、地肤、曼陀罗、苍耳、破铜钱草、益母草、葎草、酢浆草、三叶草、节节草、苦荬菜、荠菜、苋菜、刺儿菜、委陵菜、酸模、黄花蒿、茵陈蒿、艾蒿、蒺藜、旋覆花、野西瓜苗、野葡萄、野西红柿苗等。

（3）寄生性杂草。人们往往不会把菟丝子与杂草联系起来，但菟丝子、金铃子等却是一类不易根除的寄生性杂草，它们能抑制植物的生长，甚至对草本植物造成毁灭性伤害。

136. 中耕除草的作用是什么？

中耕是指对浅层土壤进行翻倒疏松，在草坪上打孔也是一种中耕方式。除草是指清除绿地内的杂草。生产中中耕往往与锄草结合在一起实施完成。

（1）北方地区春季干旱风大，土壤水分蒸发较快，中耕可以切断土壤毛细管，阻断水分大量蒸发，有利于土壤抗旱保墒。春季气温较低，杂草生长缓慢，故多以中耕作业为主。

（2）中耕可以增加土壤的渗透性，减少地表径流，节约灌溉用水。

（3）中耕锄草在土壤黏重、盐碱地区尤为重要。灌水或大雨过后，待地表稍干时对绿地、树穴适时进行锄划松土，有利于排湿保墒，可以增加土壤的透气性，有易于好气细菌的活动，增加土壤肥力，防止土壤板结，利于植物根系生长，并有效防止返盐和控碱。

（4）杂草、根蘖苗及自然播种苗不仅影响园林景观效果，而且与栽培植物争夺水分、养分和光照，严重破坏了栽培植物的正常生存环境，导致栽培植物生长空间越来越小，生存环境越来越恶劣。特别是小花灌木类，花坛、花境栽植的宿根花卉，草坪草及一、二年生草本植物等，会因草荒造成水分、养分、光照严重不足，导致苗木生长势逐渐衰弱，甚至被杂草“欺死”。清除杂草，能够给栽培植物提供正常的生存环境，充分的生长空间，使水分、养分、光照有充足供应，保证植物健壮生长。

夏季气温高，多降雨、高温高湿的环境条件，有利于杂草旺盛繁衍生长，因此多以除草作业为主。

（5）杂草是多种害虫繁衍和栖息的重要场所，有些杂草是病虫越冬寄主或中间寄主，如早熟禾是飞虱、叶蝉的越冬寄主，狗牙根是锈菌的寄主，独行菜、附地菜、篱打碗花等也是传播有害生物的转主寄主，这些杂草常成为草坪病害的初侵染源。因此，清除杂草是减少病虫害发生和蔓延的一项重要植保综合治理措施。

137. 清除草坪杂草的原则是什么？

杂草是在比较复杂的环境条件下，自然选择保留下来的植物类群。适应能力、自繁能力、扩繁能力强，生长快。特别是有些无性繁殖能力强，且具有地下根茎，及地上根状匍匐茎发达的杂草，如芦苇、狗牙根、委陵菜等，生长势和竞争力极强，不易彻底清除。

杂草具有顽强的生命力和适应能力，不仅影响绿地的景观效果，也破坏了草坪的均一性和整齐度，同时挤占了栽培植物的生长空间，使栽培植物的生长受到影响。因此中耕锄草必须本着“除早、除小、除净”的原则进行。

（1）除早。是指在4月份杂草开始萌发时，及时进行防除。

（2）除小。在杂草未长大时就开始拔除，如果清除不及时，待杂草长大甚至抽穗结籽时，不仅加大了作业量，增加了养护成本，而且也会影响植物生长。如1年生杂草秋季开花结实，越年生杂草5月～6月开花结实，在杂草未开花结实前进行剪草作业，可避免杂草进一步泛滥。

菟丝子是一种不易根除的寄生性杂草，必须在幼小时彻底拔除。出苗后至开花前喷药防治，控制其继续扩展蔓延。

（3）除净。清除杂草要彻底，不留死角，并及时集中清离现场。

138. 如何掌握不同类型杂草的除草次数？

（1）5月、6月、7月、8月气温高、湿度大，适应各类杂草生长，尤其是一年生杂草旺盛生长期，也是主要危害时期。需每月清除杂草3次，非旺盛生长期可每月清除杂草1～2次。多年生杂草必须连根拔除。

（2）越生性杂草在春、秋主要危害季节，每月清除杂草2～3次。5～6月开花结实，及时修剪，防止结实。

（3）重点观赏的单子叶禾草草坪，需人工集中拔除双子叶杂草，防止杂草蔓延。生长迅速蔓延能力强的马唐、牛筋草、葎草等杂草，旺盛生长期，应增加除草次数，在杂草幼苗期，必须及时连根拔除。

139. 中耕除草的要求及注意事项有哪些?

1）中耕除草的次数

（1）中耕除草主要在 4 ~ 9 月份进行。

（2）花坛、花境每月松土除草一次；易板结的土壤，夏季须每月 2 次。

（3）树穴内应经常锄划松土，保持每月 2 次以上，锄划松土是克服土壤干旱、土壤过湿的有效措施。每次灌水后及大雨过后，均应适时锄划松土。

（4）盐碱地、黏重土壤，灌水或大雨后，应及时锄划松土，使表土细化、疏松、透气不板结，防止返盐，是盐碱地、黏重土壤绿化养护的重要措施之一。

（5）特殊品种需适当增加锄地次数，如牡丹、芍药生长期不少于 8 ~ 10 次。大雨或灌水后必锄，保证土壤疏松不板结。干旱天气宜 15 天除草松土一次，有利于抗旱保墒。9 月上中旬进行全年最后一次除草松土。

2）中耕除草的深度

（1）以不影响根系生长为度，一般花坛、花境松土深度以 3cm ~ 5cm 为宜。绿地、树穴松土深度宜 5cm ~ 10cm。

（2）土壤干旱时宜深锄保墒，以 10cm 为宜，大雨或灌水后地湿应浅锄、勤锄。锄地要细，不留生地。

（3）夏季高温多雨、杂草滋生，故锄草时应浅锄，排湿保墒。

3）注意事项

（1）使用机械除草时，应距植物干茎一定距离或在树干基部包裹透气物进行保护，切勿伤及苗木干皮。

（2）近苗木处易轻锄、浅锄，以免苗木根系受到伤害，植物株行中间可深锄。

（3）构树、杨树、火炬树、凌霄、刺槐等树种侧根发达，有的可扩展至 20 多米，常自水平根上长出多个萌蘖，萌蘖刚出土时易于清除，待长大时清除则费工费力，因此清除绿地内根蘖苗，宜除早、除小、连根除净。

（4）清除绿地内的自然播种苗，如臭椿、白蜡、榆树、柳树等，数量不多时，可在灌水后人工连根拔除，确保栽植苗木的正常生长和园林景观效果。

（5）化学防治。在植物生长期，不可使用灭生性除草剂，也不可使用对某些草种敏感的除草剂。应严格按照生产厂家产品使用说明书要求进行操作。新产品使用前，必须经过小面积内药物试验后，方可大面积使用。避免在同一绿地中长期单一地使用同一种除草剂，以免残效积累，对植物造成伤害。

140. 如何进行人力中耕除草作业？

人力中耕除草，工作效率低，养护费用高，不适宜大面积草坪杂草的防除。但在面积较小或成坪效果较好的草坪，多采用人力中耕除草。可以使用园林工具，大锄、小锄及用手拔除。

（1）有些单子叶杂草，如芦苇、牛筋草，马唐等，生长迅速，蔓延能力、扩张力极强，必须在幼苗时连根拔除，以免造成草荒。

（2）一般单子叶杂草，可通过及时修剪避免结籽，以控制其继续繁殖蔓延。

（3）发现有害性杂草、寄生性杂草，如菟丝子等侵入时，必须立即将其彻底清除，不留死角，防止其快速扩展蔓延，危害其他植物。

（4）拔除的杂草应集中堆放，作业结束时，必须全部从绿地内清出。清除的有害性杂草、寄生性杂草，必须集中销毁。

141. 牡丹如何进行中耕锄草?

（1）牡丹全年需进行多次中耕锄草。第一次在3月下旬，浇灌返青水之后，此次锄地主要是保墒，有利于提高土壤温度，促进萌芽，故宜深锄，深度一般为10cm，要求锄细、不留生地。结合锄地可进行追肥。

（2）清明前后进行第二次锄地，锄地深度依土壤的干湿情况而定。此时根际土芽已萌发，锄地时注意不要损伤嫩芽。

（3）5月花谢后，结合施肥、灌水，进行一次深锄，深度15cm。

（4）夏季有利于杂草旺盛生长，因此要勤锄，宜每15天左右锄地松土一次，有利于清除杂草，抗旱保墒。

（5）牡丹喜燥恶湿，大雨过后，土壤略干时宜浅锄，以划破地皮为度，使土壤水分尽快蒸发，防止土壤过湿，不利于根系生长。

（6）禾本科杂草多在8月份抽穗结籽，因此在杂草抽穗时是锄草的关键时期，宜浅锄、锄细，不留死角，将杂草锄净。

142. 什么叫触杀性除草剂?

触杀性除草剂，是指能使杂草接触部位植物器官被破坏死亡的一种化学除草剂，常见使用的有百草枯、敌稗等。这类除草剂能被植物组织少量吸收，但在体内传导较少，因此仅限于一年生杂草的防除。对多年生杂草只能杀死地上部分，故不能有效地防除多年生杂草。

143. 什么叫内吸性除草剂?

是指能够被植物外部组织器官吸收，可从根部吸收，也可以从茎叶渗入体内，由输导组织输送到全株各个部位，并将整个植株杀死的一种化学除草剂。根据灭杀特性又可分为选择性除草剂、灭生性除草剂。

如：菟丝灵是一种防除菟丝子专用内吸性除草剂。

2,4–D 丁酯、草坪阔叶净、扑草净等，是一种选择性内吸性除草剂，适于苗后使用。能杀死草坪中的苍耳、马齿苋等阔叶杂草，但对大多数禾本科草坪安全。

草甘膦是一种非选择性内吸性灭生除草剂，无除草选择性，对接触到的所有植物都有灭杀作用，因此这类广谱性除草剂只能在苗前使用。

144. 如何正确选择化学除草剂防除草坪杂草?

应根据草坪的类型、杂草种类，成坪还是幼坪，分别选择适宜芽后使用的除草剂。

（1）禾本科草坪内双子叶杂草的防除。2,4–D 丁酯、百草敌、麦草畏等，是能杀死委陵菜、地肤、苋菜、马齿苋、蒲公英、藜、酸模叶蓼、车前草、田旋花等所有双子叶杂草的除草剂，但对禾本科草坪安全。使用时，按需求将除草溶液稀释后，均匀地喷洒到植物体表面，3 ~ 5 天即可见效。

草坪草出齐 7 天后或剪草 3 ~ 5 天后，提前一天灌水，选无风晴天，喷洒坪安新 1 号——坪阔净 300 ~ 400 倍液，可有效防除大多数 9 叶以下一年生阔叶杂草。

（2）禾本科草坪内的禾本科杂草的防除。如坪绿 2 号对草坪安全，对周围花木无影响，施药 10 天后杂草死亡。

坪安 2 号——消禾草坪除草剂可杀死高羊茅、早熟禾、黑麦草、马尼拉草坪中的狗牙根、狗尾草、牛筋草、画眉草、稗草、马唐等禾本科杂草，而对栽植草种安全。杂草 3 ~ 7 叶期使用效果最佳。喷施后 10 ~ 15 天杂草死亡，但对已木质化的其他杂草不宜使用。

草坪灵4号可防除草坪中稗草、画眉草、牛筋草、星星草等杂草。

（3）阔叶草坪内禾本科杂草的防除，一般可选用吡氟禾草灵、吡氟氯草灵、烯禾定等内吸性除草剂，用于防除多年生杂草。对于白三叶坪地中的禾本科杂草早熟禾、稗草等，可使用禾草克、国光拳沙②号等，其对白三叶等双子叶草坪安全。

（4）当禾本科草坪内既有一年生单子叶杂草又有双子叶杂草时，可使用草坪灵3号或坪绿3号，可防除稗草、狗尾草、蓼、马齿苋、苋菜、藜等单双子叶杂草，对黑麦草、高羊茅、早熟禾、结缕草等草坪草安全，对周围的花灌木无毒害作用。

黑麦草、结缕草、早熟禾、高羊茅播种苗出齐15天以后至成坪前，茎叶喷洒坪安新2号——幼坪乐，可防除大多数5叶以下阔叶杂草，3叶以下多数一年生禾本科杂草及莎草科杂草。

（5）冷季型草坪中的阔叶杂草可用国光阔必治①号等，适用早熟禾、黑麦草、结缕草、高羊茅等草坪。

（6）成熟草坪，阔叶杂草可施用百草敌或溴苯胺。一年施用2次可基本得到控制。

145. 使用草坪除草剂应注意哪些事项？

1）为减少环境污染，避免对周边植物造成伤害，在城市绿地内应尽量减少使用化学除草剂，严禁使用灭生性化学除草剂。

2）正确选用除草剂

（1）使用除草剂，首先要了解药剂的性能、防除杂草的种类。如甲戊·乙草胺为选择性除草剂，只能在播种后苗前使用，地面均匀喷雾可防除一年生杂草。

（2）了解使用地区植物对药剂的敏感程度，切不可盲目使用以免产生药害。如恶草灵对剪股颖和高羊茅敏感，环草隆不能用于冷季型草坪，早熟禾不能施用地散磷，猪草灵2号、扑草净不能在双子叶草坪上使用等。

（3）使用前必须了解除草剂的持效期，如恶草灵等持效期为30 ~ 50天，扑草净持效期20 ~ 70天。在残效期内不可建植草坪，以免对草坪产生害。

（4）果园及苗圃中的阔叶杂草，可地面喷洒选择性内吸传导型除草剂扑草净等。

（5）在草坪草生长期，不可使用灭生性除草剂，以免对植物造成毁灭性伤害。多采用选择性除草剂，如2,4–D类、阔叶净、阔必治、麦草畏等除草剂。

（6）灭生性除草剂如草甘膦、百草枯等对所有植物都有杀伤作用，无除草选择性，因此只可在建坪前的杂草处理，或早春草坪草未返青前就已出现杂草时使用。

（7）扑草净在土壤中移动性较强，因此在低洼地及有机质含量较低的沙质土壤中不宜使用。

3）适时使用

（1）除草剂使用越早防除效果就越好，杂草越大除草效果就越差。一般当杂草长至4叶期时，对除草剂表现出明显的抗性。而禾本科杂草在2叶期，阔叶杂草在2 ~ 3叶期是用药的最佳时期。

（2）新植草坪，一般以建植4周使用为宜。草坪草生长恢复后，已具备足够的抗药性时，施用选择性除草剂为宜。新播草坪在草坪草修剪2 ~ 3次后方可施用，幼苗期喷洒除草剂，会对禾草幼苗生长造成一定的伤害。

（3）成坪草坪修剪后，不能立即使用除草剂，必须在剪草3天后方可使用，或施药2天后才可进行剪草作业。

4）施药方法

（1）严格按照说明书施用。喷施前，必须做好小面积的施药试验。根据试验结果确定使用药剂的品种、方法及比例，保证施药安全有效。

（2）用药称量要准确，喷雾或撒施要均匀，避免重喷、重施，漏喷和漏施。可湿性粉剂加水后，必须搅拌均匀后方可喷施。

（3）有些除草剂，如2,4–D丁酯、麦草畏等，是除禾草外对所有双子叶植物均能产生伤害作用的除草剂，一旦漂落到周边其他植物体上则会造成药害。因此行间除草时，应选择晴天，风力2级以下天气，喷头加保护罩，对准杂草茎叶压低定向喷雾，要求雾化程度高，以免药液随风飘失降低药效，同时伤害周边植物。

（4）土壤干旱和施药表土被破坏均会影响除草效果，因此在施药前保持土壤湿润，施药后不翻动表土。

（5）为保证施药效果，需在施药8小时后方可灌水，以免冲刷和稀释药液，从而达不到应有的防除效果。喷药后如遇下雨，要重新喷施。

（6）如果在同一块草坪上，长期单一使用同一种除草剂，则会使杂草对除草剂产生抗性。因此应避免在同一块草坪上，长期单一使用同一种除草剂。使用时，除草剂可交替使用或混合使用。如2,4–D类与敌稗混合使用，具有明显的增效作用。

5）安全使用

（1）严格控制除草剂的使用量，用药剂量及施药面积必须计算准确，不可过量施用。多数除草剂全年使用不能超过2次，扑草净每季度最多使用1次，过多使用易造成药害。

（2）妇女怀孕期间及哺乳期内，不得从事除草剂施药作业。

（3）喷药时，操作人员应穿戴防护服、口罩、手套等防护用具，站在上风头，以避免吸入药物。操作期间不可喝水、吸烟、吃食物。喷药后，操作人员应立即将面部和双手等皮肤裸露部分清洗干净，然后再饮水、用餐。

（4）如不慎药液落入眼睛内，应及时用清水反复冲洗至少15分钟。喷药后如出现全身乏力、头部发晕、呕吐、腹泻等症状时，必须立即携带所施用除草剂标签送医院治疗。

146. 草坪为什么要进行疏草作业？

疏草是指疏理表层枯草。草坪草的潜层根系非常发达，尤其是具有根茎或匍匐茎的草种，常形成致密的根网。草坪生长过程中，枯死茎叶和枯死根会不断堆积，如草地早熟禾 1 ~ 2 年、匍匐剪股颖半年内即可产生很厚的枯草层。尤其是建植多年的草坪及通常多不做修剪的白三叶等，枯草层更厚。

少量的枯草层可以减少土壤水分的蒸发，在一定程度上降低一年生杂草的萌发，同时还可以提高草坪的弹性和耐践踏能力。但过厚的枯草层给草坪害虫和多种病原菌提供了适宜的越冬及越夏场所。当坪地内枯草层厚度超过 1.5cm 时，更利于病虫害的发生和蔓延。过厚的枯草层降低了草坪对环境的适应性，使草坪的耐旱、耐热能力明显下降。通气状况差，也影响草坪草的分蘖和茎叶生长，使草坪提前退化。因此必须及时剔除过厚的草垫层，以枯草层不超过 1cm 为宜。

可使用疏草机或钉耙，对建植多年的草坪地进行疏草作业，搂除过厚的草垫层，改善土壤的保水性和透气性，对于夏季病虫害的预防，也起到一定的积极作用。

147. 草坪为什么要进行打孔？如何进行打孔作业？

1）打孔的作用

由于过度践踏和长期施用化肥，造成土壤板结、土壤透气性、渗水性差，不利于根系的发育。由于土壤板结，水分不易灌透，也制约了地上茎叶的生长。在草坪上打孔也是一种中耕方式，多在土壤板结、草坪草较为致密的地段及枯草层过厚时进行，是解决土壤紧实的重要手段。一般生长在 3 年以上的草坪，每年需打孔 1 ~ 2 次。

打孔松土时，切断部分老根，能够促进新根的萌发。通过打孔可以改善土壤的透气性、渗透性，使水分和养分能够顺利地渗入根系层，有利于新根的生长。通过打孔可以减少水肥损失，提高水肥利用效率。

2）打孔作业适宜时期

（1）打孔不宜进行得过早或过迟，冷季型草应在早春叶片展开后，新根旺盛生长期疏草后进行，秋季也是草坪打孔的最佳时期。夏季为暖季型草旺盛生长期，此时打孔可提高土壤的透气性，促进草坪草分蘖，占据生长空间，提高草坪密度，抑制杂草侵入生长。

（2）打孔作业不宜在土壤过干或过湿时进行。

3）打孔作业的方法

（1）可以使用草坪专用打孔机，在草坪上滚动刺孔。草坪面积不大的，也可以用手提式土钻、钢叉等在草坪上刺孔。叉头要垂直向下，直进直出。孔径 2cm，孔距 10cm ~ 13cm，每平方米刺孔 30 ~ 70 个。打孔深度根据土壤的紧实度而定，一般深度以 8cm ~ 10cm 为宜，最深不应超过 10cm。

（2）打孔后，在草坪上撒施与有机肥混合的细土或沙，撒施的土壤要与原草坪土壤一致。沙层厚度不可超过 0.5cm，用竹耙将撒施的土壤搂平，使肥土进入刺孔内。

148. 草坪打孔作业应注意哪些事项？

（1）凉爽的春季和秋季是冷季型草旺盛生长期，在春秋季进行打孔作业，则更有利于抑制杂草的萌发和迅速扩张。而夏季是冷季型草休眠期，草坪草停止分蘖，部分根系退化或死亡，草坪草没有了扩繁能力。故在草坪草休眠期，应避免进行打孔作业。

（2）土壤过湿时不要进行打孔作业，特别是土壤黏重地区，以免在刺孔内形成硬实的孔壁，反而不利于草坪草根系的生长。

（3）打孔要结合覆土、灌溉进行，进入刺孔和均匀撒布在草坪地表面的覆土，增加了土壤肥力，结合灌水，给草坪草提供了充足的养分，更有利于草坪草扩繁和生长。

（4）一般草坪打孔深度8cm，但草坪草根系和根状茎可延伸至土壤20cm以下，打孔后会使孔洞以下土壤更加紧实，如果每次在同一深度进行打孔，经数次打孔，对坪草深层根系生长发育不利，因此在进行几次浅打孔后，应适当进行1～2次较深的打孔作业，以促进土壤深层根系的生长。

第二节　灌水、排水

149. 不同类型土壤应如何进行灌水？

（1）黏质土保水性强，排水困难，应适当控制灌水，避免土壤湿度过大，导致烂根死亡。大雨或灌水后，树穴应进行划锄松土，保持良好的通透性。及时检查树穴透水状况，如因灌水过量或喷水过多，造成穴土过湿时，可在晴天开穴晾坨，晾坨后回填较干燥栽植土。发现树穴或通气管积水时，应及时在穴底打孔灌砂，并铺设排水管，将积水引排至雨水井或临时渗水井内。

（2）砂质土保水性差，水流失严重，每次灌水量可少些，适当增加灌水次数。砂质土采用喷灌方式为好。

（3）盐碱土，要遵循"七八月地如筛，九十月又上来，三四月里最厉害"的水、盐运行规律，返盐季节土壤干旱时，严禁小水斗弄，灌则浇灌大水、灌透水，起到以水压盐、控碱的作用。小雨过后及时补灌大水，避免土壤返盐及次生盐渍化。

150. 土壤干旱时植物的表现症状是什么？

植物只有在土壤含水量充分的情况下，才能使叶片、花朵舒展，保持挺拔的姿态。

（1）在高温、光照充足的中午，植物嫩梢和叶片会表现临时性萎蔫，但在傍晚时梢叶又能恢复舒展状态。但当植物嫩梢和叶片在傍晚至清晨，仍呈现萎蔫状态时，表明土壤缺水，应及时进行补水。水要灌透，不浇“半截水”。

（2）土壤水分严重不足，易使叶柄、花梗、果柄形成离层，导致绿叶开始脱落，出现落花、落果现象，应及时在清晨或傍晚进行补水。开穴先浇灌小水，待枝叶舒展后，再一次性灌透。

（3）当大气和土壤长期干旱，又没有补充水分时，造成植物长期缺水，根系开始发生木栓化和自疏，植物枝条自上而下萎蔫枯死。当根系全部失去吸收能力时，导致“永久性萎蔫”，植物因缺水整株死亡。

151. 怎样才能确保补植苗木浇灌定根水时不被遗漏？

（1）补植苗木栽植位置，一般都比较分散，尤其是绿篱、色块植物等，修剪后分不清哪些是补植的，因此二、三遍水容易被遗忘，常造成补植苗木缺水死亡，故而出现屡补屡死现象。绿篱、色块及花坛植物，因其根系较浅，水分易于蒸发，干旱季节，苗木补植后可全面普浇三遍水。

（2）乔灌木类树种要做好补植记录，写明补植品种、补植株数、补植位置，以及一、二、三遍水的灌水时间，这样可以确保苗木补植后三遍水不会漏浇。

152. 牡丹、芍药如何灌水？

（1）牡丹、芍药为肉质根，根系发达，吸水能力强，有“喜燥恶湿”习性，怕涝。因此除适时灌透封冻水和返青水外，5 月上旬的花前水，5 月中下旬的花后水必须灌透。在一般干旱情况下不需灌水，避免灌水过勤、过多导致苗木烂根死亡，但也不能过于干旱，土壤过于干旱时，应采用开沟小水渗灌的方式进行灌水，灌则要灌透，但不可积水。

（2）返青水需在天气暖和时进行，高温季节灌水，应在清晨或傍晚。

（3）花期不旱时不灌水，以免缩短花期，土壤过于干旱时可灌小水。要尽量避免叶面喷水，防止病害传播蔓延。

（4）雨后要注意排水，灌水及雨后，待表土略干时，注意及时对周边土壤进行浅锄，松土锄湿保墒。

153. 竹类植物如何灌水？

（1）生长季节，当土壤干旱时，应及时补水，有利于竹类旺盛生长。

（2）适时浇灌返青水、封冻水，此水要灌透，可结合施肥进行。

（3）北方地区竹类植物以早园竹、刚竹为主。3 ~ 4月，为竹笋发育期，此时正值大风干旱季节，如果水分不足将影响竹笋的生长发育。出土的竹笋瘦小，长出的嫩竹矮小、细弱，易倒伏，因此要浇好催笋水，同时注意叶面喷水。

（4）5 ~ 6月，为竹笋出土和幼竹拔节期，也是新竹旺盛生长时期，必须及时浇好拔节水，满足植物对水分的需求。

（5）9 ~ 10月，是竹类植物的孕笋期，要浇好孕笋水，保持土壤适当湿润。

154. 已建成草坪怎样灌水？

1）草坪灌水应根据土质、不同生长时期、不同草种耐旱能力而定。如高羊茅的根系分布较深，其抗旱能力比其他冷季型草要

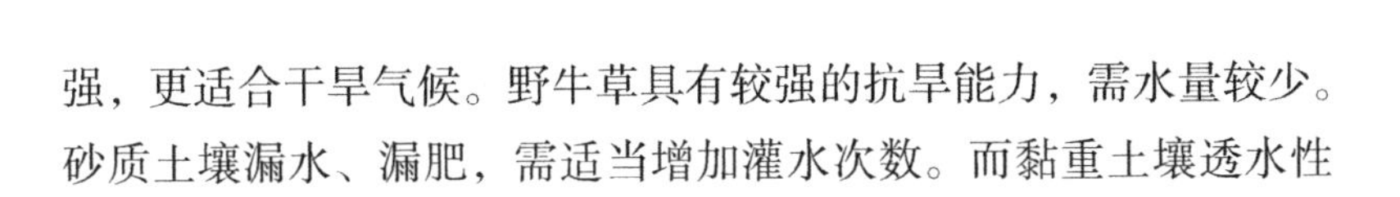

强，更适合干旱气候。野牛草具有较强的抗旱能力，需水量较少。砂质土壤漏水、漏肥，需适当增加灌水次数。而黏重土壤透水性差，可适当控制灌水。

2）灌水时间及次数

（1）返青水。冷季型草，2月下旬根系已经开始活动，2月下旬至3月初，在小环境条件生长的草坪开始返青，此时应及时浇灌返青水，有利于草坪草生长和尽早返青。开阔草坪地，可自土壤开始化冻时浇灌返青水。

（2）春、秋季节气温不高，一般草坪可15～20天灌水一次，夏季灌水越勤，病害发生越严重，一般宜10～15天灌水一次。耐旱草种野牛草等，生长期可一个月浇灌一次。

（3）重盐碱地区，3～4月、9～10月为土壤返盐季节，小雨过后，应及时灌大水，有利于压盐和控碱。

（4）封冻水。封冻水不易灌得过早，一般在土壤“夜冻日化”时进行，如果草坪面积过大，可提前普浇一遍。因浇灌冻水过早而出现干旱现象时，应在土壤封冻前再及时补灌一水，浇灌封冻水尽量在12月5日前结束。

3）灌水量

常见有些草坪经常有人灌水，但因每次土层仅湿润2cm～4cm，在高温季节2～3天内，坪草就呈现萎蔫状态，因此要不间断地灌水。这样不仅增加了工作量，而且土壤湿润过浅，致使根系不能向下深扎，仅靠近表土层生长，这样不仅削弱了草坪的抗旱能力，也易引发病害和促使杂草旺长，因此必须控制好每次的灌水量。

（1）一般草坪草的根系主要分布在地表下10cm～15cm。除某些需高水平养护的草坪外，一般草坪正常养护期灌水应达到根系活动层。干旱季节，以土壤持水15cm～20cm为宜。壤土和黏重土壤要一次灌透，待土壤干燥到根系层，草叶开始萎蔫时再次灌水。

（2）返青水及封冻水必须灌透，土壤持水应达 20cm。

4）灌水适宜时间

草坪灌水应在无风天气进行。春、秋季节以中午前后灌水为宜。夏季灌水时间，以上午 10 时前及下午 4 时后为宜。剪草后 24 小时内必须灌一次水。

5）灌水应注意问题

（1）一般情况下草坪不旱不浇，灌则要一次性灌透，防止小水勤灌、灌而不透的灌水方式。特别是返盐季节，严防小水斗弄。

（2）分片、分块进行灌水，避免遗漏。

（3）坡地灌水时，应适当控制水量，使用小水漫灌的方式。防止因地表径流造成灌溉水大量流失，而坡地草坪仍未灌透。

（4）使用自动喷灌设备时，不宜长时间持续进行喷灌，应控制好喷灌时间，喷灌可间断开、关，逐渐灌透。

（5）对因踩踏导致土壤硬实的草坪地段，灌水前应先用滚齿、打孔机或钢叉，疏松表层土，然后再灌水，水从刺孔中更容易渗入灌透。

（6）撒施尿素后，必须及时灌水，但不宜浇灌大水，以免速效肥随水淋失至深层土壤中，从而降低肥效。

155. 如何判断草坪是否缺水？

（1）对粗放管理的草坪，可用目测方法。待地面土壤变为浅白，草叶萎蔫并变为灰绿色，草坪上可观察到人们走过的踩踏痕迹时，说明土壤已经干旱至根系主要分布层，这时可进行灌水。

（2）对要求管理水平较高的草坪，当出现严重缺水症状时，草坪质量已经下降。为防止严重缺水现象的发生，应用土钻下探至土层 10cm ~ 12cm 处，如果发现土壤较干、颜色较浅，说明必须及时补水。

156. 如何做好排水、排涝工作？

1）雨季到来之前，提前清除井内杂物，检查排污井是否通畅，做好雨季防涝排水的准备工作。

2）大雨后及时做好排水工作。采用埋管、打孔、挖明沟强排，树穴扒豁口等措施，保证在12小时内排除绿地、栽植池内的积水。

（1）可在围堰上扒开一个低于栽植面的小豁口，微地形上围堰的开口应朝向坡度低的方向或有草坪地被的方向，将树穴内积水及时排除。

（2）黏重土壤穴土未掺砂或树穴未采取打孔灌砂措施的，如发现排水不畅，应及时排除积水，向穴底打孔灌砂，提高渗透能力，防止积水。在盐碱地已做排盐处理的，可打孔直至淋层。

（3）明沟排水。在地表挖明沟，将低洼地积水排出绿地。

（4）在距雨水井较远，排水不通畅的地方，除采取以上措施外，在平坦地块可选数个积水点，设置渗水井，以便加快积水集中排放。渗水井的大小应视积水面积、积水深度而定，一般深1.5cm ~ 2.0m，坑径1.5m。

（5）刚栽植的水生植物幼苗，大雨后应及时排水，避免水位过快变化，不利幼苗生长。

157. 如何浇灌封冻水？

适时浇灌封冻水，是提高苗木抗寒能力，保证苗木安全越冬，防止早春干旱的重要措施。

1）浇灌封冻水的时间

封冻水不宜灌的过早，但也不可灌的过晚，宜在日平均气温3℃，土壤“夜冻日化”时进行。京津地区多自11月中旬开始，11月下旬至12月初完成，草坪浇灌冻水应于12日5日前结束。

2）灌水量

封冻水必须灌足、灌透。乔木土球持水深度不少于60cm，灌木不少于40cm，宿根地被植物不少于20cm，草坪持水深度不少于15cm。如果当年秋雨多，土壤墒情好，黏质土壤可适当轻灌或免灌。

3）灌水保障措施

（1）为保证封冻水能够灌透，必须适时开穴灌水，不开穴则水不能灌透。一般乔木开穴直径100cm ~ 120cm，大树不小于150cm，灌木不小于60cm ~ 80cm。围堰高15cm，树穴内灌满水。

（2）铺栽及播种较晚的冷季型草，草坪根系较浅，抗旱性差，遇暖冬降水量稀少的年份，当表层土干土层达到5cm时，应于1月中下旬，选温暖天气的中午适时补灌一水，以补充土壤水分的不足，确保苗木安全越冬和提早返青。

（3）灌水后，在树穴或绿地上扎孔，检查水是否灌透。耐寒性稍差的树种，待水渗下后，树穴复土越冬。

158. 怎样浇灌返青水?

春季随着大地回暖，植物根系开始活动，苗木即将发芽、展叶进入旺盛生长期，此时正是大量需要水分的时候。但北方地区冬季干旱风大，经过一冬水分的消耗，土壤水分已显不足。适时浇灌返青水，能够大大缓解春旱现象，是保证苗木顺利返青，新梢正常生长的重要措施。

1）浇灌返青水的时间

一般京津地区气温10℃时即可开始，绿地植物可于3月中下旬浇灌返青水。冷季型草坪在2月下旬根系已经开始活动，因此2月下旬至3月初浇灌返青水，有利于草坪生长和提早返青。

2）灌水量

返青水是全年养护中重要的一水，要求此水必须适时灌足浇

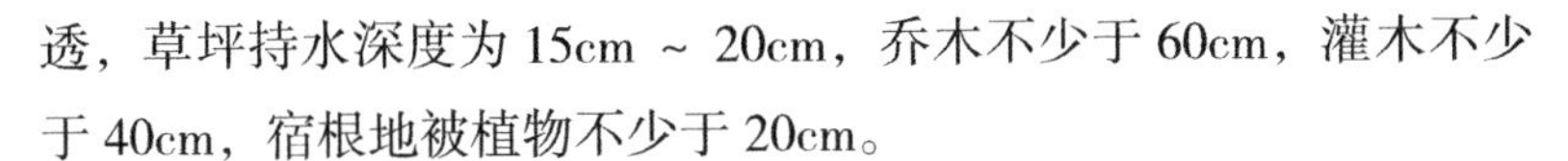

透，草坪持水深度为 15cm ~ 20cm，乔木不少于 60cm，灌木不少于 40cm，宿根地被植物不少于 20cm。

3）灌水保障措施

（1）为保证乔灌木树种返青水能够灌透，必须适时扒开树穴，修好灌水围堰。乔木开穴直径应不小于 120cm，灌木不小于 80cm，围堰高 15cm。

（2）草坪地浇灌返青水时，局部地块灌透后，要及时移动水管，防止过度灌水，造成水资源的浪费。对有地形起伏的坡顶和坡度较大的斜坡绿地，应自坡顶连续多次进行小水浇灌，直至灌透为止。

（3）灌水作业结束后，要及时检查是否有遗漏，发现一处补灌一处，检查各类苗木是否灌透，未灌透的应及时补灌。

（4）北方早春多干旱大风，土壤水分蒸发量大，为保证苗木正常萌芽生长，待浇灌返青水后穴土略干时，及时加盖细土或浅锄松土保墒。

第三节　苗木施肥

159. 为什么园林中施入的有机肥必须经过充分腐熟后才能使用？

有机肥又称农家肥，主要是指厩肥、绿肥、粪尿肥、饼肥、堆肥、土杂肥等。有机肥分解缓慢，肥效长，养分不易流失。施入后不仅能提供植物各种养分，而且可以改善土壤团粒结构，增加透气性，防止土壤板结。

（1）有机肥中的营养元素多呈有机状态，不能直接被植物吸收。只有经过微生物的分解转化，成为可溶解的养分后，才能被植物吸收利用。而肥料的腐熟，实际上就是微生物活动的过程，通过微生物的活动，使有机物质进行分解，并使肥料变得软化、松散。经过腐熟的有机肥，肥效和利用率更高。

（2）有机肥在腐熟的过程中产生的高温，可以使杂草种子丧失生命力。因此不施用未经腐熟的有机肥，可减少杂草滋生。

（3）有机肥熟化过程中产生的酸性物质，可以中和土壤中的盐碱，能够降低对植物的伤害，有利于提高植物对磷肥的吸收利用。

（4）有机肥中往往存有害虫的幼虫、蛹或虫卵及病菌，如地下害虫小地老虎的蛹及老熟幼虫，蛴螬的幼虫，蝼蛄的成、若虫等，直接施用，会给植物造成严重伤害。有机肥分解的过程中，能够释放出大量的热量，高温可以杀死其中的病菌、幼虫、虫卵等，因此只有经过腐熟的有机肥，才可以安全使用。

160. 土壤施肥应注意哪些问题？

1）不过量施肥，以免植物遭受肥害，发生烧根现象。

2）施肥范围和深度，应根据肥料的性质、树龄及树木根系分布特点而定。有机肥应埋施在距根系集中分布层稍深、稍远的地方，过近施肥会造成“烧根”。如苹果树施肥范围以在树冠投影外缘或稍远处，施肥深度以 50cm 左右为宜。

（1）根据根系水平分布而定，树木根系发达，分布较深远的银杏、油松、核桃等树种，施肥宜深，范围也要大。

（2）根据树木根系垂直分布而定，深根性树种易深施，根系较浅的樱花、刺槐、合欢及花灌木类等宜浅施。一般施肥深度 30cm ~ 50cm。

（3）根据树龄而定，大树宜深施，幼树应浅施。

3）施肥应与深翻、灌水相结合，施肥后必须及时灌水。

4）树木生长后期应控制施肥，以免造成枝条徒长，降低抗寒能力。乔灌木类土壤施用速效肥，最晚应在 8 月上旬前结束。石榴秋施基肥应在10月上旬结束，切忌冬季施肥。

5）草木灰是碱性肥，因此碱性土不可施用草木灰，以免提高土壤的pH值。

6）氯化钾在养护中应用广泛，但在盐碱性土壤中不应施用。为避免土壤盐渍化和土壤板结，在盐碱地及土壤砧重地区，尽量少施用化肥。

7）硝态氮易随降水或灌溉水流失，故不宜做基肥使用。水溶性差或缓效性肥料，不宜用作叶面喷施。

8）新栽植的苗木缓苗期不可行土壤施肥，以免对伤口愈合及新生吸收根造成伤害。

161. 施用硝态氮肥应注意哪些问题？

硝态氮肥主要有硝酸钙、硝酸铵、硝酸钾等。此类氮肥移动性强，不能被土壤胶粒吸附，且易溶于水而随水流失，从而大大降低了肥效，因此不可在大雨前或砂质土中施用，也不宜做基肥使用。

162. 有机肥和无机肥能否混合使用？

有机肥是一种迟效性肥，养分不易流失，肥效长，能疏松土壤。长期使用土壤不板结，但必须经过微生物的转化才能被植物利用，分解缓慢，施入后不能马上见到肥效。

无机肥又称化肥，为速效性肥料，多为水溶性，易溶于水，能够直接被植物的根系或叶面吸收，迅速发挥肥效，但易流失。长期使用，易造成土壤板结，土壤盐渍化，对植物生长不利。

将有机肥与无机肥混合使用，可起到互补作用，可减少土壤速效养分的流失，改善土壤透气性，防止土壤板结，且能长期使用。

163. 怎样进行根外追肥？

根外追肥，又称叶面追肥，是在植物生长期为提高树势、解决某种元素缺乏症或为保花保果采取的一种补肥措施。将肥液喷洒在叶片上，肥液通过气孔和角质层进入叶片，可以直接被迅速吸收利用。叶面追肥，养分吸收比根部快，方法简单，易于操作，节省肥料。

（1）避免高温时喷洒肥液，以免影响追肥效果或产生药害。喷洒肥液最好在上午 10 时以前或下午 4 时以后进行，早晚空气湿度大，易于被叶片吸收。

（2）叶背较叶面的气孔多，因此吸收率高，喷洒肥液时应重点喷洒叶背，肥液要喷洒均匀。

（3）喷洒肥液浓度不宜过高，以免对植物造成肥害，造成肥料浪费。如磷酸二氢钾、磷酸二铵，肥液浓度宜 0.2% ~ 0.3%，尿素 0.2% ~ 0.5%。

164. 常绿针叶树种应如何施肥？

（1）常绿针叶树种，如松类、云杉等移植后根系恢复生长较慢，初期不具备吸收能力，故定植时应主要以有机肥为基肥。有机肥肥效缓慢，持续时间长，待新根长出后即可被吸收利用。

（2）缓苗期是新根生长时期，此时不可施用化肥，以免对新根造成伤害。树势较弱的苗木，可行叶面追肥。

165. 果树类如何施肥？

果树花芽分化、开花结果，需要消耗大量的养分，土壤肥力不足，将严重影响树木的观花、观果效果。如枣树、葡萄等在养分不足的情况下，会导致大量落花、落果，故果农有“苹果树要好，粪大水饱”和“斤果斤肥”之说。因此应加强果树类苗木的水肥管理，满足树体健壮生长、花芽分化和果实膨大所需养分。秋季宜重施有机肥，生长季节可进行追肥。施肥量应根据树龄、树势、结实量而定。

（1）10月中旬，苹果树、梨树、桃树、杏树等果树秋施基肥，应按每产500g果，施入腐熟有机肥1kg ~ 2kg。苹果树花后40天进行土壤追肥。8月上中旬，果实膨大期，一般株产果50kg的树，可追施二铵2kg，硫酸钾2kg。杏树果实采摘后，每月喷一次0.3%磷酸二氢钾，0.2% ~ 0.3%尿素肥液。

（2）山里红秋施基肥易于采果后进行，追肥一般1年3次。3月中下旬，树液开始流动时追施尿素0.5kg/株 ~ 1kg/株，以补充生长发育所需养分。谢花后施尿素0.5kg/株，以提高坐果率。7月末花芽分化前，施尿素0.5kg/株，过磷酸钙1.5kg/株，可促进果实发育，有利于提高果实品质。

（3）桃树全年第一次施肥，可结合浇灌返青水进行，在树冠投影内撒施尿素1kg/株 ~ 2kg/株，促开花，弱树、老树应适当提高氮肥的施用量。4月中旬施入磷酸二铵2kg/株，以利于果实发育。5月份施钾肥，一般硫酸钾施入量25kg/亩。采果后，叶片喷洒0.3% ~ 0.5%磷酸二氢钾肥液，每15天一次，连续2 ~ 3次。秋施腐熟有机肥宜在9月至落叶前后进行，施肥量按每生产100kg桃果，需有机肥200kg/株 ~ 300kg/株，有效磷0.5kg，有效钾1.0kg，有效氮0.7kg计算。

（4）枣树秋季宜于采果后至落叶前施肥，采用环状沟施，有机肥30kg/株 ~ 80 kg/株，复合肥1kg/株 ~ 2kg/株。为控制花前枣树旺长，秋季已施过基肥的，发芽前不再施肥。生长期以追施速效肥为主，5月中下旬开花前、7月上旬幼果期各施肥一次。5月份以速效氮肥为主，幼果期以追施磷肥为主。成龄树施入尿素1kg/株、过磷酸钙2kg/株。待开花达30% ~ 40%时，在上午8时前或下午4时后喷洒0.2% ~ 0.3%硼砂溶液，可提高坐果率。

（5）柿树宜在4月下旬至5月上旬追施花前肥，花后喷施0.3%～0.5%尿素，加入0.2%～0.3%磷酸二氢钾混合液。果实膨大和着色期，各喷施一次速效氮肥和磷酸铵、硫酸钾、氯化钾等磷钾肥。果实采摘前施入有机、无机混合肥为最好。

（6）石榴忌在冬季施肥。秋施基肥应在10月中旬以前结束，宜多施有机肥。果石榴花期叶面、花蕾喷洒0.3%磷酸二氢钾，或0.3%硼酸或1%过磷酸钙或0.3%尿素50ppm，每7～10天一次，可提高坐果率。8月上旬，每周树体喷一次0.3%尿素，连续2次，可防止裂果。偏施尿素和碳酸氢铵等氮素化肥会造成大量裂果，特别是果实发育后期切勿追施氮肥。

166. 竹类植物如何施肥？

（1）3～4月正值竹笋发育期，如养分不足，出土的竹笋瘦小，则长不出标准竹，故应施好长笋肥。以速效肥为主，施肥量10kg/亩～15kg/亩，施肥后及时灌水。

（2）5～6月为竹笋出土拔节期。7～9月为笋芽分化的育笋期，每月应结合灌水施一次氮、磷、钾比例为5∶2∶4的速效复合肥，以满足旺盛时期的生长需要。

（3）施好秋肥，结合浇灌封冻水，地面撒施膨化鸡粪等有机肥。

167. 怎样给牡丹施肥？

1）肥料种类

可使用经发酵腐熟的有机肥，如膨化鸡粪、人粪干、豆饼、菜籽饼、棉籽饼、麻酱渣、土杂肥，复合肥等。

2）施肥次数

牡丹喜肥，一般从栽植后第二年开始，全年要施好“花肥、芽肥、冬肥”3次肥。

（1）在春季芽萌动后追施一次肥，通常称为“花前肥”，可施入膨化鸡粪、人粪干等。主要为枝叶生长、花芽发育、开出大花、标准花等提供所需养分。

（2）第二次施肥在花后半个月内进行，此肥又叫“花后肥”，用以补充生长、开花所消耗的养分，促进当年花芽分化。可将膨化鸡粪或发酵腐熟的麻酱渣，每株0.5kg撒施均匀，掺入以磷肥为主的磷、钾复合肥，翻锄土中。如花后植株长势不旺，可喷洒0.2%磷酸二氢钾溶液进行叶面追肥。

（3）入冬前，结合浇灌封冻水，进行最后一次施肥，此肥又称“越冬肥”，可保证苗木安全越冬，为明春萌芽生长提供养分。冬肥宜施用腐熟的有机肥，如厩肥、堆肥、土杂肥、饼肥及复合肥，可采取穴施或沟施。

（4）民间有“酒芍药，肉牡丹”之说。可在春季将动物尸体埋于植株外围。但施肥时不可距离根系太近，以免发酵后发生“烧根”、死苗现象。每次施肥后，必须及时灌水。

168. 宿根地被植物如何施肥？

（1）一般宿根花卉于3月份结合浇灌返青水，施一次腐熟有机肥。

（2）多数宿根花卉，生长初期需肥量较少，旺盛生长期、孕蕾期、开花期需肥量较大，故应注意及时进行追肥。如大丽花自7月份开始，应每30 ~ 40天施一次腐熟稀薄的有机液肥。

（3）花形较大或花期较长的宿根花卉类，需肥量较大，因此必须做好花前、花后和越冬的施肥工作。如芍药全年需施4次肥，第一次是在萌芽后，施氮、磷、钾复合肥同时掺入适量麻酱渣，此肥有利于植株生长和花蕾发育。二次施肥是在现蕾后，以磷、钾肥为主，可促进花蕾生长，延长花期。花后半个月施用氮、磷、钾复合肥，补充开花时养分的大量消耗。霜降后越冬肥以厩肥为主。

（4）喜肥宿根花卉类如勋章菊、桔梗等，生长开花期，宜每月追施一次复合肥。

（5）耐瘠薄花卉类可不施肥或少施肥。如常夏石竹等，栽植当年不施肥，在栽植第二年秋季，施一次有机肥或复合肥，栽植3年以上地块需进行打孔施肥。

169. 草坪氮素缺乏的外观症状是什么？

氮素是草坪生长发育的必须营养元素，足够的氮素是草坪健康生长的可靠保证。随着频繁的修剪造成了草坪草养分的不断流失，因此需要及时补充足够的氮肥。氮素是否缺乏，可根据草坪密度、草叶色泽和草屑的多少来进行判断。

（1）当氮肥供应不足时，草坪草茎叶生长缓慢，植株细弱，草叶逐渐褪绿变黄，严重时叶色变为淡紫色。

（2）氮素缺乏会使草坪草生长受到抑制，植株分蘖减少，草坪密度明显降低，草屑少。

（3）因草坪草生长稀疏，给杂草造成侵入之机，导致草坪内杂草丛生。因生长势减弱，使其对不良环境的抵抗能力降低，病害多有发生。

（4）当草坪表现出以上症状时，必须及时补施氮肥，但冷季型草在夏季病害易发期不宜施用。对需氮量少的草种，如野牛草、羊胡子草等可少施或不施用氮肥。

170. 草坪缺磷的表现症状是什么？

磷是草坪草生长发育仅次于氮的营养元素，能够促进根茎生长，增加分蘖，使草坪生长旺盛、健壮，因此可提高草坪的抗病性、抗旱性、抗寒性和耐践踏能力。

当有效磷供应不足时，表现为分蘖减少，植株矮小，叶片变窄。磷肥严重缺乏的草地早熟禾，叶尖逐渐由紫色变为暗红色，最后叶尖枯萎死亡。

171. 草坪应如何施肥？

科学施肥是保证草坪正常生长，保持草坪观赏性、实用性，防止出现早衰，提前退化的重要保证。为了补充因频繁修剪而不断减少的土壤肥力，应及时进行补肥。常用的速效肥有尿素、硫酸铵、硝酸铵、碳酸氢铵等氮素化肥；过磷酸钙、磷酸二氢铵、磷酸二氢钾等磷肥；硫酸钾、氯化钾、硝酸钾等钾肥。

不同草种需肥量不同，如匍匐剪股颖生长快，需肥量大。野牛草耐瘠薄，为降低养护成本，一般情况下可以不施肥或少施肥。新建草坪比已成坪草坪需氮量要多，因此草坪施肥要根据不同草种和不同生长时期，适时、适量进行施肥。

1）施肥时期

（1）草坪旺盛生长期也是需要土壤养分最多的时期。3 ~ 4 月、9 ~ 10 月分别是冷季型草的旺盛生长时期，应及时施肥。冷季型草坪要轻施春肥，巧施夏肥，重施秋肥。6 ~ 8 月为暖季型草旺盛生长时期也是最佳施肥时期。

（2）一般低养护管理水平的草坪每年可施 1 次肥。暖季型草坪在初夏施用，冷季型草坪秋季施入。中等养护管理水平的草坪，冷季型草坪应在春、秋季节各施 1 次肥。暖季型草坪分别在春、仲夏、初秋各施 1 次施。高养护管理水平的冷季型草坪春季 2 次施肥及秋季 2 次施肥，一般间隔时间为 30 ~ 40 天。

（3）6 月份应以施用钾肥为主，可增强抗热能力和抗病性，有利于草坪安全越夏。

（4）9 月中旬暖季型草进行全年最后一次施肥，氮、磷、钾复合肥 $15g/m^2$ ~ $20g/m^2$（二铵、尿素可单独施用或混合施用），可促进草坪根系的发育，过晚施肥会降低草坪的抗冻能力。冷季型草最后一次施肥时间为10月初，可延长草坪的绿色期和有利于春季提早返青，施肥量同暖季型草。早熟禾后期施肥时间为10月中旬至11月上旬。

（5）堆肥多在秋冬休眠期撒施，能够使根际土壤疏松，有利于草坪越冬。撒施时可掺入细土，肥土要撒均匀。

（6）草坪因遭受病虫危害导致生长势较弱时应及时补充氮肥。

2）施肥方法

（1）施肥必须要均匀。人工撒施时，应将肥料分成2份，分2次各以东西、南北相互垂直方向撒施均匀，保持草坪的均一性，以免出现草色深浅不一，高度不一的草墩或发生烧苗现象等。

（2）面积较大的草坪可使用旋转式施肥机，但要控制好来回重复的范围，不可漏施或反复重施，以免破坏草坪的均一性。

（3）叶面追施时，应将可溶性肥料配制成肥液，也可与农药混合，用喷雾气进行叶面均匀喷洒。尿素和过磷酸钙、磷酸二氢钾等可用作叶面追肥。

3）施肥量

（1）草坪返青前，即2月下旬至3月，结合施肥浇灌返青水，膨化鸡粪施肥量不超过250g/m^2。冷季型草速效肥以氮肥3g/m^2、磷酸二氢铵15g/m^{2}混合施用为宜，暖季型草氮肥用量4.8g/m^2。

（2）4 ~ 5月增施比例为2 ： 1 ： 1的氮、磷、钾复合肥，施肥量15g/m^2 ~ 20g/m^2。野牛草生长势较弱时，可于5月施一次尿素，施肥量10g/m^2。

（3）7 ~ 8月冷季型草进入休眠期，应减少施肥量，尽量不施用氮肥，以提高抵抗高温和病害的能力。

（4）9 ~ 10月冷季型草旺盛生长期，氮肥施用量5g/m^2 ~ 7g/m^2

（5）当坪草表现出缺磷症状时，可叶面追施磷肥，常用的磷肥有过磷酸钙、磷酸二氢铵、磷酸二氢钾等。磷酸二氢钾肥液浓度以不超过0.1%为宜，过磷酸钙喷洒浓度宜0.3%～0.5%。当草坪表现出氮素缺乏症时，可于根外追施尿素，肥液浓度宜0.3%。

172. 草坪施用化肥时应注意哪些问题？

（1）草坪不可过量施肥，需少量多次，以免导致草坪草过快旺长，使耐践踏性下降，抗病性减弱，同时也增加了剪草次数。

（2）速效氮肥不宜在烈日下施用，也应避免在草叶潮湿时撒施。

（3）许多冷季型草夏季有休眠现象，此时尽量不施肥，更不宜随意施用氮肥，以免促使草坪旺长，造成富养环境，提供真菌繁衍的适宜场所，使草坪降低了对高温和病害的抵抗能力，从而加重了病害发生。当草坪发生病害时，应尽量不施肥，只有在草坪出现缺绿症时，才可以施用少量氮肥。

（4）对长势较弱的草坪可增施叶面肥。叶面追肥时，不宜使用水溶性差及缓释性肥料。

（5）施肥后必须及时灌水，冲掉叶片上的肥粒，防止植株灼伤，造成大面积枯萎。但也不宜灌大水，以免淋灌至土壤深层，随灌溉水流失，从而降低肥效。

第四节　苗木整形修剪

173. 园林植物养护修剪的目的和作用是什么？

（1）通过合理修剪使其达到理想的株形，体现出园林植物的色彩美、风韵美、形体美及植物与建筑、雕像、山石、溪瀑等建筑小品的协调之美，从而满足不同园林功能的要求。特别是造型植物通过整形修剪，可大大提升园林艺术效果。

（2）通过疏枝改善冠内通透条件，满足植物对光照的需求，有利于枝条生长、花芽分化和果实发育。

（3）通过修剪控制植物的过旺生长，均衡树势。对衰老树行重度修剪，又可达到更新复壮的效果，使植物恢复旺盛的生命力，延长植物寿命，保持长期、稳定的景观效果。

（4）调节生长与结果关系，提高花、果观赏效果。生长是花果类观赏植物结果的基础，而结果反过来又会影响树木的生长。如果放任不剪或采用不正确的修剪方式，将会导致植物体内养分分配失调、营养枝生长过旺，植物虽能开花结实，但数量将大大减少，有的甚至无花可观，无果可赏。结果枝过多、结果量过大则会影响当年花芽分化，出现明显的大小年现象。只有通过合理的整形修剪，控制营养枝的生长，避免花枝过多，使营养枝和花枝保持适当比例，合理控制开花和果实的数量，才能提高果实的品质，防止出现大小年现象。

（5）在适宜的修剪时期，通过摘心或短截等控花修剪，可控制和延长花灌木、宿根地被植物及一、二年生花卉的花期，可使非盛花期的植物在预定的时间开花。如要一串红在“十一”时鲜花盛开，可提前28天进行摘心，30天左右可再次开花。荷兰菊在8月20日作最后一次摘心，花可在国庆节盛开。为提高国庆节景观效果，月季、紫薇等，也必须进行摘心或短截控花修剪。

（6）剪除病虫枝、摘除病虫果等，可有效减少病虫危害的传播蔓延。

（7）通过短截和疏枝，可缩小冠幅，控制植物生长高度和枝叶密度，防止枝干风折或倒伏，减轻自然灾害的影响。

（8）通过修剪与架空线路有矛盾的枝条，可以解决树电矛盾，保证交通安全和植物的正常生长。

（9）通过适时、合理的修剪，提高绿篱、色块、色带的整齐度，保证节日期间叶片呈现鲜艳色彩。

（10）通过合理的修剪，促进草坪分蘖，增加草坪的密度、弹性和耐磨性，提高草坪的品质，使草坪保持低矮、均一，提高整齐度，控制草坪内杂草开花结实，有效地抑制杂草生长。

（11）控制树体扩展速度，协调树木冠幅、高度与环境的比例。随着树龄的增长，树木的冠幅不断向外扩张，高度也在增长。当其生长空间过于狭小，植物间过于拥挤，已经影响到其他植物生长，影响到行人和车辆通行，或树体与周围建筑、小品等比例严重失调时，则必须进行回缩重剪，通过整形修剪，可控制和调整树体冠干比例，使之与周围环境比例更加协调。

174. 哪些树种不适宜在休眠期进行修剪？

1）耐寒性稍差的树种

（1）落叶树种，如紫荆、棣棠、紫薇、玉兰、石榴等树种耐寒性稍差，不适宜进行冬季修剪，以免修剪后出现抽条现象，增加二次修剪量。修剪可在3月下旬至4月上旬芽开始膨大或展叶时进行。

（2）女贞、石楠、桂花、广玉兰、火棘、枸骨等阔叶常绿树种，北方地区宜在展叶时进行，以免剪口受冻抽干留下枯桩。

2）有伤流现象的猕猴桃、核桃、五角枫、葡萄、三角枫等，不可在冬季进行修剪，防止早春树液流动时，剪口、截口出现流液现象，伤流过多会导致树势衰弱。

175. 如何把握有伤流现象植物的适宜修剪时期？

2月底至3月初树液开始流动时，贮存在根、枝干中的碳水化合物等有机物及水分，经水解后由下向上运输。有些植物在萌芽前会从枝干上新的伤口或剪口处，流出水滴状分泌液，这种现象叫伤流。

1）常见有伤流现象的树种，有核桃、元宝枫、五角枫、枫杨、红枫、复叶槭、葡萄、猕猴桃、常绿针叶树等。有伤流现象的植物剪枝时应避开伤流期，以免造成养分大量流失。

2）适宜修剪时期

（1）展叶后进行。红枫、三角枫、五角枫、元宝枫、樱花等树种，为防止伤流现象发生，秋植及春植苗木，修剪均应在展叶后进行。三角枫在休眠期修剪，不仅有伤流现象，还常会造成退枝病发生。樱花可在花后，于4月下旬至5月中旬修剪伤流最少。枫杨在芽已萌发或展叶后进行，6月中旬是修剪最佳时期。

（2）落叶前完成。葡萄、猕猴桃自然落叶2～3周至叶片全部脱落前完成。核桃休眠期修剪会发生伤流现象，展叶后修剪损失的养分较多，故结果树多在秋季采果后至落叶前完成。幼树抗寒性稍差的品种，为防止冬春抽条，可在展叶后进行。

（3）针叶乔木类树种由于树脂较多，故除旺盛生长期外，其他季节均可进行修剪。如黑松（日本黑松）修剪以在4～5月或秋末为宜。

176. 减少伤流现象的措施有哪些？

（1）有伤流现象的树种应尽量避免在伤流期进行剪枝。

（2）无论是秋植还是春植，有伤流现象的树种，折裂枝的剪口、枝干上的伤口，必须及时涂抹油漆或用涂膜剂封堵，以免树液开始流动时，伤口流液不止，不宜封堵。

（3）如果伤流发生严重，可在早、晚低温伤流缓慢时，数日内反复涂抹油漆或涂膜剂，直至将伤口或剪口全部封住为止。

177. 观赏树木常见整形方式有哪几种？

观赏树木常见整形方式，有杯状形、开心形、伞形、圆球形、灌丛形、多枝丛生形、疏散分层形等。

（1）开心形

开心树形是由杯状形改进而成，多自主干上培养分布均匀，错落着生 3 ~ 4 个主枝（多为 3 个）。这种树形无中心主干，树冠通风透光，有利于花芽分化，适用于主干不高，要求充足光照条件的观花、观果树木类，如碧桃、榆叶梅、山里红等。但寿星桃、帚桃，不适用于作开心形树形的修剪。

（2）圆球形

对萌芽力、发枝力强，耐修剪的乔灌木类的主干进行重短截，促使低矮的主干上萌发多数主枝，将主侧枝进行多次修剪，整修圆整而成。如圆柏、龙柏、侧柏、大叶黄杨、小叶黄杨、胶东卫矛、卫矛、水蜡、大叶女贞、金叶女贞、石楠、紫叶小檗、五角枫、金叶榆等观叶类球形树，黄刺玫、野蔷薇、迎春、榆叶梅、金钟连翘、棣棠等观花类球形树，构骨、火棘、枸子等观果类球形树。

球形树生长期需经数次修剪才能保证不失形，控制树冠不过快扩展。

（3）灌丛形

大多数萌蘖力强的灌木属于此类。这一类树体不高，无明显主干，自根际萌发多数粗度相近的丛生枝，如珍珠梅、锦带花、棣棠、紫荆等。保持冠形整齐，改善株丛通透性、增加开花量和老枝更新，是修剪的主要内容。

（4）杯状形

是在干高 2.8m ~ 3.2m 处截干，经过疏枝、短截培养，形成无中心主干，“三股、六杈、十二枝”的杯状树形。这种树形是因生长环境条件限制，不得已而采取的一种抑制生长的修剪方式。多见上方有架空线路、沿海多台风地区，悬铃木和槐树等树种的整形修剪。

正常生长环境条件下，乔木树种不提倡这种修剪方式。其修剪量大、费工、费力、树冠成形较慢，经强剪后树体易提前衰老。

（5）疏散分层形

在一定干高的主干上分别培养三层主枝，每层主枝交错向外伸展。这种树形层间距较大、通透性好，有利于花芽分化和果实着色，主要用于果树类及紫叶李等树形的培养。

（6）无领导干形

适用于干性较弱的乔木树种，如合欢等。因萌芽力弱，主干顶端优势不强，影响延长枝向上延伸生长，但成枝力强。在主干较低处，多抽生分枝角度较大的枝条，故形成无领导干形。这类树形，需通过养干、抹芽、定枝培养而成。

（7）伞形

在主干上高接繁殖，经整形修剪培育而成。树冠以分布均匀的 3 ~ 4 个主枝为骨架，枝条向外扩展延伸，弯曲下垂成伞状。树冠呈伞形的树种，常见有龙爪槐、垂枝碧桃、垂枝榆、金叶垂枝榆、大叶垂枝榆等。修剪是防止树上长树，保持树形整齐、美观的重要养护措施。

（8）多枝丛生形

多见成枝力强、枝条充实、成枝数较多，且枝条级次不清的种类，如油松、白皮松、蒙古栎、五角枫、茶条槭、白蜡、桑树等，可自根际发出健壮主枝 3 ~ 7 个或更多。此类苗木是因主干枝死亡或平茬修剪后从根际萌发新枝培养而成，但大多数是作为薪炭林，封山砍柴后生长而成的山苗。此类苗木树冠已成形，不需做大的整形修剪，只需剪去枯死梢，疏除过密枝和影响树形整齐、病害发生严重的大枝即可。

178. 什么叫环剥？怎样进行环状剥皮？

（1）环剥又称开甲、环状剥皮，是在主干基部或旺长枝上，用利刀或环剥器切掉一圈皮层组织的修剪，简称环剥。

（2）环剥的作用。通过环剥，可暂时阻断碳水化合物向下运输，增加树冠上部碳水化合物的积累，是促进形成花芽，提高果树结果率的重要技术措施之一。多用于进入结果期但不坐果或坐果较少的旺长树。

（3）适宜进行环剥的树种。环剥在枣树、柿树、果石榴、山里红、苹果树、梨树等果树上应用较多，但不适用于伤流过旺或宜流胶的树种，如樱桃等。幼龄树及树势较弱的，也不宜进行环状剥皮。

（4）环剥适宜时期。一般在 5 ~ 6 月晴朗的天气进行。欲促进花芽分化，可在花芽分化前；如为提高坐果率，则应在花期前后，枣树宜在盛花期进行。

（5）环剥处理部位。初次环剥宜自主干干基 30cm 开始，以后每年间隔 5cm 向上进行（彩图 48），至分枝点后再自下而上重复进行，大小枝条则应在其基部。

（6）环剥宽度。环剥时剥皮不宜过宽，过宽伤口长期不易愈合，不利于植物的生长，甚至导致环剥口以上枝条干枯，但也不可过窄，过窄伤口愈合过早，环剥效果不明显。环剥宽度应视枝干粗度、愈伤能力和速度而定，一般以不超过被剥枝干粗度的 1/10 为宜。

（7）环剥深度。环剥不可过深也不可过浅，过深则会伤及木质部，过浅则韧皮部不能完全切除，导致环剥效果不理想。环剥深度以切断韧皮组织，深达木质部为度，环剥过宽、过深伤口无法愈合，导致环剥口以上枝干死亡（彩图 49）。

（8）环剥方法。扒去老皮，用刻刀在确定环剥宽度的两端，分别横向环切。上环切口刀与树干应垂直切入，下环切口刀应与树干成 45° 角向上切入，使之成上直下向外倾斜的切口，以防止切口处积水，用刀尖纵向轻轻切一刀，再用刀尖轻轻挑起并剥去环切树皮，剥皮时不留韧皮组织。

（9）环剥口的处理。有些蛀干害虫，常自环剥口蛀入危害，如皮暗斑螟，也叫甲口虫，是危害枣树、苹果树、梨树、杏树等多种果树环剥口的主要害虫之一，以枣树受害最重（彩图50），常导致环剥口愈合不良，极易造成大枝风折。因此为防止环剥口遭受病虫危害，促进伤口愈合，应在环剥后及时喷涂杀虫剂，如25%久效磷，或40%氧化乐果50倍液，每周喷涂一次，连续2～3次。20天后用泥封堵伤口，外面再用塑料布或牛皮纸裹严，促使伤口愈合。

（10）环剥次数。一般环剥一年只可进行一次，每次只环剥一圈，但如果树势仍然较旺，则可在环剥伤口愈合后，再行环状剥皮一次。

179. 如何确定剪口留芽的方向和位置？

1）通过留芽的质量调节枝条的生长势。对枝条进行短截时，如使发出健壮的旺长长枝时，剪口下应留饱满芽。如欲抑制枝条旺长，使剪口下发生短枝时，则剪口芽应为瘪芽。

2）通过留芽来改变枝条延伸的角度和方向。剪口芽的方向就是延长枝将来的伸展方向，因此可以通过留芽来改变枝条延伸的角度和方向。

（1）对于中心主干端直生长的幼龄树，在对其延长枝进行短截时，剪口芽应选留能够使发出的新梢沿主干延长枝方向直立生长的壮芽处或与上一年剪口芽方向相反的壮芽处，这样才能保证主轴直线延伸。

（2）干性强的树种，因其中心主干顶芽发育不充实或因顶芽损伤、枯死等而失去顶端优势时，剪口下应留顶芽下的壮芽，以发出的侧生枝代替主干延长枝。同时将剪口芽下1～2个芽抹去，防止萌发竞争枝。

（3）为扩大树冠，剪口芽应选留外侧健壮的叶芽，使新生枝向外延伸扩展。如木槿等直立型品种应留外向芽，伞形树主枝剪口的位置应在拱形枝最高点的上芽前。

（4）主枝开张角度过大的，短截时应选留上芽或上侧芽，使抽生新枝沿斜上方向延伸生长。木槿、月季等开张型花灌木，短截时可留内侧芽。

（5）当树冠出现明显缺枝时，剪口应选留空膛一侧的健壮叶芽，引导新生枝向空膛一侧延伸，以利填补空缺。

3）短截时剪口的斜面应留在剪口芽的对面，上端与芽的顶端平齐，下端至芽的腰部，这样易于剪口愈合。

4）休眠期修剪时，为避免剪口芽遭受冻害，一般树种宜在剪口芽前 0.5cm 处进行短截。葡萄枝条组织疏松，髓心较大，为防止剪口芽风干，或埋土防寒时剪口芽出现霉烂现象，应在芽上的节间处进行短截。

180. 苗木修剪时应注意的事项有哪些?

（1）有伤流现象的植物，修剪时应避开伤流期，以免造成养分大量流失，削弱树势。

（2）不耐修剪、愈伤能力较差，发枝能力弱的树种（马褂木、七叶树、梧桐、核桃、樱桃等），一般不行重剪，修剪应以抹芽、摘叶为主，可适当疏剪过密小枝。

（3）苗圃中未按标准树形进行定型培养的苗木，如碧桃、榆叶梅等，定植时不可强行按开心形进行修剪，应在现有树形的基础上，兼顾栽植后的绿化效果进行整剪，以后逐渐修剪到位。

（4）春季小枝顶端着生混合芽的树种，如丁香、山里红、梨树等，花前不可短截枝梢，以免减少开花量，花后是丁香修剪的最佳时期，此时伤口易于愈合。

（5）树冠呈塔形、圆锥形的乔木树种，如银杏及常绿针叶树，除造型树外，大枝一律不得进行短截，以免破坏观赏树形。

（6）修剪大枝时，应先在锯口前20cm枝条下部向上锯开枝条粗度的1/3，然后从枝的上部将枝锯断，再从基部锯除残桩，以防止修剪时大枝劈裂。锯口必须修削平整，不留茬口，有利于伤口愈合。疏剪银杏等树种的轮生枝时，应避免修剪对口枝，也不可将一层的轮生枝全部疏除。

（7）孤植或丛植的常绿针叶乔木树种，如雪松、云杉、油松等，其树干基部的枝条，除病枯枝外（作行道树除外），生长枝一律不得进行提干修剪，尽量降低分枝点。

（8）俗语有“宁让树受伤，不让枝扛枪”，说的是落叶乔木类疏枝时，剪口一定要与着生枝干平齐，不留残桩，留桩不易于剪口的愈合。樱花疏枝时留桩，会发生腐烂现象。灌木类剪口应尽可能与地面平齐。针叶类树种，剪口处常有松脂流出，故疏枝时，剪口下应保留2cm ~ 3cm的枝桩。

（9）认真做好剪口及伤口的处理。剪口和伤口较大及伤口不易愈合的树种，应用利刀削平。一般树种直径5cm以上剪口可封蜡或涂油漆保护，防止水分流失。但易感染腐烂病、溃疡病、干腐病的树种，如合欢、杨树、柳树、悬铃木、楸树、梨树、苹果树、山里红、樱花、海棠类等，剪口及伤口处必须及时涂抹杀菌剂，如果腐康、腐皮消、络氨酮、梳理剂或石硫合剂原液等。雪松、白皮松、华山松等常绿针叶树种，剪口及枝干损伤处，需涂愈伤涂膜剂或绿色伤口涂补剂等，防止因伤口流胶导致树势衰弱或死亡。药剂必须涂抹到位，不留白茬。

（10）有些病源类菌质体感染的病害，如枣疯病、早园竹丛枝病、泡桐丛枝病等，修剪最易传播病害，因此修剪有此类病害的树种后，对修剪所用的器械、剪口、伤口，均应涂抹杀菌剂，进行消毒保护处理。

181. 修剪作业的安全要求是什么?

（1）修剪要选择无风、无雨天气。随时注意天气变化，突遇5级以上大风及雷雨天气时，应立即停止施工作业。

（2）在高压线和其他架空线路附近进行修剪作业时，必须遵守有关安全规定，严防触电或损伤线路。

（3）应选有修剪经验的技术工人或经过培训后的人员上岗操作。上树修剪时，操作人员必须佩戴安全帽，系牢安全带后方可进行操作。

（4）修剪行道树时，应设置禁行安全标志，并派专人维护施工现场。随时注意修剪进度，及时疏导交通，避免大枝或修剪工具掉落砸伤行人或车辆，保证过往车辆及路人的通行安全。

（5）树梯要制作坚固、不松动。上树前必须检查梯子是否架设稳固，大规格单面梯要立稳，最好将木梯上部横撑与树干系牢，人字梯中腰必须用麻绳拴牢后方可上树作业。

（6）修剪前，需对所使用工具做认真检查。各种工具必须锋利、安全可靠，严禁高空修剪机械设备带病作业。高枝剪要绑扎牢固，防止脱落造成自残或伤及他人。

（7）使用电动机械一定要认真阅读说明书，严格遵守使用此机械应注意事项，并按要求进行操作。

（8）患心脏病、高血压或刚喝过酒的人员，一律不允许上树操作。

（9）修剪时不允许拿修剪工具随意打逗，以免发生人身伤亡事故。

182. 针叶类乔木树种如何进行整形修剪?

北方地区，园林绿地中常见栽植的有雪松、云杉、青杆、白杆、油松、黑松、白皮松、华山松、樟子松、桧柏、水杉等。

（1）共性修剪：疏去病枯枝、直立徒长枝、重叠枝、内膛斜生枝、过密枝。短截影响树冠整齐的旺长枝，折损枝短截至分生枝处或将其疏除。短截双条杉天牛、松梢螟等害虫危害的虫枝，剪去松梢螟危害的果实，并消灭钻蛀害虫。

（2）中心主干明显、树冠呈圆锥形或尖塔形的树种，如雪松、华山松、云杉，水杉，桧柏等，常因侧生枝旺长而与中心主干枝形成竞争，出现双头或多头现象，从而扰乱树形。白皮松侧枝斜向生长，因其伸展角度较小，更易与主干枝形成竞争势态。

当出现竞争枝时，应及时将顶端侧生竞争枝进行短截，削弱其生长势，翌年再自基部疏除，以保持主干及主枝延长枝的顶端优势，培养良好树形。如主干及主枝延长枝生长势较弱而侧生枝生长势强健，或遇主干枝端折损时，可自下部选留一个健壮、直立的侧生竞争枝代替，并剥去其下部的侧芽，将原枝头短截或疏除。

（3）树冠呈圆柱形，如龙柏自侧枝顶梢截取嫩梢扦插繁殖的苗木，其小枝多环主干呈扭曲、螺旋状向上延伸。为保持整齐、紧凑的圆柱形，每年应进行多次修剪，保护好主干延长枝的顶梢，短截与之形成竞争的侧生枝，保持其顶端生长优势。短截影响树冠整齐旺长枝，剪口下小枝枝端应与周围小枝几等长。对侧枝及时进行剪梢促使分枝，使之在枝端形成几等长密簇状。对已形成密簇冠型的，生长期只需短截影响树冠整齐的旺长枝。

（4）大枝轮生的雪松、水杉、云杉等应疏去斜生枝、各层轮生枝间的乱枝、过密枝。疏枝时每层要错开，避免在同一垂直方向上疏枝过多，更不可疏剪对口枝。

（5）作为园林观赏的同一个树种，其修剪方法与用材林的修剪方法截然不同。虽然松柏类树种有自然疏枝现象，但此过程较为缓慢，为了加速培养树干高大通直的用材林木，同时解决当地居民部分薪炭用材，因此在林区常采用人工打枝的方法，即将树冠下部的枯死枝和部分生长枝疏除，有的可高达株高的1/3。而绿地中孤植或丛植的针叶类树种，则以观树形为主，故应注意保护下部的生长枝，切不可行提干修剪，分枝点越低观赏效果越好。

183. 雨季来临前和风雨后，应怎样对落叶乔木树种进行整形修剪？

1）雨季来临前

（1）应及时修剪与架空线路有矛盾的枝条，要求枝梢与电话线相对距离不少于1m，与高压设施、高压线相对距离1.5m。

（2）蛀干害虫危害严重的大枝必须锯除，以免风折造成人员伤亡和交通事故。

（3）在沿海地区、风口处及紧临建筑物栽植的浅根性树种，如刺槐、香花槐、高接江南槐等，对伸展过远及严重偏冠的枝条进行适当疏剪或短截，防止树干风折和树木倒伏。

2）风雨后

大雨过后要进行全面巡查，抢救倒伏树体，修剪折损枝干，并及时清离现场。

184. 伞形树如何进行整形修剪？

1）龙爪槐、垂榆等伞形树，因其嫁接砧木具有很强的萌芽力和成枝力，枝条直立向上生长，且生长势旺盛，树冠上的砧木萌蘖枝如不及时疏除会出现树上长树现象，势必与之争夺光照和养分，将会严重影响其生长，破坏观赏树形，最后砧木萌蘖枝逐渐长大成树并取而代之，导致伞形树冠枝条逐年枯死（彩图51），故应随时注意对砧木萌蘖枝的疏剪，以保持优美的树冠。

2）休眠期修剪

（1）对枝条过少、冠幅较小的植株，必须对主侧枝适当进行短截，促生分枝，使树冠更加丰满和不断扩大树冠。短截时，掌握对弱枝适当重剪、强壮枝轻剪的原则，通过抑强扶弱平衡各主侧枝间的生长势。

（2）已成形的植株，疏去枯死枝、重叠枝、交叉枝、内膛的下垂枝、影响树冠整齐的异型枝，提高通透性。对主侧枝进行短截，使枝条逐年向外扩展延伸，不断扩大树冠。

（3）多年疏于修剪或修剪不当的植株，枝条交叉重叠生长，导致冠内通透性差，造成内部枝条大量枯死，仅留外面叶幕层。有的树冠顶部砧木萌蘖枝旺长，有的冠幅扩展不大或出现偏冠现象等，都极大地破坏了其景观效果。

首先去除内膛下垂枝、冠内病枯枝、过密枝、高出冠顶的异型枝。对重叠枝、交叉枝，进行选择性地修剪。所留主枝尽量分布均匀，侧枝要错落相间。

短截主、侧枝。先短截主枝，短截时注意剪口芽的方向，应选拱形枝最高点的上方芽为剪口芽，在芽前0.5cm处行短截。然后短截侧枝，每个主枝上的侧枝安排要错落相间，其长度不得超过所属主枝。同时注意适当保留树冠上部的小枝，防止顶部秃裸。年年如此修剪，可使新枝抬高伸展角度，不断向外延伸扩大树冠。

（4）对因病虫危害或枝干损伤而造成偏冠的，修剪时应选拱形枝空膛方向斜上方的侧芽为剪口芽，以利调整新枝延伸方向填补空缺，形成丰满圆整的伞形树冠。

3）生长期修剪

旺盛生长期应每月进行一次修剪。疏除树冠上部的砧木萌蘖枝、冠内下垂枝、枯死枝、病虫枝，短截或疏除影响树冠整齐的乱枝。将伸展过长的下垂枝，缩剪到同一水平线上，保持树冠整齐美观。

185. 行道树如何进行整形修剪？

（1）首先疏去枯死枝、病虫枝、交叉枝、分枝点以下及树干基部的萌蘖枝。

（2）随着树龄的增长，对过低的大枝应分次逐渐进行提干修剪。回缩或疏除分枝点低于300cm的大枝，短截下垂枝，保持下垂枝枝端高度在250cm以上，以确保车辆和行人的正常通行。

（3）为解决树电矛盾，树冠上方有线路的，休眠期及雨季来临前，适当进行开心修剪，对枝梢与电线不足100cm的进行短截或疏除。

（4）出现严重偏冠的，应对分枝较密、枝条伸展过远的大枝适当进行回缩重剪，防止重心严重偏移，避免风雨后树体倾斜、倒伏。

（5）对蛀干害虫危害严重的大枝进行短截或疏除。主干危害严重的应及时伐除，避免风雨天气大枝折损或树木倒伏，砸伤行人、车辆、建筑物等。

186. 果树类如何进行摘心、去叶？

通过摘心可以控制新梢过旺生长，促发二次枝。促进花芽分化和果实发育，对有生长空间的徒长枝及早进行摘心，可培养成结果枝组，提高结实量。去除内膛过密的叶片，可增加冠内通风透光。

山楂、山里红，5月上中旬，对春季萌发的有生长空间的营养枝摘去嫩梢顶端10cm，促生分枝，将其培养成结果枝组。

杏树，待幼树主、侧延长枝长至50cm左右时，留外向芽进行摘心，以利开张骨干枝角度，扩大树冠。采果后，待新梢长至30cm、二次枝长20cm左右时，分别进行摘心，控制生长势，以促使花芽分化。最后一次摘心应不晚于8月中旬。

对有生长空间的桃树新生枝，内膛衰老枝组、枯死枝附近萌发的新枝，在其长至5～7片叶时进行摘心，促使分枝形成结果枝组，可防止内膛出现空秃。有生长空间的斜生旺长枝，待长至30cm时进行摘心抑制旺长。7月中旬，对尚未停止生长的新梢进行摘心，促使当年生枝生长充实有利花芽分化。

石榴树6月盛花时及时摘心，以利保花保果。紧贴叶片下的果实易患病，坐果后及时除去紧贴果实的叶片，以减少果实病害的发生。

6～7月无花果侧枝延长枝留基30cm～40cm摘心。通过对夏梢摘心，刺激下部腋芽萌发副梢，在副梢上可形成花芽再次开花结实，以提高果实产量和延长观赏期。

葡萄在开花前后，对其结果枝新梢进行摘心，可提高果品质量。对夏芽萌发的副梢进行摘心，刺激花芽形成，可二次开花结果，有利于提高果实产量。

5月下旬，对苹果树新梢进行摘心，保留6～7片叶。待二次梢长至15cm时再次摘心，连续2～3次，年内可形成结果枝组。摘心、去叶应注意以下几个问题：生长势较弱的树不宜进行摘心、去叶，以免导致树势更加衰弱，诱发小叶病、黄叶病、早期落叶病等。不宜过早摘心、去叶，宜在5月中下旬、7月中旬、9月中旬左右每次生理停长前进行。摘心去叶不宜过重，以免影响正常生长。不宜摘下不摘上，摘外不摘内。

有些柿树品种，结果枝连续结果的能力较差，结果后不能再发育成结果母枝。待有生长空间的健壮徒长枝，长至15cm～30cm时进行摘心，可培养成新的结果枝组。

187. 果树类哪些果实是应当摘除的？

（1）果实膨大期应适时疏去过密、瘦小的果实。

（2）开花、结实过晚的果实，如石榴6月下旬坐的幼果，很难发育成优质果，故应及时摘除。

（3）病虫危害的果实，如梨小食心虫、桃小食心虫、白小食心虫、桃蛀螟、柿蒂虫等钻蛀的虫果，轮纹病、炭疽病、褐腐病、疫腐病、灰霉病危害的病果，枝干上失水干缩的僵果、袋果等必须及时摘除，防止害虫扩大危害，控制病害继续扩展蔓延。

（4）瘿螨、茶翅蝽、黄斑蝽刺吸危害的畸形果，如疙瘩梨、疙瘩桃等，果实品质差应及早摘除。

（5）黑星病危害果实，发生龟裂的樱桃、桃、杏、梨果等。

188. 不同生长发育类型的花灌木休眠期如何进行整形修剪？

1）修剪原则

应按各树种的标准树形，本着内高外低、内稀外密、去直留斜、去老扶新的原则进行整形修剪。修剪的程序，应由基到梢、由内向外。

2）共性修剪

（1）丛生型花灌木类，如丁香、珍珠梅、紫荆、连翘、花石榴等，应疏去根际的枯死枝，过密的萌蘖枝，株丛内的病虫枝、交叉枝、密生枝、无用的徒长枝。疏枝后应做到内疏外密，保证冠内通风透光。短截影响冠形整齐的乱枝。

（2）单干型花灌木类，如树状月季，单干型紫薇、丁香、连翘等，应将根际萌蘖枝全部疏除。

（3）嫁接繁殖苗木，如月季、榆叶梅、碧桃、太阳李、紫叶矮樱等，应疏去嫁接砧木上的萌蘖枝，保证栽培品种正常生长发育。

（4）注意更新开花能力弱的老枝，选生长健壮、方向适宜的萌蘖枝，短截做更新枝培养。

（5）对因只修下部枝条而放任上部枝条任意生长、生长期不疏除根际无用萌蘖枝造成叶幕层及开花部位上移、外移，导致枝干下部严重秃裸的丛生灌木类，或因失剪导致树体扩展较快株形松散的株丛，导致树体与周围环境比例失调的株丛，可对其进行适当回缩修剪。

3）春花类植物的整形修剪

（1）如榆叶梅、连翘、玫瑰等花芽多于上一年的6月中旬至8月分化形成，故休眠期应轻剪秋梢保留花芽集中的夏季生成枝段，提高花期观赏效果。牡丹要疏去过密花枝，使花枝分布均匀，每枝上保留2～3个饱满芽，疏去过低的花枝，避免出现叶里藏花。

（2）顶生混合芽的种类，如丁香不可短截秋梢，否则当年将无花可观。

（3）在老枝上开花的种类，如紫荆、贴梗海棠等，花芽多着生于2年生以上的老枝上，修剪时应注意保护和培养开花枝。

（4）具拱形、匍匐形及蔓生的种类，如垂枝连翘、金脉连翘、朝鲜连翘、迎春、木香、野蔷薇等，其长枝一般不进行短截，应保持其特有拱枝株形。

4）夏秋观花类植物的整形修剪

（1）疏去丛生灌木根际细弱及过密的萌蘖枝，紫薇、木槿等可保留基部3～4个生长健壮枝条，花石榴保留基部健壮主枝9～11个。单干型灌木类，如花石榴、紫薇、木槿、海州常山等根际的萌蘖枝应全部疏除。

（2）紫薇、珍珠梅、月季等早春发芽前，可将当年生枝适当进行短截，剪口下保留3～4个芽，要注意留芽方向。大花醉鱼草发芽前剪去株高的2/3。柳叶绣线菊可自二年生枝2～3个壮芽处进行短截。

（3）株型松散的雪山八仙花、圆锥八仙花，发芽前可自基部15cm处重剪。金山绣线菊、金焰绣线菊、金叶莸等可自地上10cm处短截，促使萌发健壮枝条，重新培养较为紧凑的株型。

5）冬季观花类植物的修剪

蜡梅疏去根际萌蘖枝、冠内无用的徒长枝、主枝上过密的细弱枝。主枝短截1/3，剪去所留侧枝的枝梢。

189. 生长期花灌木类修剪包括哪些内容？

1）疏枝

（1）疏除病枯枝、影响树冠整齐的乱枝、无用的徒长枝。

（2）从生花灌木类常从根际处萌生多个蘖芽发育成枝，应保留适量健壮的主干枝，对当年发生的细弱、过密、多余的萌蘖枝，适时从基部疏除。但分枝少、枝条下部秃裸的应适当保留外围健壮的根际萌蘖枝，经摘心培养成主枝，及时疏去单干类根际萌蘖枝。

（3）萌芽力强的树种休眠期修剪后，剪口处会长出许多萌芽发育成的枝，凡是无用的萌蘖枝都应及时进行疏除。如紫薇待新梢长至6cm～8cm时，及时疏除剪口处过密、细弱、无伸展空间的嫩枝，以利抽生大花序提高观赏效果。

（4）生长季节对嫁接苗接口以下萌生的砧木萌蘖枝需多次进行疏除。如榆叶梅、碧桃、太阳李等山桃及毛桃的砧木萌蘖枝，江南槐树冠上的刺槐萌蘖枝等。

2）抹芽

（1）生长季节在剪口处及枝干上常会萌生多个蘖芽，要及时抹去多余的蘖芽，减少无用枝的养分消耗，改善通透条件。

（2）抹去枝干基部萌生的多余蘖芽，如早春当牡丹的土芽长出3cm～4cm时，需抹去根际过密、细弱及无用的脚芽。

3）摘心

春花植物花芽大部分在6月中旬至7月中旬形成，此类苗木可在花后1～2周内对花枝新梢进行摘心。

榆叶梅保留2～4片叶将有利于花芽形成，增加来年开花量。

蜡梅花后对新生侧枝进行摘心，一般每生出4～5对叶时摘心一次。夏季对长势旺盛的主枝延长枝进行摘心，促其长出的小侧枝、中枝形成花芽。

八仙花新梢达 15cm 时进行摘心，待二次梢长至 10cm 时再次摘心。对冬季留作更新培养短截的徒长枝上分生的侧枝进行摘心，促生二次枝以利生成花芽。

4）短截

（1）及时修剪枯死枝、病虫枝、折损枝，对留作更新培养的徒长枝进行短截。

（2）蜡梅谢花后对花枝进行重剪，留枝长度 10cm ~ 15cm，每枝留 2 ~ 3 个芽。

5）疏花、疏蕾

（1）对生长势较弱的苗木应及时进行疏蕾、疏花，疏去过密花蕾，控制开花量或不使其开花，以利恢复生长势。

（2）开大型花的种类待现蕾后，适时疏去部分瘦小、过密和遭受病虫危害的花蕾。如牡丹疏去枝头外侧花蕾，每枝只保留中间一个，以利开出优质大花。

6）修剪残花

夏秋多次开花的种类，如月季、珍珠梅、紫薇、金叶莸、金山绣线菊、大花醉鱼草等，花芽着生在新生枝上，花后及时剪去残花，促使腋芽快速萌发，形成新的花芽再次开花，可延长花期，提高观赏效果。

7）疏果

果实无观赏价值和不作采种的种类，如牡丹、紫薇、丁香等，应及时将果实全部剪除，以恢复和增强树势，有利于花芽分化。

190. 月季如何进行控花修剪？

（1）月季花芽为多次分化型，年内可多次抽生新枝，多次开花。月季于 5 月上中旬首次开花，每次开花后，自残花下 3 ~ 4 片复叶壮芽处进行短截，可抽生新枝，再次开出色彩鲜艳的大花，提高观赏性。

（2）月季正常养护情况下，谢花后约 40 ~ 45 天可再次开花。为达到国庆节月季能够相对集中开放的景观效果，应于 8 月中旬进行一次统一修剪，在花枝饱满芽处进行短截。

191. 球形树类如何进行整形修剪？

凡是叶片较小，分枝密集，耐修剪的乔木及灌木，均可整剪成球形树。如大叶黄杨、小叶黄杨、小叶女贞、金叶女贞、水蜡、紫叶小檗、卫矛、紫叶矮樱、金叶榆、茶条槭、三角枫、五角枫、红叶石楠、桧柏、翠柏、洒金柏、龙柏等观叶植物。也可将红王子锦带、绣线菊、金钟连翘、榆叶梅、金银花、野蔷薇、木槿等观花植物修剪成球形观赏。观果类的有火棘、栒子、构骨雎株等。

1）修剪要求

（1）每年生长季节需进行多次修剪，修剪后球体对称、圆整、丰满、紧凑，冠丛内通风透光。

（2）修剪后球体表面及地面无残枝叶。

（3）控制球体扩张，使之与环境比例合理，与相邻植物边界清晰，不得扩展到人行道或路缘石之外。

2）修剪方法

（1）当因枝条枯死或有病虫枝造成观赏面出现空秃时，可选附近的密生枝经拉拽填补空缺后再行修剪。如空缺较大时，可将徒长枝摘心或短截，用木棍绑扎固定培养。

（2）先用长剪顺着一个方向，从底端基部开始，对外露枝梢进行粗剪。

（3）粗剪后，观察球体是否圆整，是否对称。再通过细剪进行修整，最后将球体外表修圆。

（4）注意疏除冠内的病虫枝、枯死枝、交叉枝、过密枝，提高通透性，防止出现"烧膛"。

（5）观花类球形树，如春花类观赏树种连翘、黄刺玫、野蔷薇、榆叶梅等，花后2周对球体进行修剪，以利在短枝上形成花芽，增加来年球体外侧的开花量，提高观赏性。

夏秋观花类树种，如金银花萌芽力、成枝力强，休眠期可对球体适当回缩重剪，同时疏除丛内枯死枝、衰老枝。其蔓条为缠绕茎，生长期如不及时修剪，蔓茎就会缠绕在一起使球体表面显得杂乱。故应及时短截影响冠形整齐的生长枝，金银花在当年生枝上形成花芽，且可开2次花，首次盛花后修剪可再次开花。

（6）观果类的球形树，如火棘、枸骨、栒子类等是在二年生短枝上结果的春花植物，发芽前可将球体修圆，并保留一定数量的花枝。火棘、栒子类等，果实红艳、繁密，经久不落是主要观赏点。花后如放任生长，茂盛的枝叶会遮掩果实，出现枝下藏果，失去观赏价值。因此夏秋季节需行多次修剪，主要对新梢进行摘心或剪梢，抑制枝条生长，促进花芽分化，并使幼果外露。枸骨生长较慢，每年宜修剪2次。

（7）因年内每次修剪剪口提高1cm，致使球体年年向外扩展，多年后仅剩表面叶幕层。球体不断向外扩展，导致生长空间狭小、拥挤，有的甚至破坏球体的造型，有的球体与周边植物或建筑、小品比例严重失调。为防止球体扩展过快，宜3～4年对球形树进行一次回缩修剪。

192. 桩景树类如何进行整形修剪？

桩景树是仿照自然界古树名木中的奇姿异态，通过刻拧、盘扎等各种艺术加工手段，经多年人工修剪造型培养而成。其造型奇特，树姿优美。养护中如不及时进行整剪，必将破坏原有造型，影响景观效果。因此在生长期，需进行多次修剪，合理的修剪可调节各部分合理生长，保持树冠造型，抑制生长，增加分枝，使枝条密集而短，让桩景外观轮廓更加整齐丰满。

1）修剪次数。为保持桩景树的特有形态，全年应进行多次整形修剪。发枝力强的每年宜修剪 4 ~ 5 次，如对节白蜡、榔榆等。生长缓慢、发枝力弱的，可于 6 月、10 月各修剪一次。

2）修剪适宜时期。落叶树除休眠期修剪外，生长季节随时可进行修剪。常绿针叶树及常绿阔叶树冬季不修剪，如构骨宜在花后进行。

3）修剪要求。桩景树必须适时进行修剪，要保持原有造型，姿态整齐美观。层次清晰，枝片平整，外缘弧线流畅。

4）桩景树的整形修剪。修剪形式应依照桩景树原有造型进行整剪，大枝常修剪成蘑菇状、云片状等。

（1）观叶类桩景树的整形修剪。适宜修剪成云片状的，当枝片中个别新生枝明显不整齐时，应适时将突出枝片的嫩梢进行摘心，待大量新生枝旺长时，再将枝条嫩梢上端剪平，蘑菇形则应修剪为中央略高的丘状，枝片外缘弧线要修剪流畅（彩图 52）。

及时抹去树干基部及树干上的蘖芽，剔除枝片内的枯死枝、过密枝、平行枝、交叉枝、层间的杂乱枝，保持云片间适当的比例，提升观赏品质。

（2）观花类桩景树的整形修剪。①春花类。如梅花，应在花后进行整剪。②夏秋观花类。如紫薇，疏去交叉枝、徒长枝，细弱枝。有生长空间的一年生健壮枝，基部保留 2 ~ 3 个芽，其余全部清除。生长季节需注意抹芽，以便保证所留枝条健壮生长和花叶繁茂。花后短截花枝，基部保留 3 ~ 4 个芽，使其再次长出大花序。

（3）常绿针叶桩景树的整形修剪。华北地区多露地栽植五针松、黑松（日本黑松）桩景树，修剪时以短截、抹芽为主。短截松梢螟危害的枝梢，消灭钻蛀害虫。黑松的萌芽力、成枝力强，枝条过密时，剥去部分顶端轮生侧芽。枝条稀疏处，待新梢长至 18cm 时进行短截，使拔节缩短，促使下部分生更多侧枝，增加小枝密度。缺枝处可保留相邻枝条的顶芽，剥去轮生侧芽，使其发枝，然后采用牵拉捆扎固定方法，填补空缺。摘除变黄老叶、过密针叶，增加通透性和整洁度。

193. 绿篱、色块、色带植物如何进行整形修剪?

适宜作绿篱、色块、色带植物的有大叶黄杨、小叶黄杨、胶东卫矛、小叶女贞、水蜡、金叶榆、金叶女贞、紫叶小檗、紫叶矮樱等。通过修剪控制其生长高度，提高整齐度和观赏性，减少病虫害发生。

1）修剪要求

（1）需特级养管水平的，新梢超过 6cm 时必须进行整形修剪，一般养管水平的，新梢超过 10cm 进行下一次整剪。

（2）修剪后，必须保持绿篱、色块、色带植物应有的高度。但如果每次只修顶面不修侧壁，极易导致绿篱、色块、色带不断向外扩张，下部枝条秃裸，影响观赏效果。故侧壁同时也要剪修平整，以便刺激下部枝条萌发新枝，使侧壁枝叶更加密集。外缘线条应修剪流畅，边角分明，提高整体整齐度。篱内无枯死枝、细弱枝。

2）修剪时期

一般可于 4 月中旬，开始全年首次整形修剪，9 月下旬前做最后一次修剪。

3）修剪形式分为自然式和整形式。

（1）整形式绿篱可修剪成多种形体，常见修剪形式有几何图案式，如矩形、梯形等；造型式，如圆顶形、扇面形，有变化规律的城墙垛口形、篱面波浪形；纹样式等。

（2）采用自然式修剪的绿篱多见有高篱、刺篱、花篱。

4）修剪次数

生长较慢的树种，如桧柏、侧柏、朝鲜黄杨等常绿树种，全

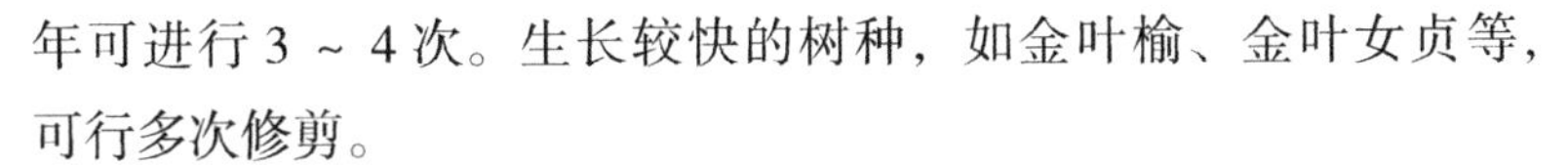

年可进行3～4次。生长较快的树种，如金叶榆、金叶女贞等，可行多次修剪。

5）修剪方法

经验丰富的熟练工人，随手修剪即可成形，但初剪者及操作不熟练的人，则需先拉线定形后，再进行整形修剪。

（1）一般整形式绿篱的修剪

初剪者，直线平面处需按要求高度水平拉线，确定修剪高度。用剪口锋利的大平剪或绿篱修剪机，紧贴顶面先将篱面剪平，再将侧壁剪成下宽上窄的斜面，或上下宽度相同的立面，使之成梯形或矩形。修剪时要做到不漏剪，同时疏除株丛内的病虫枝、枯死枝、过密枝、细弱枝。

多年生常绿针叶树种整形修剪后，主枝较粗的剪口外露，影响观瞻，故应用枝剪将主枝的剪口回缩修剪5cm～10cm，避免大枝剪口外露。

年内每次修剪留茬提高1cm，待翌年首次修剪时，再剪至设计要求高度。由于每年多次进行短截，促使分生大量侧枝，枝叶过于密集则会影响通透性，导致叶幕层外移，内部枝条枯死。当枝条过密时，应疏除篱内的衰老枝、过密枝、细弱枝，增加通透性。但在疏除上述枝条时，应确保顶面和侧壁不出现空缺。

5月下旬，大叶黄杨炭疽病、金叶女贞褐斑病等开始相继发生。为防止病菌自伤口侵入，修剪后应及时喷洒杀菌剂，几种杀菌剂要交替使用，避免产生抗药性影响防治效果。

（2）其他整形式绿篱，如篱面波浪形（彩图53）、城墙垛口形等。整剪时篱面应进行定型修剪以保持特定的形体，将侧壁剪成上下宽度相同的立面。

（3）自然式绿篱的修剪，要求适当控制绿篱高度，对徒长枝及影响篱体整齐的枝条进行适当短截。同时疏除病虫枝、枯死枝。

（4）规则式色块、色带的整形修剪

常见对不同色带植物一律行同一水平高度修剪，修剪后既无层次，又无立体感。修剪时，不同色带植物高低层次要清晰。地形或斜坡上栽植的，可修剪成平整的斜面形，以扩大观赏面。

有的人只修剪色块、色带顶面，而不修侧壁。相邻植物中往往扩张能力较强的植物，会不断挤占其他植物的生长空间，造成色块植物间界限不清，长久下去，扩张能力弱的植物会被“欺死”（彩图 54）。因此须将已伸展到相邻植物的枝条回缩修剪，在不同植物间留有一定的生长空间，使相邻植物界限清晰，提高图案的整齐度和观赏效果。

修剪时应用大平剪或绿篱机，按造型要求逐块进行修剪。先将侧壁剪成上下宽度相同的立面，然后再将顶面修剪平整或成丘状。同时疏去丛内枯死枝、过密枝、细弱枝。

194. 规则式花篱如何进行整形修剪？

绿地中常见植作规则式花篱的植物材料有棣棠、金钟连翘、榆叶梅、香茶藨子、黄刺玫、玫瑰、贴梗海棠、红王子锦带、木槿、花石榴等。因上述植物的开花时期不同，修剪必须保证其花期的观赏效果，故其修剪与观叶类绿篱植物有所区别。

1）休眠期修剪

（1）春季观花类，如迎春、榆叶梅、棣棠、黄刺玫、玫瑰、连翘、香茶藨子、贴梗海棠等，花芽多在前一年的 6 月中旬至 8 月分化完成，故一般多于 3 月中下旬，进行全年首次整形修剪。修剪时需在去年首次修剪茬口上提高 5cm ~ 6cm，使其能够保留大量花芽（彩图 55）。如留茬过低，会将大量花枝剪去，观花效果将会大大降低（彩图 56）。

（2）夏秋观花类，如木槿等，花芽着生在短枝顶端，当年分化形成，当年开花。故春季可回缩重剪，促其发生多数分枝，增加花枝数量。同时疏去枯死枝、细弱枝、根际多余的萌蘖枝，减少无用枝养分消耗，集中养分，以利开出大花和连续开花。

（3）注意更新枝的培养，对老枝逐年进行疏除。

2）生长期修剪

（1）早春观花类花篱植物，为防止篱体过快扩张，应于花后对篱面和侧壁进行一次回缩修剪，比原设计要求标准回缩6cm～8cm，这样能有效控制花篱高度和宽幅。下次修剪在当年生小枝长至12cm～15cm时进行，基部保留5cm～6cm。同时疏除枯死枝、多年生老枝。此次修剪有利于剪口以上新枝当年花芽分化，保证来年早春侧壁、篱面着花繁密，达到最佳观赏效果。反之，每次在同一高度进行短截，必须把已形成花芽的小枝剪去，防止来年篱面和侧壁开花稀少。

由于多次修剪，促生分枝，造成丛内枝条密集，通透性差，导致部分枝条枯死。应疏除侧壁、篱面、篱内的病虫枝、枯死枝、过密枝、细弱枝，改善通风透光条件，促进花芽分化，有利于植物旺盛生长，延长观赏年限。应及时疏去基部嫁接砧木萌蘖枝，以免篱面出现空缺。

（2）夏季观花种类，木槿花芽在6月上旬开始分化，花期至9月。可于5月下旬，对生长过旺的花篱进行一次修剪。盛花后再适当进行短截，可使观赏面大量着花持续开放。石榴5月下旬始花，花期可至7月上旬，5月上旬应停止修剪，待盛花后再修剪，可延续开花。

（3）全年最后一次修剪，应在9月底前结束。修剪过晚，棣棠、石榴等春季易出现抽条现象。

195. 怎样才能保证绿篱，色块、色带植物“五一”“十一”叶片呈现鲜艳色彩？

植作绿篱、色块、色带，叶色呈现浓绿色、紫红色或金黄色的植物，如紫叶小檗、紫叶矮樱、金叶榆、金叶女贞、大叶黄杨、红叶石楠等，修剪后长出的嫩叶色彩非常鲜艳，为提高节日期间的观赏性，给人以赏心悦目的感受，可在4月上旬进行首次整形修剪，“五一”则为最佳观赏时期。为保证“十一”叶色呈现鲜艳的色彩，应于8月中旬做一次整形修剪。

196. 大型模纹花坛修剪的要求是什么？如何进行整形修剪？

1）修剪的标准要求

（1）模纹花坛与绿篱、色块的主要不同之处，是要求管理更加精细，观赏面枝叶更加密集、紧凑，无明显缺枝空档。不同植物品种之间界限清楚，图案必须清晰，文字不失形。外缘棱角分明，图案宽窄变化过度自然，弧线流畅。重大节日和重要活动期间，叶色鲜艳。要保证以上景观效果，必须增加修剪次数，通过多次修剪方能达到（彩图57）。

（2）生长期内做到无失剪、无漏剪。一般当新生枝达到4cm时，必须进行修剪，最多不得超过6cm。

2）修剪方法

（1）先按照图案、文字和数字笔划，逐一将外缘进行整剪，侧立面上下修剪平整，再将顶面按要求高度剪平，也可将顶面外缘修剪成弧形，以突出模纹的浮雕效果。

（2）因苗木栽植密度大，前期观赏效果极佳，但后期如果管理不到位，则会因通透性差，导致枝条枯死，造成观赏面枝叶出现空缺，甚至出现单株或成片死亡。因此还需通过修剪调整生长密度，不断清除丛内的枯死枝、过密枝、细弱枝，改善内部的通透性，使新生枝有一定的生长空间，这样才能保持景观效果的可持续性。

（3）每年早春对顶面和侧壁回缩修剪一次，通过修剪控制形体过度扩张。

（4）观赏面枝叶出现空缺将会破坏图案造型。因此，当观赏面枝叶出现空缺时，可将临近的过密枝通过拉拽、绑扎等手段进行填补。

197. 宿根花卉如何进行修剪？

宿根花卉生长期的修剪，主要通过除蘖、疏蕾、摘心、短截、平茬等方法来完成。

1）除蘖

芍药每年早春可自地面萌发多数蘖芽，也称土芽。如任其生长，不仅茎枝细弱，且株丛拥挤。因养分分散，形成的花蕾很小，故开出的花也小，达不到最佳的观赏效果，株丛过密也易遭受病害。因此应适当控制茎枝的数量，待出土蘖芽长至 5cm ~ 6cm 时，需掰去细弱、过密、无生长空间的蘖芽，保证株丛通透、健壮生长。

2）疏蕾

对有些花形较大、花蕾过多的宿根花卉，如芍药、大丽花、桔梗等，现蕾后，应适时疏去虫蕾、过密的小花蕾、侧蕾，保留顶端健壮花蕾，以利集中养分开出大花。

3）修剪残花

（1）“若要多开花，花后剪残花”。花后剪去残花及残花花茎，有利提高整齐度和延长花期。年内多次开花的如常夏石竹，5 月始花，盛花后保留基部 10cm 左右进行短截，可延续花期至 10 月份。穗花婆婆纳、鼠尾草等，盛花后剪去残花 30 天左右可再次开花。美国薄荷花后修剪，8 月上旬可再次开花。假龙头、宿根福禄考、宿根天人菊、松果菊、波斯菊、黑心菊、金鸡菊、金光菊、景天、落新妇、桔梗等，花后及时剪去残花新生枝可连续开花。

（2）全年仅开 1 次花的种类如芍药等，花后剪去残花花茎，使其不结实，促使发根。

4）摘心

（1）通过摘心可抑制新梢生长，促使株丛增加分蘖和分生侧枝。控制株高，使株丛矮化，防止倒伏。波斯菊植株高大夏季易倒伏，待小苗长至5～6片真叶时进行第一次摘心。侧枝长出3～4片叶时进行第二次摘心，连续数次可使株丛矮化。

八宝景天、宿根福禄考、假龙头、堆心菊、天人菊、桔梗、落新妇、大花旋覆花等，春末至夏初经2次～3次摘心，可有效控制株高，防止倒伏和扩大冠幅。

（2）控制花期。对夏秋观花的种类，欲使其“十一”繁花盛开，需适时进行摘心。如北京夏菊，可提前75～80天进行定头。

（3）增加结实量。如5～6月对酸浆进行多次摘心，增加分枝，不仅防止倒伏，还可使结实量明显增加。

5）摘叶

如金娃娃、大花萱草等应及时摘除病叶，清除基部枯黄叶片。

6）剪枝

（1）及时修剪折损枝、病虫枝、枯萎枝。

（2）根据苗木生长高度、开花时期，对一些因种植过密或浇水过量，茎枝纤细、造成花苗徒长的夏秋开花、观叶种类，如金光菊、一枝黄花、银叶菊、彩叶草等，当株丛生长过高时，可通过短截控制株高，防止苗木倒伏。

（3）大丽花初花后短截培养，60天后可再次开花。

（4）对花后株丛松散、冠型不整齐、宜倒伏的费菜、矮景天、八宝景天、美女樱、蓍草等，应在花后适当进行短截，使株丛低矮、紧密。穗花婆婆纳，花后可自7～8对叶片处进行短截。

7）平茬

大花秋葵、芍药、马蔺、萱草、千屈菜、鸢尾、荷兰菊等地被花卉，霜降后剪去地上枯萎部分并清理干净。

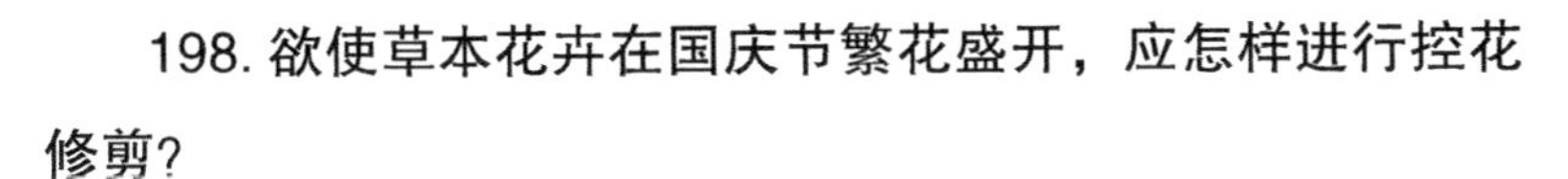

198. 欲使草本花卉在国庆节繁花盛开，应怎样进行控花修剪？

通过剪枝、摘心、疏蕾等以达到控制植物开花期和开花数量为目的修剪，称为控花修剪。

荷兰菊、北京夏菊、早小菊、一串红均为当年形成花芽，夏秋多次开花的草本花卉，可通过修剪来调控开花时期。

荷兰菊在 8 月中旬，北京夏菊在 7 月下旬，早小菊在 7 月中旬，一串红在 8 月底，修剪残花或进行最后 1 次摘心，新萌发枝可形成花芽和花序，在“十一”国庆节期间集中开放。

199. 球根、球茎花卉如何进行修剪？

北方地区常见露地栽培的有大丽花、小丽花、花毛茛、大花美人蕉、矮生美人蕉、蛇鞭菊、郁金香、风信子、欧洲水仙等。

1）摘心

大丽花生长旺盛，通过适时摘心可抑制高生长，防止植株倒伏，促生分枝，增加开花量。

2）抹芽

大丽花待植株长至 40cm ~ 50cm 时，抹去基部及叶腋间多余的芽，提高通透性，以利集中养分开出大花。

3）疏蕾

（1）大花品种，如大丽花、大花重瓣花毛茛等，如花蕾过多，则开出的花朵就小。为使养分集中供应开出大花，现蕾后必须适时进行疏蕾。大花重瓣花毛茛，每株可留 4 ~ 5 个分布均匀的健壮花蕾。大丽花每枝保留 1 个健壮主花蕾，侧花蕾宜分 2 次疏除，以便当主花蕾受到损伤时代替。

（2）做种球培养时，待现蕾后，应及时疏去花蕾，不使其开花，避免养分损耗，使鳞茎生长充实，以便培养商品球。

4）剪叶

（1）大丽花，雨季必须剪去下垂至地面的叶片，防止叶片霉烂。

（2）剪除美人蕉黑斑病、灰斑病、叶枯病病叶，风信子灰霉病、锈病病叶。

5）修剪残花、病花

（1）美人蕉花后自花茎节上处剪去残花，可持续开花至11月。蛇鞭菊、欧洲水仙等，年内只抽生1次花茎开花的种类，花后剪去残花花茎可提高株丛的整齐度，使养分集中供给地下块根生长，促进鳞茎发育。蛇鞭菊可保留基部1/3叶片，留叶过少易造成死苗。

（2）大丽花、郁金香花腐病侵染后，要及时剪去染病花茎。

6）短截花枝

大丽花花期长，初花后每枝保留基部2对叶片，短截后灌水，同时用土将短茎培好，基部抽生新芽后，60天左右可再次开花。

7）平茬

地上部分枯萎后，即进入休眠期，应自地面剪去枯萎茎叶。

200. 如何把握草坪修剪的适宜时期？

适时修剪草坪，对控制杂草开花结实，提高草坪的平整度、密集度、观赏性，增强草坪的弹性、耐磨性，延长草坪寿命，减少病害发生和蔓延是极为重要的。

（1）3月初地表开始解冻，在小区内背风向阳处，冷季型草开始返青，此时可对草坪进行一次低修剪，留茬高度2cm ~ 3cm。此次修剪，有利于提高地表温度，促使草坪提早返青。

（2）4月中旬，当冷、暖季型草高度超过10cm ~ 12cm时，进行生长期第一次修剪，保证“五一”节日期间草坪整齐、美观。野牛草5月份行第一次修剪。一般新植草坪草高度长至7cm ~ 8cm时可行首次修剪。草地早熟禾高度达 5cm 以上时开始修剪。足球场草坪一般高度达到 7cm ~ 8cm 时进行修剪。

（3）早熟禾 5 月上旬开始进入抽穗期，适时进行修剪，控制抽穗扬花，防止结籽。

（4）为提高草坪的整齐度，应自 6 月份草坪进入旺盛生长期开始，对长出草坪界线以外的乱草，进行切边草修剪，每月修剪 1 次，全年可进行 3 ~ 4 次。

（5）天津地区，野牛草全年最后一次修剪时间，不晚于 9 月上旬。暖季型草坪最后一次修剪时间为 10 中下旬，在草叶开始枯黄前完成，过晚则不利于坪草安全越冬。冷季型草坪修剪工作应在 10 月底前完成。

201. 如何掌控草坪的修剪次数？

草坪修剪不可过勤，过勤不仅增加了修剪次数，也造成养分的大量流失，同时也提高了病害发生的概率。但也不可间隔时间过长不行修剪，导致草坪失剪，从而影响草坪外观质量和功能质量。不同草种在不同环境条件下，不同生长时期，适宜的修剪次数也有所不同。修剪次数主要依据草坪生长势、草坪生长高度而定。要求草高了必剪，抽穗扬花前必剪，秋季枯黄前必剪。

（1）冷季型草坪，春秋旺盛生长季节，可每 15 天左右修剪一次。夏季为减少病害发生和蔓延，应适当减少修剪次数，可 20 天修剪一次。一般绿地草坪全年需修剪 15 ~ 18 次。

（2）暖季型草坪返青较晚，京津地区一般在 5 月 1 日前后开始返青，5 ~ 6 月可修剪 2 ~ 3 次。7 ~ 8 月进入旺盛生长期，可 10 ~ 15 天修剪一次。立秋后进入缓慢生长期，应适当减少修剪次数，9 ~ 10 月 30 天左右修剪一次。

野牛草发芽晚，草叶枯黄的早，在天津地区绿色期仅为 180 ~ 190 天，且管理较粗放，故应适当减少修剪次数，全年修剪应不少于3次。

（3）一般对护坡草坪外观质量要求较低，在能够进行修剪的地方，全年可修剪2～4次，不宜进行机械修剪的高速公路边坡草坪，可不修剪。需要时可施用生长调节剂，控制草坪生长高度。

（4）足球场草坪功能质量要求较高，要求草坪低矮、致密、有一定的弹性和回弹力，以满足比赛的要求，因此要适当增加修剪次数。春秋季节约每周修剪1次，夏季旺盛生长期每周宜修剪2次。

（5）对于特殊地段的草坪，如机场草坪，全年修剪一般不超过10次。

202. 如何掌握绿地草坪留茬高度？

（1）不同生长时期留茬高度。城市绿地草坪一般4月份第一次剪草留茬高度为3cm～4cm，适宜生长季节留茬高度4cm～6cm，不利生长季节6cm～8cm。

（2）不同草种草坪建议留茬高度。一般绿地草坪，结缕草留茬高度为1.5cm～5.0cm，早熟禾3.8cm～6.4cm，黑麦草3.8cm～6.4cm，高羊茅4.0cm～7.6cm，匍匐剪股颖0.5cm～1.3cm，野牛草4.0cm～6.0cm。

（3）不同绿地草坪留茬高度。林下草地6cm～8cm，足球场要求留茬高度2cm～3cm，机场草坪5cm～8cm。以草坪作跑道的机场草坪，留茬高度应不低于5cm，道路护坡草坪，在能够修剪的平坦区域，草坪高度可控制在8cm～15cm，在坡度较大及不便修剪的区域可不行修剪。

203. 草坪修剪的质量要求是什么？

（1）对草坪进行定期修剪，无失剪，无杂草开花结实现象。

（2）草坪修剪要做到齐、平、直、净、清。即草坪剪口要齐，无毛茬。修剪纹路呈直线，留茬高度要一致，草坪平坦，外缘线清晰、流畅。修剪后及时将坪地内草屑搂出，无遗漏，并全部清离现场。

（3）剪草机无法操作的角落，要由人工补充修剪，不可有遗漏，不留死角。

204. 怎样才能使草坪外缘线条整齐美观？

使用剪草机修剪草坪，可以使草坪低矮、平坦、均一，但是解决不了草坪草因不断向外扩展导致外缘杂乱的问题。草坪切边也是一项重要的管理措施，在草坪旺盛生长季节，草坪草会蔓延至草坪种植界限之外（如路缘石外，树穴、花坛、花境内等），不仅影响地被植物的生长，也破坏了草坪外缘的整齐度。因此在草坪植物旺盛生长期，应对草坪外缘进行切草边修剪。

自 6 月份开始全年需进行 3 ~ 4 次，可使用月牙铲，顺着草坪的边缘用力向下斜切，切到草坪草的根部为止，一般深度为 3cm ~ 4cm，也可使用小型手推式草坪修边机，沿着草坪边缘向前推进，将长出草坪界限之外参差不齐的乱草剪切整齐。剪切后，草坪外缘线条清晰、流畅，与其他植物的界限清晰，可大大地提高草坪的观赏性。

205. 草坪修剪应注意哪些问题？

（1）生长期不可修剪过勤，以免造成养分的大量流失。

（2）剪草前检查剪草机各部件运行是否正常，刀片是否锋利。校正刀片，使草坪修剪达到要求高度。

（3）作业前应彻底清除地表石块等硬物，以免剪草时损伤刀具。严禁在草坪作业面上加油，以免对草坪造成破坏。

（4）剪草必须在晴天草叶相对干燥时进行。夏季高温季节是草坪病害高发期，有露水、下雨时或雨后草叶水滴未干及傍晚时，均不得剪草，防止病害传播蔓延。

（5）不同草种可耐最低修剪的高度不一样，剪草时不可留茬过低。对失剪的草坪应遵循 1/3 的原则，即被剪去的部分控制在地上自然高度的 1/3 以内，通过多次的修剪，逐渐达到要求高度。不可一次修剪到位，留茬过低损伤了根茎生长点和中间层生长点，导致坪草长势衰弱不易缓苗。

（6）剪草后草屑、枯草应及时搂净（彩图 58），发生病害区域的病叶及草屑必须立即全部清除出坪地。

（7）草坪病害易发生月份，剪草应先剪无病害发生区，再修剪病害发生区。在病区作业后，剪草机的刀片应及时进行消毒，防止病害进一步蔓延。剪草后应及时打一遍杀菌剂，可大大减少病害发生，几种杀菌剂应交替使用。

（8）剪草作业结束 24 小时内草坪灌一遍水。

（9）使用剪草机作业时应直线行走。同一块草坪地，应避免在同一地点、同一方向进行多次重复修剪，以免产生“纹理”和“层痕”现象。修剪时行间要一行压一行，剪幅相交 3cm ~ 5cm，以免造成漏剪。

（10）在坡度低于 15° 使用坐式剪草机时，应顺斜坡上下进行纵向作业。在坡度超过 15° 时严禁使用宽幅剪草机作业，以保证施工人员和机械的安全。草坪坡度在 30° 以下斜坡作业时，可使用手扶式剪草机，沿地形水平线来回横向修剪，避免顺斜坡上下剪草。狭窄地段或坡度超过 30° 时应使用背负式电动割灌机或大平剪作业。

（11）使用机械剪草时不得损伤其他苗木的茎、干。在靠近花境、色块、乔灌木的地方，应使用大平剪补充修剪不留死角。

206. 如何使用草坪生长调节剂？

生长调节剂又叫草坪矮化剂，是一种能够对草坪草生长起抑制作用，但不影响茎叶、根系生长的一种化学制剂。通过抑制顶端分生组织活动和节间纵向生长，控制生长高度促进分蘖，使植株节间缩短，从而减少人工或机械剪草的次数，降低养护成本。多用于管理粗放，不宜进行机械修剪的高速公路边坡，面积较大的草坪，特别适用于高尔夫球场高草区的养护使用。

1）常用生长调节剂的种类

（1）生长延缓剂是能够延缓顶端分生组织生长的化学制剂。常用的有矮壮素、矮化磷、嘧啶醇等。

（2）生长抑制剂是用来完全抑制新梢顶端分生组织活动的化学制剂。常使用的有多效唑、抑长灵、青鲜素、2,4–D 丁酯、坪安 13 号——速抑坪等。如高羊茅喷施多效唑后矮化效果明显，使株高抑制比对照降低 50% ~ 80%。坪安 13 号——速抑坪，喷施后可控制草坪高生长 35 ~ 50 天。

2）使用方法

（1）单独使用。采用喷施法，简单易行，见效快。可使用的生长调节剂有矮壮素、丁酰肼、青鲜素、抑长灵、乙烯利、嘧啶醇等。但有些生长调节剂喷洒后会导致叶片皱缩变形，因此不可采用喷施法使用，而适于土施法，使用后达到抑制茎生长的目的。土施法省药，不易降解，药效长。适于土施的有嘧啶醇、青鲜素、多效唑、烯效唑、矮化磷等。

（2）混合使用。将 2 种生长调节剂混合使用，既可起到抑制草坪草生长，又可防除阔叶性杂草。如将乙烯利与 2,4–D 丁酯按一定比例混合使用，就可达到以上效果。

3）使用草坪生长调节剂注意事项

（1）每一种生长调节剂的使用浓度，都有一定的适宜作用范围。使用浓度过低，则起不到一定的抑制作用，而浓度过高，又会对草坪产生毒害，甚至整株死亡。因此在施用前，必须在小面积草坪上进行试验，以试验结果来确定可使用生长调节剂的种类和浓度，切不可盲目施用。

（2）在未成坪的草坪上不可使用，以免对幼苗造成伤害，延缓成坪。生长势较弱的草坪、有病害发生的草坪，暂时不能使用。

（3）应在草坪旺盛生长期施用，如冷季型草在春季和秋季，暖季型草在夏季施用，方可达到最佳的抑制效果。多效唑一般在剪草前 6 ~ 7 天施用。

（4）不可连续重复使用，以防过度抑制生长，出现草叶稀疏变黄、植株变弱等提前退化现象。

207. 失剪草坪应如何进行修剪？

因修剪间隔时间过长，导致草坪草生长过高，远远超过常规修剪高度，则称为失剪。随着失剪草坪草的不断生长，叶鞘结合部的生长点也在提高，故对失剪草坪，切不可一次修剪就达到标准的留茬高度，以免修剪过重，损伤叶片基部和叶鞘结合部的生长点（中间层分生组织），使禾草丧失再生能力，造成生长势衰弱，甚至形成斑秃不易缓苗。因此对失剪草坪，只能通过多次修剪使其逐渐达到额定高度。每次修剪应掌握 1/3 原则，即被剪去的部分控制在地上自然高度的 1/3 以内。

第五节　苗木补植和更新复壮

208. 造成树势衰弱的原因及补救措施有哪些？

1）排盐设施不到位

（1）淋层低于常年最高水位，雨季地下水反渗导致土壤污染，植物遭受盐害。

（2）未挖排盐沟，将渗水管直接摆放在地上或淋层的石屑上。机械上土时经反复碾压，使渗水管受损，造成虽有排盐设施之虚，但无排盐之实。

（3）排盐沟底部不平整，坡降度不达标，造成排盐、排水不畅。

（4）排盐沟未经夯实，土壤沉降后导致渗水管不平顺，无法排盐、排水。

（5）有的施工单位为应付检查，只在局部铺设淋层和渗水管，排盐设施并不连通，导致无法排盐。还有的根本就没做排盐，仅在井口处埋了一段渗水管作为摆设，检查雨水井、管口处见不到有水渗出。

（6）渗水管管口入井位置低于汇水井出口形成倒灌，导致土壤污染。

（7）荒滩、盐滩、盐池附近的绿地，只做了绿地内的地下排盐设施，未采取防侧渗措施或做的不到位，导致绿地内土壤严重污染，逐年盐渍化，造成盐害，树势衰弱、染病、大量死亡。

2）苗木栽植过深

回填客土未经自然沉降，栽植时未计算沉降系数，导致灌水后树体下沉；栽植面高程计算有误；假植过深的苗木，栽植时未去除原土球上的虚土等造成深栽。如紫叶李、碧桃等嫁接苗，地上看不到嫁接口，常绿针叶树白皮松、云杉、雪松等最下一层枝的基部埋在土中，其结果造成“闷芽”或嫁接口腐烂（苹果树）。栽植过深的苗木往往表现叶片较小、不坚挺，枝条生长量小，树势衰弱，迟迟不发芽，发芽展叶后有回缩现象等。

发现有以上现象时，应在土壤略干时扒开穴土，将土球打包，调整高程重新栽植。不具备重新栽植条件的，应扒去土球上面的虚土，树穴底部采取排水措施。

3）栽植过浅

土球部分外露，甚至有的将整个土球堆放在栽植面上，特别是行道树和在地形上浅栽的，无法修筑达标的灌水围堰，导致灌水量不足，造成根系长期缺水。

4）过密的包装物未撤出，导致苗木根系腐烂

栽植时过密的包装物未撤出，高温多雨季节包装物发酵腐烂造成烂根。如发现苗木迟迟不发芽或发芽及展叶后有萎蔫回缩现象，但顶芽和腋芽仍然鲜嫩。检查地上部分时，未发现有明显的病虫危害症状且栽植深度符合标准要求。此种情况下应扒开树穴检查根系是否有腐烂现象。

扒开树穴撤去已腐烂的包装物，根系腐烂不严重时，剪去或用利刀切去烂根，直至露出新鲜组织，断面要光滑。树穴及根部喷洒代森锰锌或根腐灵等杀菌剂，更换较干燥的砂质土回填，灌小水养护。待4 ~ 5天后，在土球外挖宽20cm的环状沟，浇灌生根粉或根动力，促切口愈合并生新根。树干及时输入营养液，有利于促进生根和恢复树势。叶面每15 ~ 20天，喷洒2‰磷酸二氢钾液肥1次。

5）穴土过于黏重

栽植时更换的客土过于黏重或因机械上土反复碾压造成土壤板结。当土壤孔隙度在10%以下，密实度达到15kg/cm^{2}时，严重阻碍了大气和土壤之间的气体交换，抑制了根系呼吸，使雪松、油松、白皮松、云杉、银杏等植物很难扎根，导致吸收根少，表现出叶片小，枝条生长量不大，果实小等弱势现象。

树穴灌水或大雨过后，待表土略干时，进行划锄，防止土壤板结，增加土壤通透性。树势已明显表现衰弱时，应及时扩大树穴，清理穴土深度到土球底部，向下打孔灌沙，越深越好，每穴4 ~ 6个或更多。树穴回填配制沙：草炭：栽植土＝1：1：4 ~ 5混合土，灌水养护。

6）树穴土壤过湿

（1）灌水过多、过勤。有些施工人员有每次浇草，乔灌木树

穴必灌水的习惯，造成穴土过湿，使树木长期处于潮湿环境，抑制根系的呼吸作用，影响根系的吸收能力，由于水分和养分供应不足，造成树势衰弱。

要掌握草坪内乔灌木不旱不浇，灌则灌透的原则，防止频繁灌水，避免树穴土壤过湿。

（2）如因大雨影响，造成穴土过湿或积水时，大雨过后要及时排除树穴及洼地内的积水。土黏重地区，如遇连续大雨天气，穴土过湿时，晴天后及时扒开树穴进行晾坨（彩图 59），让土球晾半天或一天，然后回填较干燥土壤。

7）干旱季节未及时补水

灌水时未扒开树穴，导致浇灌水大量流失。有的虽然修筑了灌水围堰，但围堰过小、过低，造成灌水量不足。所以每次灌水仅湿润土球表面，而根系分布区并未灌透水，灌水量满足不了根系对水分的需求。土壤干旱易促使吸收根木栓化，使吸收能力大大降低，故而出现衰弱现象。

开穴检查根端有无白色吸收根生出，如在土球外侧，大量须根已变为褐色并干枯，但不腐烂，说明该苗木已栽植成活。但因生长期苗木需水时，没有及时补水或因长期没有灌透水，造成根系严重缺水，导致部分新根木栓化，影响了水分和养分的供应，是造成生长势衰弱和苗木死亡的原因之一。

当苗木表现出缺水初期症状时，要及时开穴灌透水。

8）树穴铺栽草块或摆放盆花

有些单位为解决树穴土壤裸露，提高景观效果或为增加节日欢乐气氛，往往要求施工单位在树穴内铺栽草块或摆放时令花卉。铺栽的草块和摆放的盆花，如同给树木加了个“盖”，严重影响了土壤透气性，不利于根系的生长。另外草块和时令花卉根系较浅，需经常补充水分，穴土长期处于湿润状态，使树木根系生长受阻。特别是一些肉质根及怕涝树种，如玉兰、辛夷、雪松、油松、梧桐等，轻者树势衰弱，叶片萎蔫、卷曲、干枯不脱落，嫩梢下垂，重者根系腐烂死亡。

树穴内不可铺栽草块和摆放盆花，已铺栽草块及分栽的草坪草应立即“揭盖”处理，将树穴内的植物全部清除。

对穴土及周边土壤进行划锄，疏松土壤。症状明显的，要扒开树穴清除栽植土，开穴晾坨。外围根系已变黑腐烂的，可回缩短截至正常根处，对树穴及根部喷洒杀菌剂消毒，重新换土栽植。

9）因未浇灌封冻水和返青水，或浇灌过早或过迟，或未开穴灌水，或树穴过小、围堰过低，致使二水均未灌透，导致春季树木发芽、开花、展叶等旺盛生长阶段，水分供应严重不足，部分吸收根枯亡，造成树势衰弱。

如有以上情况发生时，应立即开大穴灌水，直至灌透为止。

10）施用速效肥距离根系过近

（1）表现症状。施肥后叶片外缘突然枯黄，树势衰弱。扒开树穴发现，外围新生须根根尖变为浅褐色，但根系中间部分仍有新根生出。出现此种现象，表明为肥害所致。施用化肥时应在距离根系水平分布稍远的地方施入，切不可在根系分布范围内使用。

（2）补救措施。出现以上症状时，应及时用大水进行浇灌，稀释肥液浓度，降低肥害。

11）化肥施用量过大

（1）树木吸肥量在一定范围内可随施肥量的增加而增加，但当施用量过多时，则会对植物造成一定程度的伤害。由于肥分浓度过高，根系不能吸收，而发生烧根现象，直接影响到水分的吸收，从而导致树势衰弱甚至死亡。

（2）补救措施。施用化肥时不可过量，宜每次少施，适当增加施肥次数。这样既可满足植物对养分的需求，又不会对植物造成伤害，也减少了肥料的流失。当发生烧根现象时，应分数次用大水进行浇灌，快速稀释肥液浓度。灌水时要注意及时排水，防止发生内涝。

12）病虫危害加重树势衰弱

（1）细菌性根头癌肿病是一种土传菌病害，在皮层组织形成癌细胞，不断分裂增殖形成癌瘤，癌瘤阻断了根系对土壤水分、养分的吸收和输送，使树体得不到所需的水分和养分，故而出现树势衰弱现象。该病生长季节发病迅速，发病初期树势衰弱，后期导致树木死亡。及时拔除病株并销毁，穴土经消毒后使用，或重新更换栽植土，可防止土传菌继续传播危害。

（2）蛀干害虫发生严重，导致树干局部中空，破坏了植物的输导组织，影响植物水分和养分的上下输送，造成生长势衰弱。

（3）干腐病、腐烂病、溃疡病等，发病后未及时进行防治，或防治的方法不对，或错误地使用药剂，或防治不到位，使病害迅速扩展蔓延，导致树木皮层坏死，树势衰弱甚至死亡。发病初期应根据不同病害，准确使用药剂，及时涂药或喷药防治。药剂喷洒的方法必须正确，涂药或喷药必须到位。发病严重的应及时拔除适时进行补植。

209. 从生灌木类如何进行更新复壮？

1）短截更新老枝

多年生老株及冠型松散不整齐的植株，应及时进行更新修剪。如大花醉鱼草，发芽前剪去株高的2/3。金山绣线菊、金焰绣线菊、金叶莸、红瑞木等可自地上10cm短截。圆锥绣球类应自基部15cm处短截。

2）培养更新枝

对开花量减少的衰老枝应逐年选留部分健壮根蘖枝或徒长枝，经短截或摘心培养代替老枝。

（1）花谚中有“老梅花，少牡丹”之说，牡丹虽然寿命较长，但幼株生长势旺盛，以5～15年生枝开花质量最好，故应注意培养方向适宜的根际健壮萌蘖枝逐年代替老枝。

（2）月季10年生以上老枝开花渐小，扦插繁殖的可用根际健壮萌蘖枝作更新枝培养，自基部2～4芽处短截，待其分生侧枝后，将老枝齐地面疏除。

（3）选留丛生灌木根际健壮的萌蘖枝，逐年疏去衰老枝，如棣棠2～3年生，锦带花、海仙花、猬实3年生，溲疏6～7年生，木槿、丁香、玫瑰、花石榴8年以上部分老枝，以保证枝条不断更新。但多年生老枝上开花的紫荆、贴梗海棠、太平花等应注意保留老枝和培养开花枝。

3）分株更新

丛生灌木类由于根际不断分蘖，导致根部拥挤，逐年表现出退化现象。表现为新生根际萌蘖枝细弱，叶片变小，花冠变小，开花稀少等。分株是防止苗木退化、更新复壮简单易行的栽培措施，为植物提供良好的生长空间，提高了根系吸收能力，使植物恢复旺盛的生命力。

210. 宿根花卉如何进行更新复壮？

1）退化原因

宿根花卉一般根际萌蘖力强，每年自根茎处萌生数个蘖芽，造成生长空间拥挤。株丛根网逐年密集，老根开始木栓化或自疏枯死，大量的枯死根导致土壤通透性差，根系吸收能力逐年减弱，花卉品种开始出现衰退现象。

2）表现症状

植株矮化、叶片变小，花梗变细、花朵渐小，花色不再鲜艳等。

3）分株更新年限

（1）一般需2～3年分株一次的，如黑心菊、荷兰菊、宿根天人菊、穗花婆婆纳、假龙头、常夏石竹、花叶芦竹、火炬花、黄菖蒲、花菖蒲、千屈菜、一枝黄花等。

（2）宜 3 ~ 4 年分株一次的，如鸢尾、萱草、玉簪、荷包牡丹、松果菊、除虫菊、金鸡菊、华北耧斗菜、菖蒲、玉带草、马蔺等。

（3）需 4 ~ 6 年进行分株的，如芍药、射干、八宝景天、宿根福禄考等。

（4）用作切花和根部作药材培养的芍药等可 5 ~ 10 年分株一次。

4）分株方法

（1）春季发芽前，剪去地上枯萎部分，挖出地下根坨，抖去根部附土，顺根系自然纹理用手掰成数丛，或用利刀劈开。每丛必须带有效吸收根和 2 ~ 3 个蘖芽。

（2）去除枯死根，按株行距“品”字形栽植。覆细肥土，栽植面与原根际线平齐，并压实。平整栽植地面，灌水养护。

211. 造成草坪提前退化的原因是什么？

（1）坪床土壤过于黏重，土壤 pH 值、含盐量过高，土层过浅，土壤改良不到位，施用未经腐熟的有机肥，清除杂草不及时，土壤养分不足，过量施用氮肥等，都是导致草坪提前退化的重要原因。

（2）灌水时，每次灌水量较少使草坪灌而不透，导致土壤深层的根系因缺水而产生自疏现象，丧失了发生新根的能力，使根系的生命力大大减弱。同时由于土壤持水过浅，导致根系沿着浅土层外移，使浅土层根系密集，影响了根系水分和养分的吸收，造成草坪提前退化。

（3）成坪后，草根会逐年自然老化。由于枯死根不断积累，导致枯草层（草垫层）太厚。未能及时进行疏草，使土壤透气、透水性大大降低，严重影响了水分和养分的渗透。过厚的枯草层，使草坪草分蘖能力及蔓延能力大大降低，导致草坪生长受阻，草坪质量明显下降。

（4）正常养护条件下，一般栽植 7 ~ 10 年的草坪开始逐年出现退化现象。而人为过度践踏，会造成草坪土壤严重板结，从而影响草坪草分蘖和根系生长，使再生能力降低，造成草坪出现提前退化现象。

（5）当草坪发生病虫危害时，没有及时采取必要的防治措施，导致病虫危害严重，致使草坪出现斑秃甚至大面积枯亡，如侵染草坪叶锈病、白粉病、腐霉枯萎病、镰刀菌枯萎病等，或遭受蝼蛄、蛴螬、金针虫、地老虎地下害虫危害等，从而破坏了草坪整体观赏性。

（6）未及时清除杂草或因剪草不及时杂草抽穗打籽，致使多年生杂草在坪地内迅速扩展蔓延，挤占了草坪草的生长空间，与草坪抢夺水分和养分，使草坪草生长势减弱，草坪失出观赏价值和应有的功能。

（7）施肥量不足，或长期不施肥，造成草坪缺肥，使生长势减弱，分蘖能力降低，抗病能力差，导致杂草大量侵入。不能科学施肥，过量施用化肥，也是造成草坪提前退化的重要原因之一。

（8）对于失剪的草坪，没有按照 1/3 的修剪原则剪草，而是一步修剪到位，损伤了草坪草的生长点，导致生长势衰弱提前退化。

（9）连续和重复使用生长调节剂，抑制了草坪草生长，引起草坪密度降低、草叶变黄、根系分布变浅等提前退化现象。

212. 草坪如何进行更新复壮？

（1）清除枯草层。早春草坪低修剪后进行搂草作业，此时枯草层相对干燥，易于清除，可用钉耙从不同方向，反复搂除地表枯死茎叶、枯根。每次剪草后，必须将草坪内枯草一并搂除。土壤通透有利于根系分蘖，起到自然更新的作用，在一定程度上可以延缓草坪退化。生长势较弱的草坪，搂除枯草后，可每隔半月连续浇灌生根粉液 2 次，促进根系生长增加分蘖。

（2）断根更新。当草坪表层土壤严重板结或枯草层超过 1.5cm 时，必须进行高密度打孔作业，打孔松土可每隔 3 ~ 4 年进行一次。打孔应在早春草坪草萌动前及 8 月份进行，有助于清除枯草层增加透气性，促进新根萌发，延长草坪寿命。打孔应在土壤不干不湿时，使用钢叉、手提式土钻、空心管刀等草坪专用打孔刀具、滚动式草坪打孔通气机。也可使用自制钉筒在草坪上直线来回滚压扎出孔洞。使用滚刀进行打孔，可每隔 20cm 将草坪划切一道缝隙切断老根。打孔必须与覆沙、施有机肥相结合，才能起到断根更新的效果。

（3）清除杂草。杂草数量过多时，使用选择性除草剂，清除草坪内一年生和多年生杂草，恢复草坪扩繁能力，进行自然更新。

（4）补充肥力。由于生长期内进行多次修剪，造成养分流失，土壤肥力降低，因此应根据不同草种、不同生长时期和草坪草的表现状况，选择适宜的肥料进行补肥，提高草坪草的抗性，使生长势得到恢复。

（5）撒播草籽。多用于冷季型草坪的复壮，可根据草坪生长状况和使用情况，每 3 ~ 4 年进行一次。剪草后清除草屑和枯草，在草坪上打孔，撒播同类草种后撒履肥土、灌水，延长草坪生命期。

213. 草坪出现斑秃时，如何进行修补？

对因人为践踏、病虫害危害、积水等，造成局部斑秃、枯死，难以复壮的草坪可以通过修补的方法进行修复。面积直径达 10cm 以上零星斑秃地块，可随时进行局部补植。斑秃率达 10% 以上的草坪必须及时集中进行修补或补播。

1）补植

（1）垂直向下将土边外缘切修整齐，深度与草块土层厚度一致，彻底清除斑秃地块及周边的残草及种植土，同时疏松并整平补植地块的土壤。

（2）需行大面积修补时，可用小型铲草皮机把受损的草皮彻底清除，将枯草根、病残茎叶全部搂净清出现场。修补地施肥后土壤翻耙疏松，耙平、耙细、压实，再行补植。

（3）修补病区草坪时，土壤必须喷洒甲基托布津、退菌特、杀毒矾等杀菌剂进行彻底消毒。

（4）补植的草块或草卷必须与原草坪草种一致。选择生长健壮的草块或草卷，调整土层深度，使补植草块灌水后与原草坪的土面平齐。草块应与原草坪边缘紧密相接，不留缝隙。补植后压实，及时灌水养护。

2）补播

比较集中的斑秃地块，可进行补播修复。彻底清除受损草坪，土壤消毒后施肥，翻平耙细，撒播同类草种。草坪生长稀疏的地块，可进行打孔后撒播草种。

冷季型草坪，春季可在4月10日后至5月20日前进行补播，秋季补播宜在8月20日后至9月底前进行。暖季型草坪5月20日后至7月底。白三叶、二月兰适宜在4～5月或8～9月进行。

214. 细菌性根头癌肿病发病严重的苗木，应如何进行补植？

（1）细菌性根头癌肿病多侵染柳树、杨树、樱花、月季、榆叶梅、桃树、杏树、梨树、苹果树、枣树、核桃、海棠类等树种。

根部发病严重的应立即拔除。因细菌在土壤中可存活1年以上，如果补植时将苗木直接栽植在原树穴内，细菌会通过灌水自断根伤口侵入危害，导致新植苗木染病。因此栽植前应彻底清除全部穴土，更换新土或将穴土及时进行消毒处理。可使用硫磺粉 $50g/m^2$ ~ $100g/m^2$ 或树穴浇灌 20% 土霸可湿性粉剂 500 倍液等进行消毒，也可移位栽植，防止细菌在土壤中继续传播危害。

（2）土壤黏重的需改良穴土，提高透气性。

215. 行道树补植时，树穴应如何进行处理？

（1）树穴挖掘

因行道树树穴土壤硬实、粗根多、不易挖掘，偶见有的树穴挖成锅底状圆形，穴内大根残留使原本有限的生长空间更加狭小，非常不利于苗木根系生长。树穴仍应挖成方形，以路缘石内侧为界，垂直向下切挖，彻底清除穴内全部的大根、烂根，以保证根系一定的生长空间。向下深挖 20cm ~ 30cm，再回填好土使底部土壤疏松，有利于根系生长。穴底土壤坚硬、透水性差的，应采用打孔灌沙措施提高通透性。

（2）穴土的处理

因患细菌性根头癌肿病而砍伐的柳树、杨树等，树穴必须经过药剂彻底消毒处理方可重新栽植。

（3）穴底施肥

行道树需多年从同一处土壤中吸收养分，养分不足易造成生长势衰弱和提早衰老。但因数量多、人流量大、不易定期追肥，故在苗木补植时一定要施足底肥。

第六节　苗木防护

216. 草坪进行滚压的目的是什么？

（1）北方地区在寒冷的冬季，土壤冰冻期长，早春随着天气转暖，出现夜冻日化现象，这种现象在短时期内反复进行，往往使草坪土壤松动，造成起伏不平，有些草坪植株被拱起，不仅影响到草坪的平整度，也使根系裸露降低了抗旱能力。

及时对草坪进行滚压，把凸起的草坪压回原来的位置，使松动的根茎与底层的土壤紧密结合，有利于根系吸收水分和养分，同时也减少春季大风对草坪的伤害，有利于提高草坪质量和观赏性。生长势不旺的草坪，土壤过干或过湿的草坪均不宜进行滚压。滚压前应用肥土将坑洼地找平后再进行滚压。

（2）滚压能够抑制运动场草坪匍匐茎突起，有利于匍匐茎沿水平方向伸展，提高草坪的平整度和观赏性。滚压还可以增加草坪草分蘖，使节间变短，增加草坪的弹性和回弹力以满足比赛的需求。

（3）蚯蚓在土壤中活动时在草坪上造成许多孔洞，同时在土表堆积大量排泄物，使土表形成许多凹凸不平的土堆，从而破坏了草坪的平整度，也直接影响草坪的质量。适时进行滚压，不仅使草坪得以修复，还能防止草坪提前退化。

（4）通过滚压，可以使运动过程中被掀起的草块复位，保持运动场草坪良好的功能。

217. 暴风雨前后，如何做好植物的防护和修复工作？

1）风雨前

在雨季到来之前，做好植物的防护工作，是全年养护工作的重要内容之一。内容包括：检查排水设施是否通畅，支撑物的加固，遮阳网的修补加固，大树修剪等。

（1）夏秋季节雷雨多伴随大风，下雨时土壤湿润松软，风雨交加更易造成植物倾斜和倒伏，故应提前做好防范工作，逐株对支撑物的牢固和完好程度进行认真检查。发现支撑物有松动、吊桩、缺失时，应立即进行加固。树身严重倾斜又不能进行扶正的大树、古树应用粗木桩、水泥柱等进行支撑加固。因市政地面施工，导致局部土壤塌陷或根系外露的，需填土拍实，对树身设支撑固定。

（2）检查排污井是否畅通，彻底清除井内杂物，做好防涝排水的准备工作。

（3）遮阳网破损、脱落的要及时进行加固和修补。

（4）疏除枯死枝及蛀干害虫危害较严重的大枝、短截折裂枝，防止断枝对行人及车辆造成损伤。

（5）处于风口处大枝伸展过远的浅根性树种，如合欢、刺槐、香花槐、火炬树，高接繁殖的江南槐，枝叶过于浓密的大树，必须适当进行回缩短截，防止树木倒伏和大枝断裂，尽量减少风害带来的伤害。出现严重偏冠的行道树及邻近建筑物的大树，应对分枝较密、枝条伸展过远的大枝进行疏枝和回缩重截，防止风雨后树体偏斜或倒伏，对行人、车辆和建筑物造成损伤。

（6）易倒伏的花卉及花头较大的牡丹、芍药等，要用木棍绑扎支撑，防止倒伏或茎枝折损。

（7）雨季来临前对树冠上方有线路的大树，适当进行开心修剪，对枝梢与电线不足100cm的进行短截或疏除。

2）风雨后

（1）树穴、绿地内积水的，要及时采取挖明沟、树穴扒豁口、开穴晾坨、树穴打孔灌沙、强排等措施，保证在12小时内清除积水。

（2）树身发生倾斜的大树，因土壤过湿暂时无法扶正的，应及时立支撑进行加固，并对树冠枝条进行疏剪。选择近期无风雨天气，对树体适时进行扶正。支撑松动或折损、吊桩的必须及时进行修补和加固。

（3）花苗倾斜、根系外露的需扶正覆土压实。

（4）穴土较湿的待表土略干时，进行浅锄松土，加速水分的蒸发，提高土壤透气性，有利于新根萌发，使根系尽快恢复吸收功能。

（5）对损伤的折裂枝进行适当短截或疏除。

（6）因土壤过湿、积水导致根系腐烂的，应剪去烂根，树穴及根部喷洒代森锰锌或根腐灵等杀菌剂，更换较干燥的沙质土，灌小水养护。4 ~ 5 天后浇灌生根粉或根动力，促剪口愈合萌发新根。

（7）生长势较弱的，叶片可喷洒磷酸二氢钾液肥，大树输营养液，以利尽快恢复树势。

218. 如何做好苗木支撑物的修复和撤除？

（1）雨季及冬季，对支撑物应加强巡视，发现支撑杆松动、吊桩或缺损时应及时进行加固，雨后树身明显偏斜的不便于及时扶正时，应立即采取临时加固措施防止树体倒伏。

（2）有些施工单位支撑设置后就不再过问了，特别是一些速生树种，如毛泡桐、杨树等，随着树龄的增长，树干增粗加快，常导致绑扎的镀锌钢丝深深地嵌入树干内，阻断了水分、养分的输送，造成苗木死亡。因此养护时应及时解开绑扎物，夹垫好厚的软物后，重新进行绑扎固定。

（3）苗木支撑不能多年不撤但也不宜撤得过早（彩图 60），一般多在第二年树木根系扎牢后方可予以撤除。

219. 树木遭受涝害的表现症状是什么？需采取哪些补救措施？

涝害是因土壤含水量过高，根系处于过湿状态，导致通气不良，从而影响根系的生长和吸收功能。在缺氧条件下，根系所产生的有害物质对树体也产生一定的毒害作用，导致树势衰弱。如果长时间处于过湿状态，则会造成根系吸收能力受阻，甚至窒息、腐烂完全失去吸收能力，从而导致植物死亡。

1）造成涝害发生的原因

（1）栽植地地势低洼、地下水位较高、排水系统不完善、暴雨或持续大雨无法及时进行强排等造成一定时间内绿地积水。

（2）因土壤黏重或虽然树穴更换栽植土，但穴底有不透水层，灌水及大雨后水不下渗造成土壤过湿或树穴积水。

（3）有些人在草坪浇水时，乔灌木树穴必灌水一次。由于持续过量灌水，造成土壤透气性差，使根系长期处于过湿状态，对一些不耐湿植物造成了伤害。

2）表现症状

（1）前期枝叶表现的症状最为明显，叶片和叶柄向叶面弯曲，严重时叶片变黄、萎蔫、卷曲。嫩梢微下垂，叶片逐渐变黄脱落或干枯后不脱落。往往被认为是植物缺水，但灌水后嫩梢仍不挺拔，叶片不再舒展。

（2）因根系吸收能力受阻树体失水，树干干枯症状由下向上逐渐扩展。

（3）扒开穴土，发现接近栽植面的根系生长良好，而下部根系腐烂，并由根端向基部延伸散发出一股酒糟味。

3）防护措施

开阔平坦地势低洼地、土壤黏重的绿地、不便进行自然排水的地方，要提前做好雨季排涝准备工作。备好疏通排水工具，挖明沟将水引至河、湖及排水明渠。局部积水又无法进行强排的洼地，可在低洼处挖掘数个临时性渗水井，待雨后及时抽出避免绿地长时间积水。

4）抢救措施

（1）怕涝树种，如雪松、油松、梧桐、玉兰等，大雨过后要及时排除树穴内的积水，待表土略干时树穴锄划松土深度6cm ~ 10cm，加速土壤水分的蒸发，起到降湿的作用。土壤过湿的，清理穴土深度到近土球底部，开穴晾坨。

（2）黏重土壤，在土球外侧向下扎孔，如果积水仍不见下渗时，则需清理穴土深度到土球底部，再向下打孔灌沙，打孔深度最少 30cm。有不透水层的应尽量打穿。

（3）遭受涝害的植物，由于根系受损，吸收能力减弱，必须通过修剪减少地上部分水分蒸发。修剪量应视植物受损程度、植物的生长势而定。成枝力、萌蘖力较差的树种应以疏叶、疏花、疏果为主。

（4）植物修剪后，对叶面喷洒抗蒸腾剂可减少叶片水分蒸发。

220. 北方地区采取的防寒措施有哪些？

（1）树干涂白

乔灌木类秋季树干涂白，主要对树干起保温作用，有利于防寒越冬。树干涂白不可进行得太晚，必须在封冻之前完成。

（2）缠干

当年栽植的耐寒性较差的梧桐、马褂木、石榴、高接紫薇及秋植的速生法桐、玉兰等，应在喷洒石硫合剂之后，浇灌封冻水之前进行。用草绳、无纺布或防寒棉毡条缠干保护。

（3）浇灌封冻水

适时浇灌封冻水是提高苗木抗寒能力，保证新植苗木安全越冬，防止早春干旱的重要措施，封冻水必须灌足、灌透。

（4）覆地膜

浇灌冻水后覆地膜能够起到保墒和提高地温的作用，有利于苗木安全越冬。秋植耐寒性较差的女贞、玉兰、石楠，特别是在土层较薄的库顶板上栽植的苗木，待浇灌冻水、穴土略干时，应用稍大于土球的薄膜覆盖，然后上面覆土防寒。

（5）根部培土

当年栽植的耐寒性稍差的种类，如芍药、雪松、玉兰、石榴、紫薇、杏梅、梧桐、马褂木等，浇灌冻水后必须培土防寒，防止根部遭受冻害。培土不是仅把树干处培高，而应对整个树穴进行培土，才能起到预期的防护效果。

（6）喷防冻保护剂

耐寒性差的边缘树种，除采取上述措施外，树冠可喷施防冻保湿剂防止枝干抽条。选无风的晴天，将原液稀释后喷施，防冻剂应现配现用。

（7）架设风障、防寒棚

北方地区冬春季节多寒冷大风天气，苗木极易遭受冻害和风害。因此当年栽植较晚的金叶女贞、竹类等需架设风障防寒越冬。耐寒性稍差的大叶黄杨、雪松等栽植后要连续3年架设防寒棚、风障防寒越冬。

221. 树干涂白的作用、标准要求及涂白方法是什么？

1）涂白的作用

树干涂白可以消灭在树皮裂缝中越冬的病虫，减少因昼夜温差变化对树干造成的伤害（日灼、冻害）。

2）涂白高度

一般乔木120cm，灌木至分枝点。

3）涂白要求

以药液涂抹后不流失，干后不翘裂、不脱落、树穴无污染为宜。同一树种涂白高度应整齐一致。

4）涂白剂配制方法

涂白剂不是单用生石灰兑水配制而成，其中必须加入一定量的石硫合剂、少量杀虫剂，才能起到杀菌、杀虫作用。为提高其黏着度需加入少量的食盐和黏土。涂白剂不可配制得太稀，以免流失，但也不能太稠，以防干燥后翘裂脱落。可用生石灰5kg，硫磺0.5kg，加水20kg，再加入适量食盐，少量杀虫剂，搅拌均匀现配现用。

5）涂白方法

（1）落叶后，有些害虫的幼虫、成虫或虫卵，如棉褐带卷蛾、若蚜等幼虫，在树干翘皮下及粗皮裂缝中越冬；翘皮及粗皮裂缝也是山楂叶螨受精冬型雌成螨、合欢木虱、梨木虱等成虫越冬场所。梨黄粉蚜等卵在粗皮裂缝中越冬；梨小食心虫、苹小食心虫的老熟幼虫在树皮裂缝中结茧越冬。因此涂白可结合树干刮皮时进行，对一些干皮粗糙或有翘皮及病皮的大树刮皮后涂白，防治效果会更好。

（2）刮皮不可过深，深度以粗皮、翘皮、病皮刮净，露出浅色皮层为宜。将刮下的粗皮、病皮收集并集中销毁。

（3）在树干周围地面铺好无纺布或塑料布，先在树干涂白高度位置，涂上一圈白色或红色标志，以达到同一树种整齐划一的效果，再从上向下涂刷均匀，涂刷 2 遍效果最好。

222. 如何架设防寒风障？

1）风障设置方向及高度

风障应设置在迎主风方向上，一般三面或四面搭建，距乔木树种 0.5m，灌木 0.2m，风障高度一般应高于树冠 15cm ~ 20cm（彩图 61）。风障搭设不可离树体太近（彩图 62），要做到上不露梢下不露树干，避免树体遭受风害和冻害（彩图 63）。

2）搭设方法

（1）一般乔木树种宜每隔 1.5cm ~ 2m 设置一根立柱，填埋深度不少于 40cm，也可将立柱直接与楔入地下的锚桩固定。沿立柱基部向上每隔 1m 横向绑扎一根粗度为 5cm ~ 6cm 的竹竿，两立柱间交叉绑缚 2 根直径 4cm ~ 5cm、长度 4m ~ 6m 的竹竿。骨架架设后，在外侧将绿色无纺布拉紧，用麻绳或尼龙草绳与立柱、横向竹竿固定，缝制距离要均匀、整齐，下部无纺布用土压实。在迎风面每隔一根立柱 2/3 高处拴一根 10 号镀锌钢丝，镀锌钢丝的另一头与向外侧斜向楔入地下的木桩系牢。对应内侧，每隔一根立柱斜向埋设一根撑杆，与立柱绑牢，撑杆与外侧的斜拉镀锌钢丝交错排布。斜拉镀锌钢丝上绑扎警示标志。

（2）小区内栽植的色块及绿篱植物可在上风方向三面设置风障，分车带绿篱需设四面风障。风障应距苗木外侧 10cm ~ 15cm，木桩顶高出枝梢 15cm ~ 20cm。立柱使用方木桩或松木桩，间隔 1.2cm ~ 1.5m 设置一根，所有木桩留桩高度必须一致，根据风障高度将数根横杆与立柱连接固定。

色块及绿篱宽度不大的，顶面可用竹竿或方木条与对应一侧的木桩水平横向绑扎固定。在内侧相隔数桩设置一根斜支撑与木桩固定。

色块及绿篱宽度较大的，需在色块中央加设数排木桩支撑，中心木桩要高于外侧。用竹竿或木条与所有木桩顶端连接固定，然后拉紧无纺布，将无纺布与竹竿、立柱紧密固定。顶面用压膜线固定牢固，接近地面处的无纺布用竹竿缚牢并压实。

北方地区在做道路两侧及分车带防寒风障时，其下部棚布多延伸至路缘石外缘向下至路面，可防止汽车在行驶时将融盐雪水溅入绿地内，对植物造成盐害（彩图 64）。

223. 怎样搭建防寒棚?

1）需搭建防寒棚越冬的植物种类

风口处及分车带当年栽植的大叶黄杨篱及栽植较晚的雪松，第一年应架设防寒棚。耐寒性稍差的桩景类植物如榔榆等则需年年架设防寒棚防寒越冬。

2）标准要求

风口处必须使用厚的绿色无纺布或双面胶彩条布，防止过早破损使植物发生风害和冻害。防寒棚要整齐美观，骨架架设牢固。棚布接口必须缝制紧密无缝隙，并与木架钉制牢固。棚顶平整或坡面倾斜角度一致，侧面边角分明，外缘线流畅。

3）搭建方法

（1）色块及绿篱。先架设四面立柱，立柱楔入地下后地上高度必须一致。横向用木条、竹竿与立柱两端固定，棚顶用竹竿或木条将所有木桩连接，然后用麻绳或尼龙草绳将接口缝制牢固的无纺布分别与竹竿、立柱固定。顶面用压条或压膜线固定，接近地面处的无纺布用竹竿缚牢并压实（彩图 65）。

（2）单个球类植物可用两头削尖宽 3cm 的竹条，交叉插于球体外侧，弓顶距冠顶 15cm，侧面距植株 10cm，竹条插入土中 12cm ~ 15cm 或用镀锌钢丝与斜埋入土中的锚桩固定，然后覆无纺布。

（3）11 月份风口处栽植的雪松，在风障上风方向的内侧需加设一层草帘。

224. 冬季巡视工作的内容有哪些?

（1）冬季多大风天气，应组织人员加强巡视工作。检查防寒设施的完好及牢固程度，风障、防寒棚有无倒伏，风障、防寒棚棚布有无破损或脱落。发现有破损、脱落、倒伏的要及时进行加固和修补，确保苗木安全越冬。

（2）检查支撑是否牢固，支撑杆有无折损、缺失，及时进行加固。

（3）检查有无融盐积雪堆积在绿地或树穴内，如有发现必须及时彻底清除，以免对植物造成盐害。

（4）大雪过后，应及时扫除防寒棚棚顶的积雪，防止防寒棚被压塌。用竹竿将压在雪松树冠上的积雪抖落，以免枝条遭受重压折损。

（5）落叶后严禁在绿地内放火烧草，对烧草者必须进行制止，待残火完全熄灭后检查人员方可离开，特别是易燃的常绿针叶树种（桧柏、河南桧、油松）及宿根地被植物地上的干枯茎叶，以免引发火灾。

第二章 园林植物病虫害防治

第一节 病虫害防治基础知识

225. 什么叫食叶害虫？常用药物有哪些？

具有咀嚼式口器，以植物叶片、茎秆为食的害虫叫食叶害虫。如尺蛾类、天蛾类、舟蛾类、刺蛾类、夜蛾类、叶蜂类、叶甲类、松毛虫、粘虫、草地螟等。它们取食叶肉，将叶片多吃成缺刻、孔洞、筛网状，严重时将叶片全部吃光，仅剩叶柄。有的食叶害虫，如潜叶蛾类，可钻蛀到叶肉组织内取食危害，在叶片上可看到弯曲的隧道，严重时会造成叶片干枯死亡。

常用杀虫剂有灭幼脲、甲氢菊酯（灭扫利）、除虫脲、辛硫磷、敌百虫、敌敌畏、Bt乳剂、杀螟松、杀灭菊酯（速灭杀丁）、菊杀乳油、溴氰菊酯（敌杀死）、高效氯氰菊酯（快杀敌、虫必除）、氟氯氰菊酯（保富）、三氟氯氰菊酯（功夫）、烟参碱（百虫杀）、苦参碱、乐斯本（毒死蜱）、马拉硫磷、亚胺硫磷、杀虫净（苯哒磷）、速捕杀等。

226. 什么叫刺吸害虫？常用药物有哪些？

这类害虫的上颚和下颚均延伸成针状，以针状口器刺入植物组织内（叶片、嫩梢、果实）吸取植物汁液，如叶螨、叶蝉、蚜虫、网蝽、绿盲蝽、茶翅蝽、木虱、粉虱、蚧虫类、蓟马及蚱蝉成虫等。多造成受害叶片卷曲、失绿、黄化、枯焦、增生，提前落叶，嫩枝萎蔫、干枯，果实畸形、停止生长或提前脱落等。有些成虫和若虫还分泌大量蜜露，从而诱发煤污病。有些分泌大量蜡粉或蜡丝，严重影响植物的生长发育，甚至导致树势衰弱。

常见杀虫剂：

（1）蚜虫：吡虫啉、烟参碱（百虫杀）、杀灭菊酯（速灭杀丁）、杀虫净（苯哒磷）、灭蚜松、溴氰菊酯（敌杀死）、氧化乐果、辛硫磷、马拉硫磷、亚胺硫磷、锐煞、乐斯本（毒死蜱）、猛斗、啶虫脒等。

（2）蚧虫：速扑杀、斯赛尔（二溴磷）、锐煞、杀螟松、阿维菌素（齐螨素）、甲氢菊酯（灭扫利）、杀灭菊酯（速灭杀丁）、融杀蚧螨、速扑蚧杀、氧化乐果、烟参碱、吡虫啉、蚧螨灵、马拉硫磷、辛硫磷、久效磷、亚胺硫磷、溴氰菊酯（敌杀死）、高效氯氰菊酯（虫必除）、三氟氯氰菊酯（功夫）、乐斯本（毒死蜱）、扑虱灵、速蚧克等。

（3）螨虫：阿波罗（螨死净）、螨克、克螨特、螨虱净、蚧螨灵、虫螨腈（除尽）、高渗哒螨灵、三氯杀螨矾、三氯杀螨醇、霸霜灵（杀螨王）、苦参碱、马拉硫磷、尼索朗、融杀蚧螨、阿维菌素（齐螨素）、浏阳霉素、速螨酮（哒螨酮、灭螨灵）、氧化乐果、硫悬浮剂、三唑锡、哒螨灵等。

（4）蝽象、网蝽：氧化乐果、磷胺、二溴磷、辛硫磷、溴氰菊酯（敌杀死）、杀灭菊酯（速灭杀丁）、吡虫啉、烟参碱（百虫杀）、乐斯本（毒死蜱）、猛斗等。

（5）木虱：吡虫啉、烟参碱（百虫杀）、溴氰菊酯（敌杀死）、螨克、扑虱灵、来福灵、阿维菌素（齐螨素）、杀虫净、乐斯本（毒死蜱）、水胺硫磷等。

227. 什么叫钻蛀害虫？常用药物有哪些？

具有强大上颚咀嚼式口器，可取食固体食物。幼虫自皮层、叶柄处钻蛀到木质部，在蛀道内蛀食危害、越冬。此类害虫又名蛀干害虫，可切断植物输导组织，造成被害处以上枝条萎蔫、干枯，叶片发黄，枝干易风折，严重时整株死亡。如天牛类、木蠹蛾类、豹蠹蛾类、吉丁类、茎蜂类、透翅蛾类等。

有的害虫幼虫蛀入果实、核内危害，被害处皱缩、畸形、变黑、腐烂，导致果实提前脱落或干缩在枝上。如食心虫类、桃蛀螟、柿蒂虫、杏仁蜂等。

常用药物：

（1）钻蛀枝干：灭蛀磷、辛硫磷、水胺硫磷、磷化铝、磷化锌、甲氰菊酯（灭扫利）、氧化乐果、杀灭菊酯（速灭杀丁）、菊杀乳油、氯氰菊酯（绿色威雷）、溴氰菊酯（敌杀死）、联本菊酯（天王星）、烟参碱（百虫杀）、果树宝等。

（2）钻蛀果实：桃小灵、果虫灵、甲氰菊酯（灭扫利）、速捕杀、虫多杀、高效氟氯氰菊酯（保富）、溴氰菊酯（敌杀死）、高效氯氰菊酯（虫必除）、荣锐、石硫合剂等。

228. 什么叫地下害虫？常用药物有哪些？

这类害虫的幼虫生活在土壤的表层或浅层，在地下贴近根颈部取食根颈皮层或咬断植物嫩茎，导致根颈脱离，造成苗木枯萎、倒伏、大量死亡。如地老虎、蛴螬、蝼蛄、金针虫等均称为地下害虫，主要危害草坪草、草本花卉、球根花卉等。

常用药剂；

（1）敌敌畏乳油、菊杀乳油、杀螟松乳油、敌百虫、杀灭菊酯（速灭杀丁）、乐斯本、紫丹等毒杀成虫。

（2）辛硫磷、马拉硫磷、乙酰甲胺磷、阿维·毒死蜱等灌根。

（3）敌百虫、乐斯本等，制成毒饵诱杀成虫。

229. 什么叫真菌性病害？常用药物有哪些？

由真菌侵染引起的一种病害，以有性、无性孢子、菌丝体、菌核，借昆虫、风雨、人为活动传播扩散，自剪口、伤口、虫口、气孔、皮孔等处侵入危害。

（1）表现症状。在植物染病部位可表现出明显的病症，如病部出现病斑、毛状物、絮状物、霉状物、粉状物、颗粒状物等。在潮湿环境下病斑上产生菌丝或分生孢子再侵染导致植物局部或全部坏死，是该病最主要症状。

（2）常见病害症状类型。有腐烂病、干腐病、茎腐病、花腐病、根腐病、枯梢病、叶枯病、枯萎病、枯枝病、黄萎病、褐斑病、黑斑病、灰斑病、角斑病、圆斑病、炭疽病、轮纹病、锈病、白绢病、白粉病、黑粉病、灰霉病、霜霉病、煤污病、落针病、疮痂病、袋果病、杏疔病、紫纹羽病、侵染性流胶病等。

（3）常用药物。真菌性病害，多使用内吸性杀菌剂进行防治。如代森锌、福美砷、粉锈宁、甲基托布津、炭疽福美、仙生、百菌清、多菌灵、石硫合剂、波尔多液、甲基保利特等。

230. 什么叫细菌性病害？常用药物有哪些？

是由细菌侵染引起的一种病害。借风雨、灌溉水、土壤、昆虫、带菌苗木等传播危害。

（1）表现症状：病灶不能形成典型的病斑，叶片病灶早期有半透明水渍状斑点，周边有黄色晕圈，病部组织后期坏死、脱落，形成穿孔；枝条失水枯萎至整株枯亡；树干病斑皮层坏死流出带有腥臭味的黏稠汁液；根颈、侧根、主干、主枝的病部组织形成圆形瘤状物。

细菌性病害一般在潮湿的环境条件下病部常有黏稠的菌液溢出，但在其病部不产生菌丝或分生孢子，这是与真菌性病害最主

要的区别之处。

（2）常见病害症状类型有细菌性穿孔病、黑斑病、疫病、软腐病、溃疡病、枯萎病、青枯、缩果病、根头癌肿病等。

（3）常用药物：细菌性病害常使用抗生素药物进行防治，如农用链霉素、土霉素、井冈霉素、氟喹沙星、代森锰锌等。

231. 什么叫病毒病害？

病毒病害是一种由病毒引起的系统性传染病害，与真菌性和细菌性病害不同的是该病只有病状没有病症。受害株多表现为先从顶端发病，再扩展蔓延到全株。通过刺吸式口器害虫、土壤中的线虫、嫁接、修剪等传播，由伤口侵入危害。

（1）表现病状：染病植物常表现出节间变短、植株矮化，枝条扭曲；叶片皱缩、卷曲，变小、狭窄，畸形、丛生。主脉出现褪绿斑、褪绿网纹，叶片褪绿，白化、黄化、花叶状，发生坏死枯斑；落花落果，果实变小、畸形、着色不良、花脸状，味苦、早落；树干溃疡、流胶，干皮枯亡等症状严重时全株自上而下整株死亡。

（2）常见病害类型有红叶病毒病、花叶病毒病、茎沟病毒病、扇叶病毒病、卷叶病毒病等。

232. 什么叫侵染性病害？

侵染性病害是由病原生物引起的。这种病害可以传播，多由剪口、伤口、虫口、气孔、皮孔等侵入危害，因此称侵染性或寄生性病害，侵染性是识别该病重要的特征。常见症状类型有细菌性病害、真菌性病害、病毒病害、类病毒病害、菌原体病害、线虫病、螨类病害、寄生性种子植物病害等。如丛枝病、花叶病、李果花脸病、侵染性流胶病、寄生性种子植物菟丝子等。

233. 什么叫非侵染性病害?

非侵染性病害是由非生物因素引起的病害，又叫生理性病害，主要因不适宜的气候因素和土壤等因素而引发。虽然从症状表现上有些与侵染性病害相似，但该病仅限于局部区域，发病较普遍，发病时间和部位也较一致。病斑上无病原菌，该病不扩展，不具传染性，因此称为非侵染性病害。常见有日灼病、非侵染性流胶病、黄化病、根腐病等。

1）温度

超出了植物所能忍受的温度范围，温度过低，导致冻害、霜害发生。温度过高，植物失水萎蔫，高温下影响养分的转化，易导致葡萄水罐子病发生。连续阴雨天后的突然晴天高温，也会导致植物发生灼伤现象，严重时植物整株死亡。

2）光照

强光照射加速了植株的蒸腾作用，造成植物失水，出现暂时萎蔫，待光照稍弱、气温略低时，枝叶仍可恢复挺拔状态。但在土壤也相对干旱时，易发生永久性萎蔫。强光照射易造成向阳面叶片、树干及根颈部分组织细胞发生灼伤。

3）土壤

（1）土壤稍显干旱，植物体内水分不足，导致叶片、嫩梢萎蔫。在土壤水分严重不足的情况下，当全天呈现萎蔫状态时，叶片变为青灰色干枯不落，严重时整株枯萎、死亡。

（2）土壤水分过多、积水，使根部窒息，造成根系腐烂，叶片变黄脱落、树干流胶，严重时植物萎蔫、死亡。

（3）土壤 pH 值及含盐量过高，由于土壤改良不到位，导致返盐季节遭受盐害，而盐随水走，碱随水升，植物同样也遭受碱害。受害植株初期表现为叶缘变褐干枯，树势衰弱，严重时萎蔫死亡。

（4）大雪后，融盐雪在绿地中堆积，使植物根系遭受盐害，导致出现生理性干旱，叶片外缘干枯，植物生长势衰弱，叶黄脱

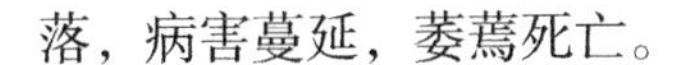

落，病害蔓延，萎蔫死亡。

（5）土壤中缺少某种微量元素影响植物的正常生长发育。如表现为叶片褪绿、黄化、发红，叶缘枯黄，叶片卷曲、皱缩、变小，植株节间变短、矮化等缺素症状，如缺磷症、缺氮症、缺钾症、缺铁症、缺锌症、缺钙症等。

4）农药

错误地选用药物或过量使用农药或喷药时期不当，对植物造成伤害。如喷药后，叶片及嫩梢出现萎蔫、枯焦，甚至整株死亡。

5）施肥

过量使用化肥或施肥距离根系过近，导致植物遭受肥害，吸收根变为褐色干枯，叶缘、叶片枯焦甚至整株死亡。

6）空气中的污染物

如遭受空气中二氧化硫危害时，植物叶片失绿，严重时叶片枯焦全株死亡。氟化物危害的植物叶尖、叶缘出现红棕色斑。

7）风

在沿海地区大量盐分的海潮风会给植物带来一定的伤害。特别是在滩涂地附近，干旱季节被风吹起的咸土，会在叶片上附着一层盐霜，导致叶片及嫩枝枯萎。

234. 怎样才能做到适时用药？

正确的用药时期是病虫害防治的关键。常听有些人说也打药了但就是不管事。这是因为有些病虫危害后有一定的潜伏期，当时并不表现出明显的受害症状，但当表现出症状时再打药已错过了最佳防治时期。因此只有根据病虫害发生规律，在害虫的低龄期及病菌未侵入寄主之前，抓住预防的关键时期适时用药才能收到良好的防治效果。

（1）利用杨扇舟蛾、合欢巢蛾、苹掌舟蛾、苹果巢蛾、山楂绢粉蝶、美国白蛾、黄褐天幕毛虫等低龄幼虫群栖危害的习性及时剪除虫巢，摘除网幕，消灭群栖危害的幼虫。破网分散取食时及时喷药可有效控制虫口密度。

（2）桃蚜以卵在芽的腋间越冬，花芽开放时，正值越冬卵孵化盛期。因此在桃树花芽露红或露白时，正是全年预防桃蚜最有效的关键时期，必须抓紧防治。往往一次淋洗式用药可达到控制全年危害的作用。

（3）4月中下旬为桃潜叶蛾第一代幼虫孵化期。在幼虫尚未潜入叶片时开始喷药，一月一次，连续3～4次，可杀死幼虫控制危害。

（4）疙瘩桃是瘿螨危害所致，待5月上旬出现虫果后再喷药则为时已晚。落花后是喷药预防的关键时期，7天后再喷一次可控制危害。茶翅蝽（臭大姐）、黄斑蝽危害后也会形成疙瘩桃、疙瘩梨，受害部位果肉木栓化，果实开始变得畸形导致果实减产。虽然在6月中旬后才出现疙瘩桃，但必须在5月中旬成虫开始活动时抓紧防治才能收得较好的效果。

（5）梨疮痂病又称黑星病，常危害桃树、杏树、梨树等。5月上中旬侵染发病，7～8月为发病盛期。因果实受病菌侵染后，潜育60天左右才表现出症状，所以必须在5～6月该病初侵染期，及时喷药防治才可控制该病的发生。梨树落花后7～10天和采果前30～40天是喷药防治该病的关键时期。

（6）李实蜂蛀食李树幼果，常导致果实大量提前脱落。待发现果实上出现孔洞时，成虫已经在核仁和核皮之间产卵，因此必须在李树“花铃铛期”、落花后7～10天成虫羽化期各喷一次药，防治才能有效。

（7）有人认为只要发现蚧虫，不管什么时间都可以喷药防治，其实不然。紫薇绒蚧、桑白盾蚧、日本龟蜡蚧等蚧虫，结蜡后因有蜡壳保护，此时喷药无明显防治效果，只有在初孵若虫移动时，才是喷药防治的最佳时期。如球坚蚧（灰色树虱子），5月下旬至

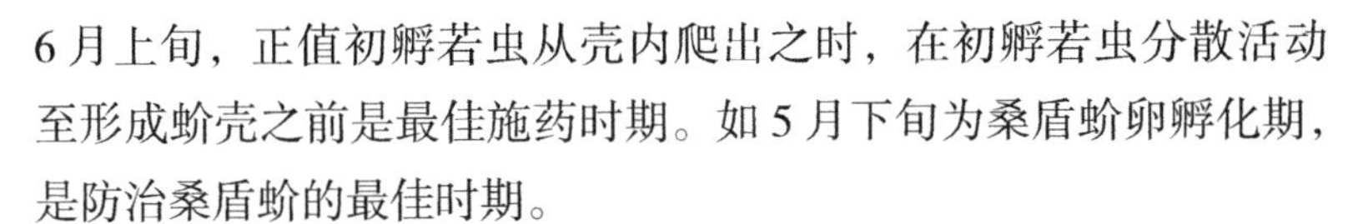

6月上旬，正值初孵若虫从壳内爬出之时，在初孵若虫分散活动至形成蚧壳之前是最佳施药时期。如5月下旬为桑盾蚧卵孵化期，是防治桑盾蚧的最佳时期。

（8）轮纹病在梨树展叶后开始侵染，一直持续至采收，多在果实接近成熟时发病软化腐烂。因此梨树落花后7～10天的初侵染期至7～8月侵染高峰期是防治轮纹烂果病的关键时期。

（9）杏树落花后，在病菌侵入寄主之前施药，是预防杏疔病（红肿病）的关键时期。

（10）柿角斑病分生孢子于6～7月开始侵染，潜育期28～38天，8月上旬开始表现病症，造成落叶、落果。待8月份发现大量落叶、落果时喷药为时已晚。因此在柿树落花后20～30天，即6月下旬至7月上旬，是药物防治柿角斑病的关键时期，过早、过晚都不好。

（11）6～7月柿圆斑病越冬子囊成熟，子囊孢子随风传播，从气孔侵入危害，8月下旬至9月上旬才开始表现出症状，待10月上旬开始大量落叶时已无药可治。柿树落花后是喷药防治的关键时期，可有效控制该病发生。

（12）枣锈病越冬的夏孢子在6月下旬至7月上旬开始侵染叶片，但在7月下旬叶片才表现出病症，8月中旬出现大量落叶。因此在该病临近侵染前喷药，可起到事半功倍的作用。

（13）国光苹果初花期至盛花期是苹果全爪螨冬卵集中孵化盛期。落花后半个月内、成螨尚未产卵前、7月全爪螨大量发生前，均为全年防治的关键时期。

235. 正确的施药方法是什么？

（1）首先根据病害、虫害、杂草草害发生的范围、发生量和危害程度，确定是否需要采取药剂防治。除检疫性病虫害外，凡是用人工防治、生物防治、物理防治方法能够切实有效地将病虫害控制在可控范围之内时，不需要使用化学药剂进行防治，切不可发现有病虫危害时就盲目用药。

（2）认真阅读标签上的操作方法及注意事项，在施药安全期内不可重复使用，如高效氯氰菊酯安全间隔期为7天，每季最多施药不能超过3次。

（3）在叶背潜伏危害的害虫，如刺吸害虫螨类、梨冠网蝽等；食叶害虫双齿绿刺蛾、梨剑纹夜蛾、茄二十八星瓢虫幼虫等群集叶背取食危害。故喷药防治此类害虫时，叶背应为施药重点部位。

（4）小叶黄杨、锦熟黄杨、朝鲜黄杨球及绿篱，常遭受黄杨绢野螟危害。该虫有吐丝下垂习性，受到惊吓后即缀落地面，但因枝叶的遮挡，落地害虫不易被彻底毒杀。故喷药时不能仅在表面一喷而过，而应将喷嘴伸入到株丛内及地面喷施，这样才能彻底杀死害虫。

（5）有蛀干害虫危害时，可在虫孔插入毒签或注入药液进行防治。操作时，先将蛀口木屑清理干净，自蛀孔注入药液，注药后必须用泥将蛀孔封堵，才能取得更好的防治效果。

（6）使用熏蒸法防治蛀干害虫时，涂药后必须用薄膜将涂药部位缠严，一周后撤掉薄膜。如果只涂抹药液，外面不用薄膜裹严，药味很快散失，将起不到熏蒸的效果。

（7）用于土壤埋施的农药呋喃丹颗粒剂等都是难降解缓释性药剂，使用时不可将其配制成药液直接灌根，必须埋施在根系吸收范围内，施药后要及时灌水，灌水深度至埋药部位以下，这样才能被根系吸收，起到一定的防治效果。

（8）有些病虫一次用药只能起到减少危害作用，不能彻底控制其危害，因此需要连续用药，方能提高防治效果。如草坪病害、干腐病、白粉病、桧锈病、炭疽病、红斑病、黑斑病、腐霉病、霜霉病、叶斑病、病毒病、菟丝子、沟眶象、吉丁虫、麦岩螨、蓟马等的防治。

（9）因有些病原微生物及螨类易产生抗药性，故喷药防治时，杀菌剂、杀螨剂药物应注意交替使用。

236. 如何安全施药？

1）可食用植物安全施药

（1）果树结果期不得喷洒剧毒、高毒农药，以保证果实安全食用。

（2）防治果树病虫害，应尽量在病菌初侵染期、害虫幼龄期及幼果期进行。临近果实收获前必须停止用药，尽量减少农药残留。如苹果树在果实采摘前 45 天应停止使用三氯杀螨醇，采摘前 30 天停止使用对硫磷乳油。克螨特在果实采摘前 30 天、毒死蜱在果实采摘前 28 天、代森锰锌在果实采摘前 15 天、三唑锡悬浮剂在果实采摘前 14 天均应停止使用。

（3）食叶类植物香椿、枸杞等，果实药用类植物枸杞等，花药用类植物菊花、金银花等、果树类等，喷洒农药后应挂牌明示防止进食中毒。

2）喷施有毒农药

（1）有毒农药如果喷施不当，会给人体器官造成一定伤害，严重的甚至会使人丧失生命。因此喷药前，必须先阅读标签上的安全使用说明，了解所使用农药的剂量、操作方法及注意事项，并做好个人的安全防护。

（2）喷施药剂时，操作人员必须戴口罩、胶皮手套，穿长袖衣裤、胶靴等，避免操作人员皮肤直接接触药剂或吸入药雾。喷施对眼睛有刺激作用的农药，如克线磷（力满库、苯线磷）、克螨特、苦参碱、三氟氯氢菊酯等时，必须佩戴好眼镜以防对眼睛造成伤害。

（3）严禁直接用手搅拌农药或徒手涂抹有毒农药药泥。

（4）妇女孕期及哺乳期不得从事施药作业。喷洒药剂时应注意风向，操作人员需站在上风头，大风天气应停止喷药，避免操作人员吸入药物，防止药液飘落到眼睛里。连续工作时间不得超过4～6小时。

（5）喷药过程中，操作人员禁止用手触摸嘴、眼睛等部位。严禁吸烟、喝水、进食等。喷药时如感不适应立即停止工作，如不慎药液飘落到眼睛里应立即采取紧急救助措施，找人翻开眼睑，用清水反复清洗15分钟，然后送医救治。当出现头痛、头昏、发烧、恶心、呕吐、腹泻、咽喉疼痛等不适症状时，必须立即通知他人，携带药品包装及标签，迅速送往医院抢救治疗。

（6）喷药后，工作人员应立即脱去胶靴，胶皮手套、衣服、帽子，摘去口罩，用肥皂反复清洗双手、面部和裸露皮肤，外衣应在清水中冲洗干净，以确保操作人员的生命安全。

（7）药液不可随处乱倒，严禁倒入树穴、草坪、水溪、湖泊中。剩余农药必须及时交回库房，交由专人保管，切不可乱丢乱放，以免有人误喝造成人身伤亡事故。使用后的空药瓶不可随手丢弃，必须深埋。

（8）打药工具应及时进行清洗，但不得在水溪、湖泊中清洗，清洗液应倒入污水井内。

237. 植物发生药害的表现症状是什么？

（1）叶片边缘焦灼、卷曲，叶片出现叶斑、褪色、白化、畸形、枯萎、落叶等。

（2）花序、花蕾、花瓣，发生枯焦、落花、落蕾等。

（3）嫩梢萎蔫、坏死。药害发生严重时，可导致整株枯死。

喷药后，如有以上症状发生时，应立即采取必要的补救措施，以免对植物造成更大伤害。

238. 植物发生药害的主要原因是什么？

农药使用方法不当或施药浓度过大，或使用对某些苗木较为敏感的农药等，均会发生不同程度的药害现象。表现为急性药害和慢性药害，轻者造成叶片枯焦、早落，重者会导致植物死亡。

1）施药浓度过大

使用农药必须按照说明，确定施药对象、施药浓度或用量，准确配制和使用，不可任意加大施药浓度或剂量，以免浓度过大对植物产生药害作用。

（1）桃、梅等果树喷施浓度过高的百菌清，会对植物产生不同程度的药害作用。

（2）马拉硫磷在高浓度使用时，对梨树、苹果树、樱桃树等易产生药害作用。

（3）桃树、杏树、枣树、无花果、菊科植物等，对稀释倍数1500倍以下的氧化乐果药液敏感。

2）在某一生长时期，使用禁用农药

（1）蚧螨灵在植物开花期使用，易产生药害。

（2）石硫合剂，在桃树、杏树、李树、梨树、梅花、樱花、樱桃、美人梅、紫叶李、紫荆、合欢、葡萄等植物生长期使用时，会对幼嫩组织造成伤害。一旦误用，轻则落叶重则整株死亡。

（3）桃树、梅花、李树、杏树，生长期对波尔多液敏感，故在生长期应慎用。枣树幼果期（7月）对铜离子敏感，故此期不宜使用波尔多液。

（4）铜制剂对柿树幼叶会产生药害，因此幼叶生长期应禁止使用。

（5）螨克、克螨特，在桃树、梨树生长期使用易产生药害。

（6）火炬树、猕猴桃嫩叶期，对敌敌畏、敌百虫、氧化乐果极为敏感，产生药害。

（7）大丽花、木槿等，花期对杀虫脒敏感，易产生药害。

3）使用对植物敏感农药。

（1）75% 百菌清可湿性粉剂对梨树、苹果树、桃树、柿树易产生药害，应避免使用。

（2）百可得对月季、玫瑰、野蔷薇等会产生药害作用。

（3）核果类树种使用阿特拉津宜产生药害。

（4）梅花喷洒氧化乐果、菊酯类杀虫剂易引起叶片提前脱落。

（5）鸡冠花和月季对敌敌畏敏感。

（6）十字花科植物对杀螟松、菊杀乳油较为敏感，易产生药害应慎用。

（7）桃树等蔷薇科植物，慎用有机磷类杀虫剂，避免药害发生。

（8）木槿、大丽花等使用杀虫脒会产生药害。

4）在不适宜的气候条件下使用

（1）阴雨天喷洒波尔多液易产生药害。

（2）有些农药不能在高温时使用，如蚧螨灵在 35℃以上高温时使用，易产生药害。Bt 乳剂不能在 30℃以上高温和烈日下使用。石硫合剂在 30℃以上时不宜使用。石灰、硫酸铜之比等量式，在高温条件下对葡萄会产生药害。

（3）在低温条件下，石灰、硫酸铜之比倍量式对梨、杏、柿树易产生药害。

239. 减轻植物药害的补救措施有哪些？

发现喷施农药后已表现出药害症状时，应立即停止施药，并及时采取必要的补救措施。

1）喷水冲洗

（1）对因喷洒内吸性农药造成药害的应立即喷水冲洗掉残存在受害植株叶片和枝条上的药液，尽量降低植物表面和内部的药剂浓度，以最大限度地减少对植物的危害。

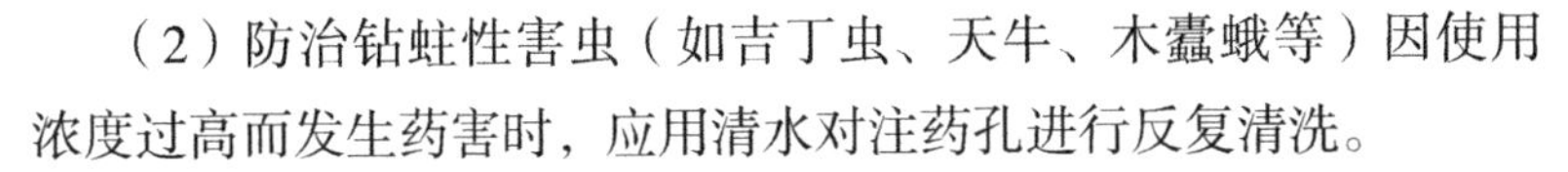

（2）防治钻蛀性害虫（如吉丁虫、天牛、木蠹蛾等）因使用浓度过高而发生药害时，应用清水对注药孔进行反复清洗。

2）灌水

因土壤施药而引起药害的，如呋喃丹颗粒剂、辛硫磷等药剂施用过量等，可及时对土壤进行大水浸灌措施。大水浸灌后要及时排水，连续 2 ~ 3 次可以洗去土壤中残留的农药。

3）喷洒保护剂

（1）喷洒石硫合剂产生药害的，在喷水冲洗后叶面可喷洒 400 ~ 500 倍米醋液。

（2）因药害造成叶片白化的，叶部喷洒 50% 腐殖酸钠 3000 倍液，喷后 3 ~ 5 天叶片能逐渐转绿。

（3）因氧化乐果使用不当发生药害的，喷水冲洗叶片后，喷洒 200 倍硼砂液 1 ~ 2 次。

（4）叶片喷洒波尔多液产生药害时，立即喷洒 0.5 % ~ 1 %的石灰水。

采取以上措施，可不同程度地减轻农药对植物造成的伤害。

4）叶面追肥

植物发生药害后，一般长势较弱，为使尽快恢复生长势，应叶面追施 0.2% ~ 0.3% 磷酸二氢钾溶液，每 5 ~ 7 天喷施一次，连续 2 ~ 3 次，对恢复树势有显著的作用。

240. 减少病害侵染源的措施有哪些？

（1）不使用未经杀菌处理的支撑杆，如遭受干腐病、腐烂病危害的杨、柳、法桐枝干，受白蜡枯梢病危害枯亡的白蜡杆等。

（2）及早拔除危害严重的病株及死株，及时销毁，彻底清除污染源。因土传菌危害的根头癌肿病、枯萎病等枯死株，树穴必须喷洒杀菌剂，经彻底消毒后再行补植。

（3）杂草是多种病虫害繁衍和栖息的重要场所，及时清除绿地中杂草、枯枝落叶，不给病害提供繁殖、适生及越冬场所，清除初污染源。

（4）及时剪除杏疔病、腐烂病、枝枯病等病枝，防止继续侵染蔓延。

（5）摘除病叶、病果、僵果，捡拾落地病果（炭疽病、腐烂病、褐腐病、疫腐病、软腐病、轮纹病、黑星病、缩果病）、僵果（石榴干腐病、杏疔病危害）、裂果（疮痂病），集中深埋，可减少病害发生和控制蔓延。

（6）落叶后，彻底清除园内枯枝落叶，消灭在病叶上越冬的松针锈病、桧锈病、松落针病、白粉病、灰斑病、炭疽病、褐斑病、杏疔病等污染源，减少来年病害的发生。

（7）树木落叶后、发芽前，枝干喷洒5波美度石硫合剂。

241. 主要观赏植物常见病虫害有哪些？

（1）雪松

刺吸害虫：柏小爪螨、松大蚜、草履蚧、日本龟蜡蚧、日本单蜕盾蚧、康氏粉蚧。

食叶害虫：小蓑蛾等。

钻蛀害虫：松梢斑螟（松梢螟）、松六齿小蠹、松眼花天牛、曲纹花天牛、中华薄翅锯天牛（薄翅天牛）等。

病害：梢枯病、灰霉病、干腐病、流胶病、根腐病等。

（2）油松

刺吸害虫：松大蚜、草履蚧、日本单蜕盾蚧、松牡蛎盾蚧等。

食叶害虫：油松毛虫、赤松毛虫、落叶松毛虫、大蓑蛾等。

钻蛀害虫：松梢斑螟（松梢螟）、松六齿小蠹、红脂大小蠹、曲纹花天牛、松幽天牛、褐幽天牛、中华薄翅锯天牛（薄翅天牛）、芫天牛等。

病害：松落针病、松针锈病、枯萎病、干腐病、丛枝病等。

（3）白皮松

刺吸害虫：松大蚜、日本单蜕盾蚧等。

食叶害虫：油松毛虫等。

钻蛀害虫：红脂大小蠹、中华薄翅锯天牛（薄翅天牛）、芫天牛等。

病害：松落针病、干腐病等。

（4）华山松

刺吸害虫：松球蚜、日本单蜕盾蚧等。

食叶害虫：油松毛虫等。

钻蛀害虫：松六齿小蠹、红脂大小蠹、云杉八齿小蠹、松眼花天牛、赤杨花天牛、松褐天牛、松幽天牛、短角幽天牛等。

病害：松落针病、干腐病等。

（5）云杉

刺吸害虫：落叶松球蚜、柏小爪螨、日本单蜕盾蚧等。

食叶害虫：云杉小卷蛾、落叶松毛虫等。

钻蛀害虫：松梢斑螟（松梢螟）、松六齿小蠹、云杉八齿小蠹、红脂大小蠹、双条杉天牛、云杉花黑天牛、云杉小黑天牛、云杉大黑天牛、小灰长角天牛、大灰长角天牛、短角幽天牛、斑角花天牛、曲纹花天牛、松褐天牛、中华薄翅锯天牛（薄翅天牛）等。

病害：松针红斑病等。

（6）圆柏（桧柏）、龙柏

刺吸害虫：柏小爪螨等。

食叶害虫：侧柏毒蛾、大蓑蛾等。

钻蛀害虫：柏肤小蠹、双条杉天牛、芫天牛等。

（7）女贞

刺吸害虫：桃蚜、草履蚧、桑白盾蚧、日本龟蜡蚧等。

食叶害虫：黄褐天幕毛虫、黄卷蛾、桑褶翅尺蛾（桑刺尺蛾）、丝绵木金星尺蛾、女贞尺蛾、蓝目天蛾、豆天蛾、霜天蛾、樗蚕蛾、石榴巾夜蛾、小蓑蛾、女贞瓢跳甲等。

钻蛀害虫：桑天牛（桑粒肩天牛）、云斑天牛、六星黑点豹毒蛾等。

病害：褐斑病、白纹羽病等。

（8）银杏

食叶害虫：大造桥虫、美国白蛾、黄刺蛾、桑褐刺蛾（红绿刺蛾）、樗蚕蛾、银杏大蚕蛾、银杏超小卷叶蛾、山楂黄卷蛾、舞毒蛾、大蓑蛾、小蓑蛾等。

钻蛀害虫：桃蛀螟、小线角木蠹蛾、中华薄翅锯天牛、刺角天牛、松墨天牛、桑天牛（桑粒肩天牛）等。

病害：叶枯病、根头癌肿病、炭疽病等。

（9）杨树

刺吸害虫：杨白毛蚜、杨花毛蚜、朱砂叶螨、草履蚧、日本龟蜡蚧、柳蛎盾蚧、桑白盾蚧、梨笠圆盾蚧（梨圆蚧）等。

食叶害虫：黄褐天幕毛虫、柳紫闪蛱蝶、美国白蛾、黄刺蛾、扁刺蛾、杨二尾舟蛾、杨扇舟蛾、分月扇舟蛾、榆掌舟蛾、杨雪毒蛾（杨毒蛾）、柳雪毒蛾（柳毒蛾）、角斑古毒蛾、杨白潜叶蛾、杨银潜叶蛾、杨柳小卷叶蛾、春尺蛾（沙枣尺蛾）、舞毒蛾、大蓑蛾、杨叶甲、柳蓝叶甲等。

钻蛀害虫：杨锦纹截尾吉丁虫、杨干象、杨干透翅蛾、白杨透翅蛾、芳香木蠹蛾、六星黑点豹蠹蛾、杨红颈天牛、星天牛、光肩星天牛、桑天牛（桑粒肩天牛）、青杨楔天牛（青杨天牛）、青杨脊虎天牛、云斑天牛、中华薄翅锯天牛、刺角天牛、四点象天牛（四眼象天牛）等。

病害：皱叶病、叶锈病、黑斑病、灰斑病、褐斑病、花叶病毒病、破腹病、干腐病、腐烂病、溃疡病、日灼病、紫纹羽病、根头癌肿病（根癌病）、根腐病等。

（10）柳树

刺吸害虫：柳倭蚜、柳瘤大蚜、柳黑毛蚜、山楂叶螨、杨始叶螨、柳刺皮瘿螨、槐坚蚧（水木坚蚧、扁平球坚蚧）、柳蛎盾蚧、桑白盾蚧、梨笠圆盾蚧（梨圆蚧）、膜肩网蝽、蚱蝉等。

食叶害虫：黄褐天幕毛虫、柳紫闪蛱蝶、美国白蛾、黄刺蛾、扁刺蛾、黄缘绿刺蛾（褐边绿刺蛾）、桑褶翅尺蛾（桑刺尺蛾）、银杏大蚕蛾、枯叶蛾、霜天蛾、柳细蛾、柳丽细蛾、杨扇舟蛾、杨二尾舟蛾、分月扇舟蛾、杨雪毒蛾（杨毒蛾）、柳雪毒蛾（柳毒蛾）、黄尾白毒蛾（桑毛虫、桑毒蛾）、舞毒蛾、盗毒蛾、角斑古毒蛾、梨剑纹夜蛾、柳小卷叶蛾、丝棉木金星尺蛾、春尺蛾（沙枣尺蛾）、木橑尺蛾、柳蓝叶甲（柳圆叶甲）、柳十八斑叶甲、杨叶甲等。

钻蛀害虫：六星吉丁虫、六星黑点豹蠹蛾、小线角木蠹蛾、芳香木蠹蛾、榆木蠹蛾、日本木蠹蛾、杨干象、杨干透翅蛾、白杨透翅蛾、四点象天牛（四眼象天牛）、青杨脊虎天牛、桑天牛（桑粒肩天牛）、星天牛、光肩星天牛、黄斑星天牛、云斑天牛、红缘天牛、桃红颈天牛、刺角天牛、坡翅柳天牛、中华薄翅锯天牛（薄翅天牛）等。

病害：白粉病、叶斑病、细菌性枯萎病、腐烂病（烂皮病）、溃疡病、白纹羽病、柳立木腐朽、根腐病等。

（11）核桃

刺吸害虫：桃蚜、桃瘤蚜、桃粉蚜、山楂叶螨、二斑叶螨、苹果全爪螨、草履蚧、桑白盾蚧、柳蛎盾蚧、梨笠圆盾蚧（梨圆蚧）、白蜡绵粉蚧、瘤坚大球蚧、槐坚蚧（水木坚蚧、扁平球坚蚧）、蚱蝉等。

食叶害虫：黄褐天幕毛虫、美国白蛾、棉褐带卷叶蛾、桃天蛾、春尺蛾（沙枣尺蛾）、桑褶翅尺蛾（桑刺尺蛾）、木橑尺蛾、黄刺蛾、扁刺蛾、白眉刺蛾、双齿绿刺蛾、黄缘绿刺蛾（褐边绿刺蛾)、桑褐刺蛾(红绿刺蛾)、樗蚕蛾、绿尾大蚕蛾、银杏大蚕蛾、梨剑纹夜蛾、舞毒蛾、盗毒蛾、大蓑蛾、小蓑蛾、苹毛丽金龟等。

钻蛀害虫：梨小食心虫、李小食心虫、桃蛀果蛾、芳香木蠹蛾、榆木蠹蛾、核桃举肢蛾(核桃黑)、金缘吉丁虫、六星吉丁虫、桑天牛、黄星桑天牛、星天牛、八星粉天牛、四点象天牛(四眼象天牛)、云斑天牛、赤杨花天牛、桃红颈天牛、坡翅柳天牛、双带粒翅天牛、培甘天牛等。

病害：芽枯病、小叶病、花叶病、毛毡病、炭疽病、白粉病、褐斑病、圆斑病、角斑病、黑斑病、干腐病、溃疡病、枝枯病、木腐病、褐色膏药病、线虫病、根头癌肿病(根瘤病)等。

(12)榆树、金叶榆、垂枝榆

刺吸害虫：秋四脉绵蚜(榆瘿蚜)、草履蚧、槐坚蚧(水木坚蚧、扁平球坚蚧)、柳蛎盾蚧、桑白盾蚧、蔷薇白轮盾蚧、梨笠圆盾蚧(梨圆蚧)、蚱蝉等。

食叶害虫：大造桥虫、黄褐天幕毛虫、美国白蛾、举肢蛾、榆绿天蛾(榆天蛾)、豆天蛾、蓝目天蛾、银杏大蚕蛾、黄刺蛾、黄缘绿刺蛾(褐边绿刺蛾)、桑褐刺蛾(红绿刺蛾)、桑褶翅尺蛾(桑刺尺蛾)、丝棉木金星尺蛾、春尺蛾(沙枣尺蛾、榆尺蛾)、木橑尺蛾、榆凤蛾、榆掌舟蛾、苹掌舟蛾(舟形毛虫)、榆毒蛾、盗毒蛾、舞毒蛾、角斑古毒蛾、大蓑蛾、榆锐卷叶象虫、榆三节叶蜂、榆紫叶甲、榆绿叶甲、榆黄叶甲、白星花金龟、铜绿丽金龟等。

钻蛀害虫：金缘吉丁虫、榆木蠹蛾、芳香木蠹蛾、小线角木蠹蛾、六星黑点豹蠹蛾、四点象天牛(四眼象天牛)、桑天牛(桑粒肩天牛、黄褐天牛)、星天牛、光肩星天牛、黄斑星天牛、云斑天牛、双斑锦天牛、红缘天牛、桃红颈天牛、坡翅柳天牛、中华薄翅锯天牛(薄翅天牛)、果树小蠹等。

病害：腐烂病、溃疡病、枯枝病、煤污病、炭疽病(黑斑病）等。

（13）桑树、龙桑

刺吸害虫：桑木虱、草履蚧、桑白盾蚧、柿绒蚧、柿绵粉蚧、槐坚蚧（水木坚蚧、扁平球坚蚧）、康氏粉蚧、日本龟蜡蚧、日本纽绵蚧、蚱蝉等。

食叶害虫：黄褐天幕毛虫、美国白蛾、春尺蛾（沙枣尺蛾）、黄刺蛾、扁刺蛾、桑褶翅尺蛾（桑刺尺蛾）、桑褐刺蛾（红绿刺蛾）、黄缘绿刺蛾（褐边绿刺蛾）、梨剑纹夜蛾、斜纹夜蛾、甘蓝夜蛾、黄尾白毒蛾（桑毛虫、桑毒蛾）、大蓑蛾、人纹污灯蛾等。

钻蛀害虫：桑天牛（桑粒肩天牛）、黄星桑天牛、桑脊虎天牛（桑虎天牛）、星天牛、光肩星天牛、槐黑虎星天牛、坡翅桑天牛、黑点粉天牛、六星粉天牛、日本筒天牛、黑角筒天牛、云斑天牛、双斑锦天牛、中华薄翅锯天牛（薄翅天牛）等。

病害：白粉病、褐斑病、桑疫病、桑萎缩病、紫纹羽病等。

（14）悬铃木

刺吸害虫：山楂叶螨、草履蚧、康氏粉蚧、日本龟蜡蚧、槐花球蚧、槐坚蚧（水木坚蚧、扁平球坚蚧）、桑白盾蚧、柿绒蚧（柿绵蚧、毛毡蚧）、蚱蝉等。

食叶害虫：大造桥虫、美国白蛾、黄刺蛾、扁刺蛾、黄缘绿刺蛾（褐边绿刺蛾）、桑褐刺蛾（红绿刺蛾）、霜天蛾、樗蚕蛾、棉卷叶野螟（棉大卷叶螟）、木橑尺蛾、大蓑蛾、小蓑蛾、盗毒蛾、角斑古毒蛾、人纹污灯蛾等。

钻蛀害虫：小线角木蠹蛾、六星黑点豹蠹蛾、星天牛、光肩星天牛、云斑天牛、桑天牛（桑粒肩天牛、黄褐天牛）、中华薄翅锯天牛（薄翅天牛）等。

病害：干腐病、褐斑病等。

（15）合欢

刺吸害虫：桃蚜、合欢木虱、桑白盾蚧、槐花球蚧等。

食叶害虫：扁刺蛾、合欢巢蛾、桑褐刺蛾（红绿刺蛾）、木橑尺蛾、枯叶夜蛾等。

钻蛀害虫：合欢吉丁虫、日本双棘长蠹（双齿长蠹）、刺角天牛、坡翅柳天牛等。

病害：枯萎病、干腐病、腐烂病等。

（16）臭椿、千头椿、红叶椿

刺吸害虫：山楂叶螨、草履蚧、白蜡绵粉蚧、桑白盾蚧、斑衣蜡蝉等。

食叶害虫：大造桥虫、美国白蛾、樗蚕蛾、木橑尺蛾、臭椿皮蛾、枣刺蛾、扁刺蛾、桑褐刺蛾（红绿刺蛾）、大蓑蛾、桑剑纹夜蛾等。

钻蛀害虫：绿窄吉丁虫、沟眶象、臭椿沟眶象、小线角木蠹蛾、芳香木蠹蛾、刺角天牛、灭字脊虎天牛等。

（17）槐树、龙爪槐、蝴蝶槐、金叶槐、金枝槐

刺吸害虫：槐蚜、朱砂叶螨、山楂叶螨、草履蚧、槐坚蚧（水木坚蚧、扁平球坚蚧）、桑白盾蚧、瘤坚大球蚧、槐花球蚧、蚱蝉等。

食叶害虫：黄褐天幕毛虫、豆天蛾、扁刺蛾、美国白蛾、国槐尺蛾、桑褶翅尺蛾（桑刺尺蛾）、木橑尺蛾、沙枣尺蛾、丝棉木金星尺蛾、梨尺蛾（梨步曲、造桥虫）、槐羽舟蛾（天社蛾）等。

钻蛀害虫：国槐小卷蛾、芳香木蠹蛾、小线角木蠹蛾、六星黑点豹蠹蛾、日本双棘长蠹（双齿长蠹）、星天牛、刺角天牛、光肩星天牛、槐黑虎星天牛、红缘天牛、锈色粒肩天牛、庶扁蛾等。

病害：煤污病、腐烂病、干腐病、溃疡病、锈瘤病、白纹羽病等。

（18）白蜡

刺吸害虫：草履蚧、白蜡绵粉蚧、槐坚蚧（水木坚蚧、扁平球坚蚧）、日本龟蜡蚧、柳蛎盾蚧、桑白盾蚧、蚱蝉等。

食叶害虫：霜天蛾、美国白蛾、扁刺蛾、桑褐刺蛾、双齿绿刺蛾、黄缘绿刺蛾（褐边绿刺蛾）、樗蚕蛾、桑褶翅尺蛾（桑刺尺蛾）等。

钻蛀害虫：白蜡窄吉丁虫、六星吉丁虫、日本双棘长蠹（双齿长蠹）、白蜡哈氏茎蜂、日本木蠹蛾、芳香木蠹蛾、小线角木蠹蛾、六星黑点豹蠹蛾、云斑天牛、中华薄翅锯天牛（薄翅天牛）等。

病害：白粉病、枯梢病、干腐病等。

（19）栾树

刺吸害虫：草履蚧、栾多态毛蚜、瘤坚大球蚧等。

食叶害虫：桑褶翅尺蛾（桑刺尺蛾）、沙枣尺蛾、黄刺蛾、双齿绿刺蛾等。

钻蛀害虫：六星吉丁虫、小线角木蠹蛾、六星黑点豹蠹蛾、日本双棘长蠹（双齿长蠹）、光肩星天牛等。

病害：干腐病、枯枝病、流胶病等。

（20）枣树

刺吸害虫：绿盲蝽、枣瘿纹（卷叶蛆）、草履蚧、枣粉蚧、梨笠圆盾蚧（梨圆蚧）、日本龟蜡蚧（枣虱子）、瘤坚大球蚧、柳蛎盾蚧、麻皮蝽、蚱蝉等。

食叶害虫：棉铃虫、金毛虫、枣粘虫（枣镰翅小卷蛾）、黄褐天幕毛虫、美国白蛾、樗蚕蛾、绿尾大蚕蛾、黄刺蛾、扁刺蛾、黄缘绿刺蛾（褐边绿刺蛾）、枣尺蛾（枣步曲）、春尺蛾（沙枣尺蛾）、四星尺蛾、黄尾白毒蛾（桑毛虫、桑毒蛾）、双线盗毒蛾、灰斑古毒蛾、隆背花薪甲、食芽象甲等。

钻蛀害虫：桃小食心虫、桃蛀螟、六星黑点豹蠹蛾、豹纹木蠹蛾、金象吉丁虫、六星吉丁虫、红缘天牛、二点红天牛、星天牛、中华薄翅锯天牛（薄翅天牛）等。

病害：白粉病、病毒病、枣锈病、花叶病、灰斑病、黑斑病、煤污病、轮纹病（粗皮病）、丛枝病（枣疯病）、枝枯病、干腐病、木腐病，枣果炭疽病、疮痂病、缩果病、裂果病、软腐病、黑腐病、白腐病等。

（21）柿树

刺吸害虫：草履蚧、柿绵粉蚧、柿绒蚧（柿绵蚧、毛毡蚧）、柳蛎盾蚧、桑白盾蚧、康氏粉蚧、日本龟蜡蚧、柿斑叶蝉、蚱蝉等。

食叶害虫：黄刺蛾、白眉刺蛾、扁刺蛾、双齿绿刺蛾、黄缘绿刺蛾（褐边绿刺蛾）、银杏大蚕蛾、柿星尺蛾、木橑尺蛾、苹果小卷叶蛾（棉褐带卷蛾、苹小黄卷蛾）、枯叶夜蛾、红缘灯蛾、舞毒蛾等。

钻蛀害虫：柿蒂虫、梨小食心虫、六星吉丁虫、六星黑点豹蠹蛾、日本双棘长蠹（双齿长蠹）等。

病害：干腐病、枯枝病、角斑病、圆斑病、炭疽病、黑星病、丛枝病等。

（22）五角枫、元宝枫

刺吸害虫：栾多态毛蚜、柿绵粉蚧、日本白盾蚧、蚱蝉等。

食叶害虫：黄褐天幕毛虫、美国白蛾、木橑尺蛾、春尺蛾（沙枣尺蛾）、扁刺蛾、双齿绿刺蛾、桑褶翅尺蛾（桑刺尺蛾）、元宝枫花细蛾（元宝枫细蛾）、小蓑蛾等。

钻蛀害虫：六星吉丁虫、星天牛、光肩星天牛、金绿楔天牛、小线角木蠹蛾等。

病害：干腐病等。

（23）梧桐（青桐）

刺吸害虫：青桐木虱、柿绒蚧（柿绵蚧、毛毡蚧）、桑白盾蚧、槐坚蚧等。

食叶害虫：黄刺蛾、扁刺蛾、黄缘绿刺蛾（褐边绿刺蛾）、樗蚕蛾、霜天蛾、棉卷叶野螟（棉大卷叶螟）等。

钻蛀害虫：中华薄翅锯天牛（薄翅天牛）、小线角木蠹蛾等。

病害：黑斑病（角斑病）、干腐病、腐烂病等。

（24）玉兰

刺吸害虫：桃蚜、朱砂叶螨、日本龟蜡蚧、瘤坚大球蚧、月季白轮盾蚧、蚱蝉等。

食叶害虫：扁刺蛾、黄缘绿刺蛾（褐边绿刺蛾）、桑褐刺蛾（红绿刺蛾）、樗蚕蛾、霜天蛾、小蓑蛾、大蓑蛾、角斑古毒蛾等。

钻蛀害虫：小线角木蠹蛾等。

病害：枝枯病、叶枯病、煤污病、炭疽病等。

（25）黄栌

食叶害虫：木橑尺蛾、舞毒蛾、黄栌胫跳甲等。

病害：枯萎病、丛枝病、干腐病、白粉病、病毒病等。

（26）梅花

刺吸害虫：桃蚜、桃粉大尾蚜（桃粉蚜）、桃瘤蚜、棉蚜、山楂叶螨、朱砂叶螨、梨冠网蝽、朝鲜球坚蚧（桃球坚蚧、杏球坚蚧）、槐坚蚧（水木坚蚧、扁平球坚蚧）日本龟蜡蚧、桑白盾蚧、康氏粉蚧、榆球坚蚧、矢尖盾蚧、蚱蝉等。

食叶害虫：黄褐天幕毛虫、苹掌舟蛾（舟形毛虫）、桃天蛾、蓝目天蛾、黄刺蛾、白眉刺蛾、黄缘绿刺蛾（褐边绿刺蛾）、桑褐刺蛾（红绿刺蛾）、中国绿刺蛾、黄尾白毒蛾（桑毛虫、桑毒蛾）、角斑古毒蛾、柳毒蛾、舞毒蛾、梨剑纹夜蛾、大蓑蛾、小蓑蛾等。

钻蛀害虫：桃红颈天牛、红缘天牛、光肩星天牛、日本筒天牛、黑角筒天牛、榆木蠹蛾、六星黑点豹蠹蛾等。

病害：干腐病、叶枯病、白粉病、褐斑病、炭疽病、穿孔病、缩叶病、流胶病、根头癌肿病（根癌病）等。

（27）樱花

刺吸害虫：桃蚜、桃粉大尾蚜（桃粉蚜）、绣线菊蚜、山楂叶螨、朱砂叶螨、草履蚧、桑白盾蚧、矢尖盾蚧、朝鲜褐球蚧、朝鲜球坚蚧（桃球坚蚧、杏球坚蚧）、梨冠网蝽、蚱蝉等。

食叶害虫：黄褐天幕毛虫、美国白蛾、桃潜叶蛾、黄刺蛾、扁刺蛾、双齿绿刺蛾、白眉刺蛾、中国绿刺蛾、桑褐刺蛾（红绿刺蛾）、黄缘绿刺蛾（褐边绿刺蛾）、樗蚕蛾、霜天蛾、桃天蛾、苹掌舟蛾（舟形毛虫）、木橑尺蛾、小蓑蛾、大蓑蛾、角斑古毒蛾、盗毒蛾、舞毒蛾、苹毛丽金龟等。

钻蛀害虫：金缘吉丁虫、六星吉丁虫、桃红颈天牛、桑天牛、星天牛、光肩星天牛、日本筒天牛、多毛小蠹、小线角木蠹蛾、六星黑点豹蠹蛾等。

病害：干腐病、腐烂病（烂皮病）、叶枯病、樱花褐斑穿孔病、细菌性穿孔病、非侵染性流胶病、白纹羽病、根头癌肿病（根癌病）等。

（28）苹果树

刺吸害虫：桃蚜、绣线菊蚜、苹果棉蚜、苹果瘤蚜（腻虫）、山楂叶螨、苹果全爪螨、二斑叶螨、草履蚧、瘤坚大球蚧、槐坚蚧（水木坚蚧、扁平球坚蚧）、朝鲜球坚蚧（桃球坚蚧、杏球坚蚧）、沙里院褐球坚蚧（苹果球蚧）、绵粉蚧、梨笠圆盾蚧（梨圆蚧）、康氏粉蚧、梨冠网蝽、麻皮蝽、茶翅蝽、蚱蝉等。

食叶害虫：黄褐天幕毛虫、美国白蛾、桃天蛾、黄刺蛾、扁刺蛾、双齿绿刺蛾、黄缘绿刺蛾（褐边绿刺蛾）、绿尾大蚕蛾、银杏大蚕蛾、大蓑蛾、苹掌舟蛾（舟形毛虫）、梨尺蛾（梨步曲、造桥虫）、梨叶斑蛾（梨星毛虫）、梨剑纹夜蛾、枯叶夜蛾、金纹细蛾、春尺蛾（沙枣尺蛾）、木橑尺蛾、桑褶翅尺蛾、棉卷叶野螟（棉大卷叶螟）、苹果小卷叶蛾（苹小黄卷蛾）、梨食芽蛾（红虎、翻花虫）、盗毒蛾、舞毒蛾、黄尾白毒蛾（桑毛虫、桑毒蛾）、角斑古毒蛾、桃潜叶蛾、山楂绢粉蝶、苹毛丽金龟、小黄鳃金龟、东方金龟、隆背花薪甲等。

钻蛀害虫：苹小食心虫、梨小食心虫、桃小食心虫、白小食心虫、桃蛀螟、苹果透翅蛾、果树小蠹、小线角木蠹蛾、芳香木蠹蛾、榆木蠹蛾、六星黑点豹蠹蛾、金缘吉丁虫、六星吉丁虫、星天牛、桑天牛（桑粒肩天牛、黄褐天牛）、桑脊虎天牛（桑虎天牛）、桃红颈天牛、光肩星天牛、云斑天牛、竹绿虎天牛、红缘天牛、日本筒天牛、黑角虎天牛、灰翅筒天牛、中华薄翅锯天牛（薄翅天牛）等。

病害：苹果桧锈病、花叶病、花腐病、白粉病、褐斑病、斑点落叶病（苹果褐纹病）、灰斑病、木腐病、腐烂病（烂皮病）、干腐病、白纹羽病、紫纹羽病、根结线虫病、根头癌肿病（根癌病）、根腐病，果实锈果病（花脸病）、轮纹病（粗皮病、轮纹褐腐病）、疫腐病、炭疽病等。

（29）梨树

刺吸害虫：桃蚜、桃粉大尾蚜（桃粉蚜）、苹果棉蚜（赤蚜）、梨黄粉蚜、绣线菊蚜、山楂叶螨、二斑叶螨、苹果全爪螨、梨木虱、草履蚧、梨笠圆盾蚧（梨圆蚧）、日本龟蜡蚧、瘤坚大球蚧、沙里院褐球坚蚧（苹果球蚧）、朝鲜球坚蚧（桃球坚蚧、杏球坚蚧）、康氏粉蚧、绵粉蚧、梨冠网蝽、茶翅蝽、蚱蝉等。

食叶害虫：黄褐天幕毛虫、山楂绢粉蝶、美国白蛾、梨叶斑蛾（梨星毛虫）、梨尺蛾（梨步曲、造桥虫）、梨食芽蛾（红虎、翻花虫）、桃天蛾、银杏大蚕蛾、樗蚕蛾、黄刺蛾、扁刺蛾、黄缘绿刺蛾（褐边绿刺蛾）、大蓑蛾 、梨剑纹夜蛾、枯叶夜蛾、春尺蛾（沙枣尺蛾）、木橑尺蛾、苹掌舟蛾（舟形毛虫）、苹果小卷叶蛾（苹小黄卷蛾）、山楂黄卷蛾、金纹细蛾、桃潜叶蛾、黄尾白毒蛾（桑毛虫、桑毒蛾）、角斑古毒蛾、盗毒蛾、舞毒蛾、隆背花薪甲、四纹丽金龟等。

钻蛀害虫：梨大食心虫、梨小食心虫、苹小食心虫、桃小食心虫、金缘吉丁虫、六星吉丁虫、桃蛀螟、果树小蠹、多毛小蠹、六星黑点豹蠹蛾、芳香木蠹蛾、星天牛、桑天牛（桑粒肩天牛、黄褐天牛）、桑脊虎天牛（桑虎天牛）、刺角天牛、云斑天牛、红缘天牛、桃红颈天牛、日本筒天牛、灰翅筒天牛、二点红天牛等。

病害：白粉病、梨桧锈病、黑斑病、褐斑病、干腐病、腐烂病、根腐病、根头癌肿病（根瘤病），果实黑星病（疮痂病）、轮纹病（粗皮病、轮纹褐腐病）、炭疽病等。

（30）桃树、碧桃

刺吸害虫：桃蚜、桃粉大尾蚜（桃粉蚜）、桃瘤蚜、山楂叶螨、朱砂叶螨、苹果全爪螨、二斑叶螨、草履蚧、槐花球蚧、槐坚蚧（水木坚蚧、扁平球坚蚧）、沙里院褐球坚蚧（苹果球蚧）、梨笠圆盾蚧（梨圆蚧）、桑白盾蚧、朝鲜球坚蚧（桃球坚蚧）、康氏粉蚧、日本龟蜡蚧、梨冠网蝽、茶翅蝽、蚱蝉、斑衣蜡蝉等。

食叶害虫：黄褐天幕毛虫、美国白蛾、黄刺蛾、扁刺蛾、白眉刺蛾、桑褐刺蛾（红绿刺蛾）、棉褐带卷叶蛾、苹果小卷叶蛾、苹掌舟蛾（舟形毛虫）、桃潜叶蛾、金纹细蛾、桃天蛾、木橑尺蛾、梨剑纹夜蛾、枯叶夜蛾、角斑古毒蛾、黄尾白毒蛾（桑毛虫、桑毒蛾）、大蓑蛾、苹毛丽金龟等。

钻蛀害虫：苹小食心虫、梨小食心虫、桃小食心虫、桃蛀螟、金象吉丁虫、果树小蠹、多毛小蠹、六星黑点豹蠹蛾、桃红颈天牛、星天牛、日本筒天牛、四点象天牛等。

病害：白粉病、红叶病、缩叶病、细菌性穿孔病、腐烂病（烂皮病）、干腐病、侵染性流胶病、根霉软腐病、根头癌肿病（根癌病）、根朽病，果实褐腐病（果腐病）、黑星病（疮痂病）、炭疽病等。

（31）杏树、山杏

刺吸害虫：桃蚜、桃粉大尾蚜（桃粉蚜）、桃瘤蚜、山楂叶螨、二斑叶螨、苹果全爪螨、朝鲜球坚蚧（杏球坚蚧）、槐坚蚧（水木坚蚧、扁平球坚蚧）、桑白盾蚧、梨笠圆盾蚧（梨圆蚧）、康氏粉蚧、蚱蝉、斑衣蜡蝉等。

食叶害虫：黄褐天幕毛虫、杏象鼻虫、美国白蛾、苹掌舟蛾（舟形毛虫）、桃天蛾、蓝目天蛾、黄刺蛾、扁刺蛾、双齿绿刺蛾、黄缘绿刺蛾（褐边绿刺蛾）、棉褐带卷叶蛾、梨剑纹夜蛾、桃潜叶蛾、春尺蛾（沙枣尺蛾）、梨尺蛾（梨步曲、造桥虫）、黑星麦蛾（苹果黑星卷叶麦蛾）、苹掌舟蛾（舟形毛虫）、舞毒蛾、山楂绢粉蝶、小蓑蛾（茶蓑蛾）、大蓑蛾、苹毛丽金龟、白星花金龟等。

钻蛀害虫：桃小食心虫、梨小食心虫、杏仁蜂、桃蛀螟、果树小蠹、多毛小蠹、四点象天牛（四眼象天牛）、桃红颈天牛、日本筒天牛等。

病害：穿孔病、灰霉病、霉污病、褐斑病、黑斑病、焦边病、叶枯病、流胶病、干腐病、腐烂病、轮纹病（粗皮病）、木腐病、根头癌肿病（根癌病），果实杏疔病（红肿病）、褐腐病（果腐病）、黑星病（疮痂病）、炭疽病、裂果病、疫腐病等。

（32）紫叶李

刺吸害虫：桃蚜、桃瘤蚜、桃粉大尾蚜（桃粉蚜）、棉蚜、山楂叶螨、二斑叶螨、苹果全爪螨、草履蚧、桑白盾蚧、沙里院褐球蚧、朝鲜球坚蚧（桃球坚蚧、杏球坚蚧）、槐坚蚧（水木坚蚧、扁平球坚蚧）、瘤坚蚧、康氏粉蚧、梨冠网蝽、蚱蝉等。

食叶害虫：黄褐天幕毛虫、大造桥虫、美国白蛾、木橑尺蛾、银杏大蚕蛾、蓝目天蛾、黄刺蛾、扁刺蛾、双齿绿刺蛾、黄缘绿刺蛾（褐边绿刺蛾）、白眉刺蛾、丽绿刺蛾（绿刺蛾）、桑褐刺蛾（红绿刺蛾）、苹果小卷叶蛾、桃潜叶蛾、金纹细蛾、大蓑蛾、小蓑蛾、梨剑纹夜蛾、枯叶夜蛾、盗毒蛾、黄尾白毒蛾（桑毛虫、桑毒蛾）、角斑古毒蛾等。

钻蛀害虫：金象吉丁虫、桃红颈天牛、光肩星天牛、黑角筒天牛、日本筒天牛等。

病害：炭疽病、真菌性穿孔病、细菌性穿孔病、侵染性流胶病、枯梢病、干腐病、根头癌肿病（根癌病）等。

（33）海棠花、海棠果、西府海棠、山丁子

刺吸害虫：桃蚜、绣线菊蚜、苹果瘤蚜（腻虫）、朱砂叶螨、山楂叶螨、梨冠网蝽、草履蚧、沙里院褐球蚧、朝鲜球坚蚧（桃球坚蚧、杏球坚蚧）、蚱蝉等。

食叶害虫：黄褐天幕毛虫、蓝目天蛾、黄刺蛾、扁刺蛾、双齿绿刺蛾、黄缘绿刺蛾（褐边绿刺蛾）、桑褐刺蛾（红绿刺蛾）、美国白蛾、苹掌舟蛾（舟形毛虫）、榆掌舟蛾、槐羽舟蛾（天社蛾）、梨叶斑蛾（梨星毛虫）、金纹细蛾、棉褐带卷叶蛾、棉卷叶野螟（棉大卷叶螟）、黄尾白毒蛾（桑毛虫、桑毒蛾）、角斑古毒蛾、舞毒蛾、小蓑蛾等。

钻蛀害虫：梨小食心虫、苹小食心虫、六星吉丁虫、双齿长蠹、小线角木蠹蛾、六星黑点豹蠹蛾、桑天牛（桑粒肩天牛、黄褐天牛）、中华薄翅锯天牛（薄翅天牛）等。

病害：花叶病、白粉病、褐斑病、海棠桧锈病、轮纹病（粗皮病）、干腐病、腐烂病、根头癌肿病（根癌病）等。

（34）山楂、山里红

刺吸害虫：绣线菊蚜、山楂叶螨、苹果全爪螨、朱砂叶螨、梨冠网蝽、斑须蝽、茶翅蝽、沙里院褐球蚧（苹果球蚧）、梨笠圆盾蚧（梨圆蚧）、康氏粉蚧、蚱蝉等。

食叶害虫：美国白蛾、梨叶斑蛾（梨星毛虫）、梨尺蛾（梨步曲、造桥虫）、木橑尺蛾、黄刺蛾、双齿绿刺蛾、白眉刺蛾、黄缘绿刺蛾（褐边绿刺蛾）、桃潜叶蛾、山楂黄卷蛾、苹掌舟蛾（舟形毛虫）、栗黄枯叶蛾、舞毒蛾、角斑古毒蛾、小蓑蛾、山楂绢粉蝶等。

钻蛀害虫：山楂小食心虫、苹小食心虫、桃小食心虫、白小食心虫、金缘吉丁虫、桃蛀螟、小线角木蠹蛾等。

病害：白粉病、花腐病、圆斑病、斑枯病（叶斑病）、枯梢病、丛枝病、干腐病、腐烂病、线虫病、白纹羽纹病、轮纹病、根腐

病，果实炭疽病、黑星病（疮痂病）等。

（35）月季

刺吸害虫：月季长管蚜、绣线菊蚜、桃蚜、棉蚜、朱砂叶螨、二斑叶螨、月季白轮盾蚧、日本龟蜡蚧、桑白盾蚧、梨冠网蝽等。

食叶害虫：棉铃虫、大造桥虫、黄褐天幕毛虫、黄刺蛾、扁刺蛾、白眉刺蛾、黄缘绿刺蛾（褐边绿刺蛾）、桑褶翅尺蛾（桑刺尺蛾）、大蓑蛾、小蓑蛾、人纹污灯蛾、木橑尺蛾、石榴巾夜蛾、梨剑纹夜蛾、舞毒蛾、角斑古毒蛾、蔷薇切叶蜂（切叶虫）、玫瑰三节叶蜂（蔷薇叶蜂）、四纹丽金龟、苹毛丽金龟等。

钻蛀害虫：玫瑰茎蜂。

病害：白粉病、黑斑病、花叶病毒病、花腐病、叶枯病、根结线虫病、根头癌肿病（根癌病）等。

（36）玫瑰

刺吸害虫：月季长管蚜、棉蚜、朱砂叶螨、蔷薇白轮盾蚧、月季白轮盾蚧、桑白盾蚧、康氏粉蚧、日本龟蜡蚧、瘤坚大球蚧等。

食叶害虫：黄褐天幕毛虫、棉铃虫、黄刺蛾、中国绿刺蛾、石榴巾夜蛾、梨剑纹夜蛾、小蓑蛾、蔷薇切叶蜂、玫瑰三节叶蜂（蔷薇叶蜂）、角斑古毒蛾等。

钻蛀害虫：玫瑰茎蜂。

病害：白粉病、叶枯病、玫瑰锈病、黑斑病、根头癌肿病（根癌病）等。

（37）榆叶梅

刺吸害虫：桃蚜、桃瘤蚜、桃粉大尾蚜（桃粉蚜）、棉蚜、绣线菊蚜、山楂叶螨、桑白盾蚧等。

食叶害虫：黄褐天幕毛虫、苹掌舟蛾（舟形毛虫）、黄刺蛾、白眉刺蛾、黄缘绿刺蛾（褐边绿刺蛾）、梨剑纹夜蛾、舞毒蛾、小蓑蛾等。

钻蛀害虫：小线角木蠹蛾、桃红颈天牛、红缘天牛、果树小蠹、多毛小蠹、日本双棘长蠹（双齿长蠹）等。

病害：黑斑病、穿孔病、叶枯病、干腐病、白纹羽病、根头癌肿病（根癌病）等。

(38) 丁香

刺吸害虫：朱砂叶螨、日本白盾蚧、桑白盾蚧、柳蛎盾蚧、矢尖盾蚧、蓟马等。

食叶害虫：美国白蛾、女贞尺蛾（丁香尺蛾）、黄刺蛾、白眉刺蛾、黄缘绿刺蛾（褐边绿刺蛾）、桑褶翅尺蛾（桑刺尺蛾）、梨剑纹夜蛾、棉卷叶野螟（棉大卷叶螟）、霜天蛾、蓝目天蛾、大蓑蛾、樗蚕蛾等。

钻蛀害虫：四点象天牛（四眼象天牛）、小线角木蠹蛾、六星黑点豹蠹蛾、榆木蠹蛾、芳香木蠹蛾等。

病害：白粉病、煤污病、褐斑病、黑斑病、枯萎病、细菌性疫病等。

(39) 紫荆

刺吸害虫：日本龟蜡蚧、桑白盾蚧等。

食叶害虫：石榴巾夜蛾、黄刺蛾、双齿绿刺蛾、白眉刺蛾、黄缘绿刺蛾（褐边绿刺蛾）、桑褐刺蛾（红绿刺蛾）、中国绿刺蛾、舞毒蛾、大蓑蛾、小蓑蛾、大造桥虫等。

钻蛀害虫：桑天牛（桑粒肩天牛黄褐天牛）、双齿长蠹、六星黑点豹蠹蛾等。

病害：枯萎病、叶枯病、角斑病、煤污病等。

(40) 紫薇

刺吸害虫：紫薇长斑蚜、桃蚜、紫薇绒蚧（石榴毡蚧）、矢尖盾蚧、桑白盾蚧、日本龟蜡蚧等。

食叶害虫：黄刺蛾、扁刺蛾、白眉刺蛾、黄缘绿刺蛾（褐边绿刺蛾）、桑褐刺蛾（红绿刺蛾）、中国绿刺蛾、樗蚕蛾、石榴巾夜蛾、绿尾大蚕蛾、舞毒蛾、小蓑蛾、大蓑蛾等。

钻蛀害虫：小线角木蠹蛾、星天牛、光肩星天牛、日本双棘长蠹（双齿长蠹）等。

病害：白粉病、煤污病、褐斑病、叶枯病等。

（41）木槿

刺吸害虫：桃蚜、棉蚜、山楂叶螨、朱砂叶螨、二斑叶螨、桑白盾蚧、卫矛矢尖盾蚧、槐坚蚧（水木坚蚧、扁平球坚蚧）等。

食叶害虫：棉铃虫、大造桥虫、棉卷叶野螟（棉大卷叶螟）、黄刺蛾、桑褐刺蛾（红绿刺蛾）、樗蚕蛾、甜菜夜蛾、斜纹夜蛾、人纹污灯蛾、角斑古毒蛾、小蓑蛾等。

病害：煤污病、白粉病、枯梢病、立枯病、根腐病等。

（42）石榴

刺吸害虫：棉蚜、栾多态毛蚜、山楂叶螨、二斑叶螨、朱砂叶螨、草履蚧、紫薇绒蚧（石榴囊毡蚧）、日本龟蜡蚧、康氏粉蚧、瘤缘蝽、蚱蝉等。

食叶害虫：石榴巾夜蛾、黄刺蛾、白眉刺蛾、黄缘绿刺蛾（褐边绿刺蛾）、桑褐刺蛾（红绿刺蛾）、梨剑纹夜蛾、樗蚕蛾、木橑尺蛾、苹毒蛾、棉铃虫、大蓑蛾、茶蓑蛾等。

钻蛀害虫：桃蛀螟、桃小食心虫、咖啡木蠹蛾、六星黑点豹蠹蛾等

病害：褐斑病、煤污病、叶霉病、黑斑病（角斑病）、裂果病、麻皮病、枯枝病、干腐病、根腐病等。

（43）金银木

刺吸害虫：金银木蚜虫、槐坚蚧（水木坚蚧、扁平球坚蚧）等。

食叶害虫：美国白蛾、霜天蛾、桑刺尺蛾、白钩蛱蝶、咖啡透翅蛾等。

钻蛀害虫：六星黑点豹蠹蛾等。

（44）牡丹、芍药

刺吸害虫：桃蚜、桃粉大尾蚜（桃粉蚜）、棉蚜、朱砂叶螨、

桑白盾蚧、日本白盾蚧、日本龟蜡蚧、矢尖盾蚧等。

食叶害虫：烟青虫、黄刺蛾、扁刺蛾、白眉刺蛾、黄缘绿刺蛾（褐边绿刺蛾）、桑褐刺蛾（红绿刺蛾）、人纹污灯蛾、大红蛱蝶、小蓑蛾、大蓑蛾、苹毛丽金龟、同型巴蜗牛等。

钻蛀害虫：中华锯花天牛、黄胫宽花天牛等。

土壤害虫：蛴螬、小地老虎、蝼蛄。

病害：白粉病、白绢病、锈病、曲叶病、叶枯病、炭疽病、黑斑病、褐斑病、红斑病（叶斑病、霉病）、病毒病、紫纹羽病、白纹羽病、菌核病（茎腐病）、根结线虫病、丛枝病、根腐病等冬。

（45）美人蕉

刺吸害虫：桃蚜、朱砂叶螨、二斑叶螨等。

食叶害虫：棉铃虫、银纹夜蛾、斜纹夜蛾、小蓑蛾、角斑古毒蛾、葡萄十星叶甲、白星花金龟、小青花金龟、无斑弧丽金龟、四纹丽金龟、同型灰巴蜗牛等。

土壤害虫：小地老虎等。

病害：日灼病、叶枯病、灰斑病、黑斑病、花叶病、病毒病、根结线虫病等。

（46）大丽花

刺吸害虫：桃蚜、棉蚜、朱砂叶螨、二斑叶螨、绿盲蝽等。

食叶害虫：棉铃虫、粘虫（夜盗虫）、美洲斑潜蝇、菜粉蝶、小红蛱蝶、斜纹夜蛾、银纹夜蛾、甜菜夜蛾、无斑弧丽金龟、灰巴蜗牛等。

钻蛀害虫：大丽花螟蛾。

土壤害虫：沟金针虫、小地老虎等。

病害：白粉病、白绢病、红斑病、黑粉病、花腐病、病毒病、枯萎病、茎腐病等。

第二节　常见园林害虫及其防治

242. 检查和识别园林害虫的目测方法有哪些?

危害园林植物的害虫种类繁多，但它们的外部形态、生活习性各有差异。根据对虫态特征、危害方式、危害部位、危害症状的检查与识别，就可初步判断出害虫种类、发生时期，以便及时制定预防方案。

1）检查虫粪

检查虫粪，是确定有无害虫发生的重要方法之一。只要在枝干、叶片、花瓣及地面周围，发现有新鲜虫粪，就可断定有害虫正在危害植物。而且根据虫粪的颜色、形状和质地，可以判断出害虫的类别。

（1）地面有粒状虫粪

地面有大粒黑色虫粪，疑似天蛾类（霜天蛾、豆天蛾、葡萄天蛾等）、凤蝶类（柑橘凤蝶、茴香凤蝶）、蚕蛾类（绿尾大蚕蛾、樗蚕蛾）等。大粒绿色虫粪，疑似桃六点天蛾。

树下分布黑色小粒虫粪，疑似尺蛾类（国槐尺蛾、枣尺蛾、丝棉木金星尺蛾等）、刺蛾类（双齿绿刺蛾、白眉刺蛾、中国绿刺蛾等）、毒蛾类（侧柏毒蛾、杨雪毒蛾、柳雪毒蛾、角斑古毒蛾等）、舟蛾类（杨扇舟蛾、苹掌舟蛾、杨二尾舟蛾等）、叶蜂类（榆三节叶蜂、玫瑰三节叶蜂），美国白蛾、黄褐天幕毛虫等。

（2）由排粪孔排出虫粪

有些钻蛀害虫，常将虫粪和木屑推出排粪孔外。如排出虫粪和丝状木屑，多为天牛类。排出粪便和木屑为粒状且粘连成串，并在被害处或树下堆积，多为木蠹蛾类。

褐色粪便及黄白色蛀屑或木丝从排粪孔排出，悬挂在树木被害处，疑似光肩星天牛。

自侵入孔排出灰黑色虫粪和粗而长的木屑，同时有树液流出，疑似云斑天牛。

树皮裂缝有少量粪屑排出，排粪孔排出粘成条状的粪便，悬挂在排粪孔口，或伴有大量木丝状粪屑，疑似刺角天牛。

多在地面 50cm 的主干上，蛀孔外或地面上堆积大量红褐色虫粪和木屑，并有大量胶液流出，疑似桃红颈天牛。

枝干上，红褐色细绳状虫粪，从同一方向的数个圆形排粪孔排出，疑似桑天牛低龄幼虫。排出红褐色虫粪和粗大锯木屑状，并伴有红褐色液体流出，疑似桑天牛大龄幼虫（彩图 66）。

间隔一定距离，在小米粒大小的排粪孔外，堆积着粘成条状，形似蚯蚓类粪屑，疑似桑脊虎天牛。

小枝上每隔一定距离的数个圆形排粪孔，排出黄褐色颗粒状虫粪，粘在排粪孔或堆积在地上，受害枝条上部叶片枯黄，疑似顶斑筒天牛（苹果枝天牛）。

枝干上有粒状粪屑排出，疑似六星黑点豹蠹蛾（彩图 67）。

树干排粪孔排出红棕色虫粪及木屑，疑似灰翅筒天牛。

蛀孔外有用丝连接成球形的粪屑，疑似小线角木蠹蛾（彩图 68）。

从树皮缝处，向外排出黄褐色细虫粪和木屑，疑似小木蠹蛾。

嫩梢或松针鞘基部松脂溢出处，有小粒状虫粪排出，受害枝梢扭曲或枝叶变黄，并逐渐枯死，疑似油松夏梢小卷蛾、松梢螟。

苹果树枝叉处有红褐色粪屑及黏液流出，疑似苹果透翅蛾。

复叶基部有细小颗粒状虫粪，复叶萎蔫、干枯、脱落（国槐小卷蛾）。

（3）果实蛀孔上有虫粪堆积

在苹果、桃、山里红等果实的萼洼、两果相接及叶果接触处，堆积着以丝结成的较大粪团，疑似白小食心虫。

在桃、杏、李、苹果、石榴、山里红等萼洼、果实基部排粪孔外，堆积有大量粪便，流出的果实胶液和粪便粘连在一起，疑

似桃蛀螟。

在桃、苹果、梨、山里红等果实褐色干疤处，堆积有少量粒状虫粪，疑似苹小食心虫。

柿幼果由绿色变为灰褐色至黑色，果蒂基部有细小颗粒状虫粪堆积，大果变软、变红，提前脱落，疑似柿蒂虫。

（4）花瓣上有粒状虫粪，疑似棉铃虫、菜粉蝶。

2）检查虫卵

害虫虫卵的颜色、形状、产卵位置及排列方式各不相同，通过查找虫卵可知道害虫种类，并预测其危害程度。

橙红色或暗灰色圆形虫卵，在叶背整齐地平铺成一层块状，疑似杨扇舟蛾（彩图 69）。

卵灰白色，圆筒形，顶部中央下凹，在小枝上横向环形排列成密集“顶针”状，疑似黄褐天幕毛虫。

卵长圆形，灰色，有凹入线和纵脊。多在树干阳面排列成块状，表面覆盖一层灰褐色泥状物，疑似斑衣蜡蝉。

黄色或橙黄色椭圆形虫卵，在叶面成块状竖直排列，疑似杨叶甲。

黄色，顶端尖细的梨形虫卵，在叶背紧密直立排列成二列状，疑似榆绿叶甲。

黄白色椭圆形虫卵，在叶背整齐直立的排成二列，疑似榆黄叶甲。

橙黄色椭圆形虫卵，在叶面直立堆积，疑似柳蓝叶甲。

由一细短柄固着在叶片上的黄色长椭圆形虫卵，在叶背或叶面紧密堆集如毛，形似黄疸，疑似枸杞木虱。

卵长圆形，灰绿色或黑色，有网纹，在叶背平铺成块状，疑似丝棉木金星尺蛾。

卵圆球形，黄绿色或灰绿色，表面有刻纹，在叶背紧密排列成块状，卵块上覆盖白色鳞毛，疑似美国白蛾。

松针上有纵向排列的长椭圆形，黑色虫卵，常被有稀疏白蜡粉，疑似松大蚜。

卵馒头形，灰褐色或黑褐色，在树干、枝条、叶背排列成块状，卵块上覆盖着白色泡沫状胶质物，疑似杨毒蛾。

卵扁卵圆形，灰白色，在树干、叶背等处成块状排列，卵块上覆盖着灰白色泡沫状胶质物，疑似柳毒蛾。

叶背边缘处，散产扁平、椭圆形黄色半透明状虫卵，疑似桑褐刺蛾。

卵椭圆形，深灰色，中央凹陷，沿枝条梢部排列成长块状，疑似桑褶翅尺蛾。

叶片或果实表面，数十粒至上百粒扁平、椭圆形淡黄色虫卵，排列成鱼鳞状，疑似苹果小卷叶蛾。

3）检查虫茧、蛹、袋囊

有些害虫常在枝干上，或缀叶结茧、化蛹，或在袋囊中移动取食并越冬。

（1）虫茧

紧贴小枝上结有灰白色，上有数条紫褐色纵条纹，似雀蛋的椭圆形光洁硬茧，疑似黄刺蛾。

在枝干上结有灰褐色，形似腰鼓状硬茧，疑似白眉刺蛾。

小枝上可见黑褐色，椭圆形，形似鸟蛋的硬茧，疑似扁刺蛾。

在小枝上，或被半个叶片包着的丝质、橄榄形上端开孔的乳白色虫茧，疑似樗蚕蛾。

在枝梢与油松针叶基部之间结成丝状物，其内有数个至十多个白色蜡质虫茧，疑似夏梢小卷蛾。

（2）蛹

小枝、叶片上可见以丝连缚的橙黄色蛹，表面散布多个黑色斑点，腹面有黑色纵带，疑似山楂绢粉蝶。

小枝上纺锤形黄色蛹，以尾部固着于小枝上，疑似柑橘凤蝶。

（3）袋囊

在枝干或叶片上可见有袋状护囊，囊端有一根细丝与树体相连，取食时负囊行走，均为蓑蛾类害虫。

悬挂在树干、枝上或叶片上的纺锤形袋囊，囊外粘附有较大的碎叶片，或有少量零散的枝梗，疑似大蓑蛾（彩图70）。

悬挂在树干、枝或叶片上的纺锤形小袋囊，囊外粘附有被咬碎的较小碎叶片和小枝，疑似小蓑蛾。

悬挂在树干、枝或叶片上的纺锤形袋囊，囊外纵向粘附着长短不一的枯叶柄，两端粘着叶屑，疑似茶蓑蛾。

4）检查分泌物

（1）有些刺吸害虫有较为明显的油污状液体排泄物（虫尿），常污染叶片、树干或地面，受害叶片卷曲或皱缩，有密露，常有煤污病发生，疑似蚜虫类。

叶片、枝干上有一层黏液状霉污或伴有煤污病发生，树下地面飘落一层褐色黏液，疑似柳瘤大蚜。

叶背、嫩枝上附着黑色霉层，地面洒落一层褐色黏液，疑似杨花毛蚜。

叶背布满虫体，并附着排泄尿液，易患煤污病，疑似毛白杨蚜。

叶片卷曲、畸形，嫩梢弯曲，并布满油污。树干流淌分泌物，树下地面飘落一层黏液，疑似栾多态毛蚜。

枝干上沾有片状黏液，严重时黏液顺枝干向下流淌，地面洒满液体分泌物，枝干上可见暗褐色、扁平，椭圆形状似草鞋虫体，疑似草履蚧。

（2）叶片上有白色絮状物，地面有黏液，疑似木虱类。

叶片、枝梢、花序上有大量白色蜡质棉絮状物，树下地面布满黏液，疑似梧桐木虱。

叶片反卷，叶背，布有白色蜡质丝状物，被害叶片反卷，疑似桑木虱。

叶片、花序上，布满白色蜡质丝状物，分泌大量黏液，疑似合欢木虱。

（3）叶面出现苍白色小斑点或黄褐色锈斑，叶背堆积黄褐色黏液及排泄物，严重时失绿变白，引起早期落叶，疑似梨冠网蝽。

5）检查害虫活体

（1）拍打枝叶检查。一些虫体小的害虫，如螨类不易被发现。当叶面出现失绿的黄白色小斑点时，可在枝叶下放一张白纸，轻轻抖动或拍打枝叶，检查纸面上是否有活的虫体。

卵圆形、近圆形，淡红色、橙红色、褐红色移动虫体，疑似朱砂叶螨、栗小爪螨等。

黄色或黄绿色卵圆形虫体，疑似二斑叶螨。

红色、橙黄色或黄绿色圆形虫体，疑似山楂叶螨。

红色椭圆形虫体，柏叶间有很细的丝状拉网，疑似柏小爪螨。

（2）摇晃检查。有些害虫有受惊后落地假死，或吐丝下垂迁移习性。

如国槐尺蛾、春尺蛾、枣尺蛾、舞毒蛾、苹掌舟蛾、黄杨绢野螟等幼虫，受惊后吐丝下垂迁移，落地时易被发现。

用力摇晃枝干，杨干象、臭椿沟眶象、沟眶象成虫，落地假死，易被发现和便于捕捉。

有些害虫附着和爬行能力较差，如黄栌胫跳甲幼虫，可晃动枝干将其震落。

金龟子类、蚕蛾类、尺蛾类等成虫，受惊后飞离植物体，易于被发现。

（3）目测检查活虫体。认真查看树干、枝叶、花序、花蕾、果实上的害虫幼虫及成虫。有些害虫体色随食料的颜色而变化，不易被发现，如棉铃虫等，它们的体色与叶片颜色相似；石榴巾夜蛾等，栖息时酷似枝条，只有在被害处附近仔细检查，才能发现害虫。

幼虫灰褐色，与石榴枝条颜色近似，移动时常弯曲成桥形，被害叶片边缘有缺刻或仅剩叶柄，疑似榴巾夜蛾。

幼虫体黄绿色，1 ~ 4 腹节有刺突，2 ~ 4 节刺突较长，第 8 腹节有褐绿色刺 1 对，停留时头向腹部卷曲呈“？”形，疑似桑褶翅尺蛾。

幼虫扁平，椭圆形，绿色，背中间有一条白色纵向宽脊线，外侧各有蓝绿色窄边，虫体外缘丛刺发达，疑似扁刺蛾。

幼虫体略呈长方形，黄绿色，体背有一两端宽钝，中部狭窄似哑铃形紫色大斑，疑似黄刺蛾。

幼虫体粉绿色，移动时中央拱起一拱一拱爬行，受惊后缀丝下垂，疑似国槐尺蛾。

幼虫体粗大，绿色、青绿色或被白粉，背部各体节均有 6 个刺突，疑似樗蚕蛾（彩图 71）。

体背负有一层灰黑色，形似泥浆之类排泄物的不规则虫体，在叶背上移动取食，叶片呈孔洞或缺刻，疑似枸杞负泥虫。

在枝干、叶片上栖息着黄褐色成虫，颜色形同枯黄叶片，疑似杨枯叶蛾（彩图 72）。

虫体圆筒形、椭圆形、狭长形，体硬，多为黑色、灰黑色、栗褐色、赤褐色、黄褐色等，有光泽或被绒毛。前胸背板有色斑、条纹，或无。鞘翅翅面上布有刻点、瘤状突起、色斑、龟纹斑、斑纹、宽横色带等。触角鞭状，疑似天牛类。

6）检查树干被害状

（1）枝干

①枝干上排粪孔有新鲜粪屑、木屑排出，多为天牛类、木蠹蛾类等。

②枝干上有刻槽

有些害虫的成虫，在产卵前先用上颚咬破植物的皮层和木质部，然后将卵产于刻槽内。或用产卵器直接刺破皮层插入木质部产卵，在枝条上留下刻槽。

径粗 10cm ~ 15cm 枝条上呈“U”形刻槽，疑似桑天牛。

近叶柄处或新枝上有“U”形刻槽，疑似青杨天牛。

枝干上有“V”形刻槽，疑似圆斑紫天牛。

树干基部发现有“T”形刻槽，疑似星天牛。

基干 20cm ~ 30cm 处有椭圆形刻槽，疑似灰翅筒天牛。

细梭形产卵刻槽，由上向下排列呈梯形，疑似云斑天牛。

③枝干上有虫瘿

害虫的幼虫蛀入枝条内取食危害，被害处受到刺激而逐渐膨胀形成瘤状虫瘿。多为天牛、透翅蛾类等危害所致。

在 2 ~ 3 年生枝上，出现 1 个或成串状的多个纺锤形瘤状虫瘿，虫瘿危害部位以上枝条易干枯，疑似青杨天牛。有虫虫瘿在刻槽上可见少量粪便。无虫虫瘿，排粪孔愈合，近愈合处不见虫粪。

害虫环状蛀食，在小枝上常形成似糖葫芦状瘤状虫瘿，疑似白杨透翅蛾。

在嫩梢上发现长圆形瘤状虫瘿，疑似楸蠹野螟。

④嫩梢萎蔫干枯

嫩梢先端萎蔫或枯黄下垂，疑似梨小食心虫。

嫩梢萎蔫、变黑，下垂枯死，疑似玫瑰茎蜂。

小枝上部萎缩干枯，枯梢基部可见纵斜排列的爪状刻痕，刻痕处表皮及木质部开裂，疑似蚱蝉。

新主梢或侧梢枯黄，被害处常有松脂凝结，疑似松梢螟。

枝条畸形、枯萎，枝干上可见有牡蛎形栗褐色虫体，蚧壳上被一薄层灰色蜡粉，疑似柳牡蛎盾蚧。

（2）检查叶片被害状

①叶片有潜痕

有些害虫的幼虫，潜居叶片组织内串食成弯曲潜道，在叶面留下各种形状的隐纹、隐斑，使叶片枯黄、提早脱落。此类害虫

多见有潜叶蛾、潜叶蝇、细蛾类等。

在大理花、百日草、菊花等多种草本花卉叶面上，有多条不规则线状白色弯曲潜道，虫道末端明显宽于始端，疑似美洲斑潜蝇。

叶片上出现纵横交错的白色弯曲潜道，疑似菊潜叶蝇。

桃树、李树、紫叶李、杏树、樱桃等树种，叶面有1条或数条线状弯曲的白色潜道，并出现回道，被害处不破裂，疑似桃潜叶蛾。

女贞叶片上出现密布弯曲的潜道，疑似女贞瓢跳甲。

杨树叶片上潜道不穿过主脉，常由多条扩大潜道，在局部集成1个大的斑状蛀痕，斑痕上可见黑褐色虫斑，叶片被潜食变黑、枯焦，叶片提前脱落，疑似杨白潜叶蛾。

杨树叶片上有不规则长而弯曲的银灰色潜道，疑似杨银潜叶蛾。

叶面呈现半透明椭圆形虫斑，可见斑中黑色虫粪，或虫斑向叶面稍稍隆起，上面显现白色斑点，疑似金纹细蛾、柳细蛾。

②叶片上有虫瘿。由刺吸式口器害虫蛀食危害，被害叶片产生组织增生，在叶片上形成虫瘿。

叶面有单个或数个，绿色或红色袋状或棒槌状虫瘿，疑似秋四脉绵蚜。

发现叶面有数十个黄绿色、灰绿色珠状虫瘿，每个虫瘿在叶背仅有一个开口，疑似柳刺皮瘿螨。

叶背中脉有单个或成串，近卵形似豌豆状的瘤状虫瘿，疑似柳瘿叶蜂。

叶背出现虫瘿，受害处向叶背面凹陷，疑似“叶瘿型”葡萄根瘤蚜。

③叶片卷曲

新叶皱缩变形增厚，密集丛生，卷曲成瘿球形，绿色带有红褐色和紫红色，疑似毛白杨瘿螨，又称毛白杨皱叶病。

嫩梢节间缩短变粗，叶片密集成束状，叶片变厚似肉质，病叶呈黄色，略平展或向叶背卷曲，梢叶干枯不落，疑似杏疔病、梅花缩叶病。

被害叶片向背面横卷或不规则皱缩，有排泄蜜露，疑似桃蚜。

叶片自叶缘向叶背纵向卷曲如绳状，受害组织肿胀扭曲，由淡绿色逐渐变为红色或紫红色，疑似桃瘤蚜。

卷叶成喇叭筒状，在内取食叶片成孔洞，造成叶片破烂不堪，严重时只剩叶脉或叶柄，疑似棉大卷叶螟。

叶片卷曲成红色肿皱的筒状，叶片组织变硬、变脆，或干枯脱落，疑似枣瘿纹。

吐丝缀叶，由叶缘向叶面卷成饺子状，在内取食成筛底状，叶片枯黄，疑似梨星毛虫。

将叶先端向背面卷叠 4 折，呈粽子状，疑似柳丽细蛾。

卷叶成筒状，叶主脉断裂，断裂处残叶片干枯下垂，疑似紫苏野螟。

叶片卷成十分紧密的圆柱形筒状，疑似榆锐卷叶象虫。

④吐丝缀叶结巢成网

有些害虫的幼虫吐丝结网，将小枝及叶片连在一起，在网巢内取食或作茧化蛹。多为巢蛾类（合欢巢蛾、苹果巢蛾）、美国白蛾、黄褐天幕毛虫、杨扇舟蛾、苹果小卷蛾、山楂绢粉蝶、黄杨绢野螟等。

吐丝将枝叶叠压粘连在一起，结成网巢，幼虫在巢内取食和排泄粪便，叶片残缺不全或被吃光，树上虫巢一片片干枯，疑似合欢巢蛾。

树上可见丝状网幕，网内叶片残缺不全，或仅残留枯黄碎片挂在网中，似火燎状，疑似苹果巢蛾。

在枝杈处吐丝结网，网内可见幼虫、残碎叶片和粪便，疑似黄褐天幕毛虫。

树上可见丝状大网幕，幼虫在网内群集取食，叶片残缺不全，或仅剩叶脉和上表皮，疑似美国白蛾。

⑤叶片吃成孔洞、缺刻状

有些害虫的幼虫常将叶片蚕食成孔洞或缺刻。如：天蛾类（豆天蛾、蓝目天蛾、葡萄天蛾、霜天蛾等）、毒蛾类（角斑古毒蛾、柳毒蛾等）、蓑蛾类（大蓑蛾、小蓑蛾等）、刺蛾类（扁刺蛾、双齿绿刺蛾、白眉刺蛾等）、夜蛾类，及樗蚕蛾、榆凤蛾、金毛虫、枸杞负泥虫等。

叶缘形成圆形至椭圆形缺口，缺口边缘整齐，疑似蔷薇切叶蜂。

幼叶出现稠密不规则的孔洞，疑似绿盲蝽，俗称"破叶疯"。

⑥叶片被啃食呈筛网状

取食嫩叶的下表皮和叶肉，留下上表皮呈半透明的细条网状，疑似二十八星瓢虫。

被害处上表皮呈筛网状，疑似黄刺蛾、中国绿刺蛾、隆背花薪甲（枣皮薪甲）等。

叶面表皮仅留有平行细线的透明斑，疑似二十八星瓢虫。

⑦叶片被吃光

有些害虫食量大或因虫口密度大，常将叶片吃光或仅剩下叶柄。如：刺蛾类（双齿绿刺蛾、黄刺蛾、枣刺蛾等）、天蛾类（霜天蛾、葡萄天蛾、桃天蛾、雀纹天蛾、红天蛾等）、尺蛾类（国槐尺蛾、柿星尺蛾、女贞尺蛾、丝棉木金星尺蛾、金银花尺蛾、枣尺蛾、木橑尺蛾等）、舟蛾类（杨扇舟蛾、苹掌舟蛾、榆掌舟蛾、槐羽舟蛾等）、毒蛾类（榆毒蛾、柳雪毒蛾等）、毛虫类（黄褐天幕毛虫、油松毛虫），及美国白蛾、樗蚕蛾、粘虫、石榴巾夜蛾等。

⑧复叶干枯

复叶萎蔫下垂，干枯脱落，叶柄处可见虫粪，受害严重时树冠上部仅剩光腿枝，疑似国槐小卷蛾。

复叶干枯不落，被害处不见有虫粪，嫩枝髓心被蛀空，或仅剩表皮，疑似白蜡哈氏茎蜂。

（3）花蕾或花冠有空洞或残缺

多为夜蛾类（斜纹夜蛾、银纹夜蛾、贪夜蛾、苜蓿实夜蛾）、粉蝶类（菜粉蝶、山楂菜粉蝶），棉铃虫、金毛虫、大造桥虫、凤仙花天蛾、角斑古毒蛾等幼虫，金龟子类（小青花金龟、白星花金龟、苹毛丽金龟）成虫等危害。

（4）果实畸形

多为刺吸式口器害虫的成虫及若虫，吸食果实汁液危害所致。

果实受害处停止生长，表面凹凸不平，畸形，果肉木栓化，常见有疙瘩梨、疙瘩桃等，疑似茶翅蝽、麻皮蝽、黄斑蝽。

果实畸形，果实表面虫体椭圆形，淡粉红色或淡黄色，体背覆盖一薄层白色蜡粉，疑似康氏粉蚧。

果实表面有黑褐色斑点，局部龟裂，疑似梨园蚧。

（5）果实提前变色、早落，挂树干缩

果实提前发黄，变红、变软，果蒂下蛀孔处有缀结虫粪，疑似柿蒂虫。

果面有透明胶珠流出，被害处呈琥珀色，皱缩，变黑，腐烂，早落，疑似核桃举肢蛾，又称核桃黑。

被害果实干缩变黑，挂树不落，疑似梨大食心虫。

（6）幼苗倒伏、死亡

多为地下害虫危害造成。

苗木萎蔫、倒伏，根部断口呈撕裂状。危害严重时，植物缺苗断垄，土壤表面可见拱起成弯曲条形的疏松隧道，疑似华北蝼蛄。

苗木地上嫩茎与根部切断，幼苗萎蔫，倒伏死亡，在根茎切断处可见食痕，疑似小地老虎、蛴螬。

243. 如何用人工捕杀法防治园林害虫？

1）人工捕杀成虫

适用于虫体较大、有假死性和迁移速度较慢的害虫。如臭椿沟眶象成虫羽化后，捕捉上树取食、交配产卵的成虫。双斑锦天牛羽化期，晴天中午在向阳处捕捉正在交尾的成虫。光肩星天牛飞翔能力较弱，成虫羽化期在凉爽的早上，更容易在树干上捕捉。桃红颈天牛成虫，有中午从树冠下到树干基部栖息的习性，是捕杀成虫的最佳时期。

2）人工捕捉幼虫

适用于虫体较大的害虫，如葡萄天蛾、豆天蛾、霜天蛾、樗蚕蛾、柑橘凤蝶幼虫等，根据叶片被害状和地面大粒虫粪，在虫量不多时进行捕捉灭杀。

3）敲震法捕捉幼虫

株形不大的，可用脚踹动树干，将成虫震落捕杀。

（1）有些幼虫受惊后，即吐丝下垂，如苹掌舟蛾、金星尺蛾、枣尺蛾、木橑尺蛾等，可摇曳树干、枝条，杀死震落幼虫。

（2）有些害虫的幼虫，附着能力和爬行能力都较差，如黄栌胫跳甲幼虫，只有3对胸足，且胸足又细又短，用竹竿或木棍敲击枝梢，极易将其震落并灭杀。

244. 怎样用刮除法防治园林害虫？

（1）秋末初冬时，刮去树干上的粗皮、翘皮、病皮，集中深埋或销毁。清理在树皮裂缝、翘皮、树洞内越冬的虫卵、成虫，虫茧、蛹等。如秋四脉绵蚜、柳倭蚜卵，山楂叶螨、榆毒蛾、角斑古毒蛾、梨冠网蝽、膜肩网蝽、柳瘤大蚜、梨木虱成虫，杨柳小卷蛾、梨小食心虫、苹果小卷叶蛾、苹小食心虫、梨星毛虫、柿蒂虫虫茧，枣粘虫、美国白蛾蛹，减少越冬基数，可大大降低来年病虫危害。

（2）人工刮除树干上产卵集中成块的害虫，斑衣蜡蝉、舞毒蛾卵块等。

（3）及时刮除树干上集聚成片的，黄褐色椭圆形榆黄叶甲蛹，枝干上双齿绿刺蛾虫茧，集中销毁。

（4）刮除枝干上的蚧虫成虫和若虫，集中销毁。

245. 怎样用修剪法防治园林害虫?

（1）人工剪除在树体上的蛹、虫茧、袋囊等。如剪除樗蚕蛾、黄刺蛾、扁刺蛾、绿尾大蚕蛾、黄褐天幕毛虫虫茧，灭蛹。摘除大蓑蛾、小蓑蛾护囊，消灭护囊内的幼虫、蛹。摘除柑橘凤蝶、山楂粉蝶虫蛹等。

（2）剪除带卵叶片。如剪除产卵集中成块的美国白蛾、杨扇舟蛾、丝棉木金星尺蛾、樗蚕蛾、杨雪毒蛾等带卵叶片。

（3）剪除虫叶，杀死卷叶内的棉铃虫，梨星毛虫、杨卷叶野螟、棉大卷叶螟、杨柳小卷蛾、山楂黄卷蛾等的幼虫及蛹。初夏在秋四脉棉蚜虫瘿开裂之前，摘除虫叶，杀死虫瘿内蚜虫。

（4）剪除瘤状虫瘿枝条，消灭虫瘿内楸蠹野螟、青杨天牛、白杨透翅蛾等幼虫及蛹。

（5）剪除以卵在小枝上越冬的虫枝。如呈顶针状的黄褐天幕毛虫的卵块枝条，防止幼虫孵化。

（6）在成虫羽化前，剪除白蜡哈氏茎蜂、玫瑰茎蜂、国槐小卷蛾、六星黑点豹蠹蛾、梨小食心虫、松梢斑螟等危害的枝条，消灭枝条内幼虫及蛹。

（7）及时剪除虫巢、网幕。群居危害的食叶害虫，如美国白蛾、黄褐天幕毛虫、苹果巢蛾、合欢巢蛾、山楂绢粉蝶、褐点粉灯蛾等，在幼虫网幕期，及时剪除网幕，集中销毁，消灭群集于巢内取食的幼虫。

（8）及时摘除树上的虫果、僵果，捡拾落地虫果，集中深埋或销毁，消灭在果内蛀食的柿蒂虫、桃小食心虫、梨小食心虫、白小食心虫、桃蛀螟、核桃举肢蛾、杏仁蜂、桃仁蜂幼虫和蛹。

冬季剪除槐树荚果，消灭荚果内越冬的幼虫，是减少国槐小卷蛾危害的有效方法。

246. 如何用敲击法防治园林害虫？

1）有些钻蛀害虫将卵产于刻槽内，如星天牛在主干基部咬成唇形刻槽，产卵后刻槽处树皮裂成“T”形，或倒“T”形；黄斑星天牛为扁圆形刻槽；光肩星、灰翅筒天牛，在树干上刻槽为椭圆形；桑天牛刻槽呈“U”字形；圆斑紫天牛在枝干表面咬成“V”字形刻槽；双斑锦天牛在树干基部啃咬成长方形刻槽；云斑天牛刻槽呈横向月牙形；桑粒肩天牛刻槽成“川”形。在成虫产卵期，发现新鲜产卵刻槽时，应立即用木锤、石块敲击刻槽及周边树皮，击杀皮层内的虫卵及初孵幼虫。

2）有些害虫将卵产在枝干上，且集中成块状，如斑衣蜡蝉、柳毒蛾、舞毒蛾等，可用木锤或硬物敲击卵块，杀死虫卵。

247. 怎样用阻杀法防治园林害虫？

阻杀法是人为设置障碍，阻断害虫迁移等侵害途径的一种防治方法。

1）涂胶环、毒环

对幼虫有上、下树迁移习性的害虫，在树干上涂胶环或毒环，阻止其上树、下树活动危害。

（1）如枣尺蛾春季幼虫上树危害，秋季下树越冬；草履蚧若虫早春上树危害，雌成虫下树越夏、越冬。在春季幼虫上树前，幼虫下树越夏、越冬前，树干上及时涂胶环或毒环，阻止上树危害，下树越夏越冬（彩图 73）。

（2）有昼伏夜出生活习性，白天藏在树下阴暗处，夜间上树取食的柳毒蛾等。

（3）在树干距地面1.5m ~ 2.0m高处，用50%辛硫磷、50%杀螟松原液，加入少量煤油、食盐涂成胶环，粘住或利用药剂内吸作用，阻杀上树害虫。注意及时清理胶环上粘附的害虫，并补充黏胶。

2）阻隔

根据害虫的活动习性，人为设置障碍，在一定程度上限制幼虫活动的一种防治方法。

（1）在树干下部，将粗糙的干皮刮平，紧紧围裹塑料布薄膜环，阻止春季上树危害，秋季下树越冬的柳毒蛾、榆掌舟蛾、苹掌舟蛾、分月扇舟蛾等幼虫（彩图74）。

（2）枣尺蛾、沙枣尺蛾雌成虫出土后，上树交尾产卵。成虫出土前，在距离地面5cm ~ 10cm处，紧贴树干缠一条宽度为8cm ~ 10cm的塑料布，接口用小钉固定。塑料布下部1.5cm处培一土堆，并拍实。土堆外测挖一环形浅沟，沟内撒入1 ∶ 10敌百虫毒土，阻止成虫上树交尾产卵。

（3）在树干上绑扎塑料布，阻止松毛虫幼虫等迁移危害。

248. 如何用诱杀法防治园林害虫？

诱杀法，是利用某些害虫的趋光性和对不同气味、不同颜色的强烈趋性，将害虫诱集并灭杀的一种防治方法。

1）灯光诱杀

利用害虫对紫外光较强的趋性，在成虫羽化期，设置黑光灯（短光波330nm ~ 400nm）诱杀成虫，可在一定程度上降低种群密度。如利用黑光灯诱杀丝棉木金星尺蛾、沙枣尺蛾、枣尺蛾、国槐尺蛾等尺蛾类成虫；霜天蛾、豆天蛾等天蛾类成虫；黄刺蛾、枣刺蛾、桑褐刺蛾、双齿绿刺蛾等刺蛾类成虫；榆毒蛾、舞毒蛾、柳毒蛾、盗毒蛾等毒蛾类成虫；杨扇舟蛾、槐羽舟蛾、杨二尾舟蛾等舟蛾类成虫；甘蓝夜蛾、银纹夜蛾、石榴巾夜蛾等夜蛾类成虫；小线角木蠹蛾、榆木蠹蛾等木蠹蛾类成虫；棉大卷叶螟、六星黑点豹蠹蛾及蛴螬、粘虫、地老虎成虫等。为防止误伤益虫，应注意调节开灯时间（彩图 75）。

2）色板诱杀

根据害虫对不同颜色的趋向性，制成粘虫色板灭虫（彩图 76）。如蚜虫、粉虱等对黄色有一定的趋性，在有翅蚜、斑潜蝇多的地方，可设置黄色粘虫板，引诱并粘住其成虫。

3）食物诱杀

当成虫大量发生时，用某些植物作食物诱饵，可起到刺激昆虫嗅觉器官的作用，驱使害虫定向移动寻找食物源，通过食物诱杀害虫。

如在鲜草或炒熟的麦麸中掺入一定数量的杀虫剂，将毒饵撒于害虫出没的地方，引诱地老虎、蝼蛄等害虫取食；将黑绒鳃金龟喜食的榆树叶，浸泡氧化乐果后，撒于地面诱杀成虫；用 5 份糖、5 份酒、20 份醋，80 份水，配制成糖醋液，挂在树下，诱杀梨小食心虫、梨剑纹夜蛾、甘蓝夜蛾、地老虎等成虫（彩图 77）；取小口瓶，用鲜果汁加入少量敌百虫，挂于树上诱杀枯叶夜蛾、白星花金龟等成虫。

4）草把诱杀

在美国白蛾化蛹前，在树干 1 m 高度处绑草把，将草把及诱集的蛹集中销毁。越冬前树干绑草把诱集成螨、梨星毛虫越冬幼虫等，翌春集中销毁。8 月下旬，柿蒂虫老熟幼虫脱果越冬前，在刮过粗皮、翘皮的树干上绑草把，诱集越冬幼虫，冬前将草把集中销毁。

5）植物诱杀

寄主是害虫寻找的食物源，可引诱雌、雄成虫聚集，交配产卵。

（1）饵木诱杀。利用喜食植物进行诱杀。桑天牛成虫以取食桑树、构树枝干的嫩皮补充营养，在桑天牛发生危害的苹果园、梨园、樱桃等果园，用新鲜桑树、构树的枝条作饵木，诱杀成虫。

利用新鲜柏木枝段散发出来的特殊气味，引诱双条杉天牛成虫在其上产卵，集中灭杀。

利用白蜡及核桃木桩，引诱云斑白条天牛等。利用金缘吉丁虫对新鲜梨木的趋性，在成虫羽化外出高峰，放置梨木桩诱集成虫产卵诱杀。将新鲜的杨树枝绑扎成把，插入土壤中，诱杀棉铃虫成虫。利用柏肤小蠹对侧柏、桧柏衰弱木的趋性，设饵木进行诱杀。

利用桃蛀螟产卵时对向日葵花盘较强的趋性，在虫害发生较严重的桃、杏、李、山里红、石榴等树周围，种植向日葵，引诱成虫产卵，定期喷药灭杀。

（2）诱饵树诱杀。复叶槭、糖槭是光肩星天牛的适宜寄主，在杨树片林外缘栽植，可起到诱集作用，便于集中防治。

（3）利用侧柏树皮精油等引诱剂，对产卵期的天牛成虫等，有较强的引诱作用，可诱杀大量双条杉天牛成虫。

6）利用昆虫性信息素防治害虫

用昆虫性信息素做成诱芯，放入诱捕器诱杀成虫（彩图 78）。生产中使用的有小线角木蠹蛾、国槐小卷蛾、美国白蛾、白杨透翅蛾等信息素。

249. 如何利用寄生蜂防治害虫？

寄生蜂是天敌中寄生能力最强、活动能力最大的类群。一般都能准确地找到害虫，取食其体内物质，将其残体食尽。利用寄生蜂防治害虫，可大大降低虫口密度。

为保护寄生蜂，在放蜂前 1 周内，不能喷洒任何杀伤天敌的药剂。放蜂后寄生蜂释放区域内，尽量不再使用化学杀虫剂。

（1）周氏啮小蜂，是一种蛹内寄生蜂，搜寻寄主能力强，以老熟幼虫在寄主蛹内越冬，翌春化蛹，羽化。雌蜂产卵于新寄主的蛹内，取食其营养物质，将虫蛹消灭。在各代老熟幼虫下树，寻找化蛹场所，开始化蛹和化蛹盛期，是释放周氏啮小蜂的最佳时期（彩图 79）。可防治松毛虫、美国白蛾、网幕毛虫、柳毒蛾、杨扇舟蛾、国槐尺蛾、樗蚕蛾等食叶害虫。

（2）管氏肿腿蜂为害虫的体外寄生蜂，寄生率高，可持续取得较好的防治效果，是双条杉天牛、光肩星天牛、青杨天牛、松墨天牛等天牛类，松材线虫等害虫的天敌。

在天牛产卵高峰期至幼虫未蛀入髓心前，是释放管氏肿腿蜂最佳时间。选一晴朗无风的天气，于上午 9 ~ 10 时，在蛀干害虫发生严重的地段，释放管氏肿腿蜂。放蜂时被害枝条上套管，随着管内温度升高，雌蜂开始活跃，纷纷钻出管口，沿着枝干向上爬行，在蛀道内寻找天牛幼虫及蛹，并在幼虫体表产卵。孵化后的肿腿蜂幼虫，吸食天牛幼虫及蛹的营养致其死亡。肿腿蜂不断进行繁衍扩散，继续寻找新的寄主。

（3）在枣粘虫第二、三代卵期，可释放赤眼蜂防治枣粘虫。

（4）利用中国齿腿姬蜂防治桃小食心虫，寄生率高，以幼虫寄生在桃小食心虫幼虫体内，将越冬幼虫做茧后吃光。

另外青杨天牛蛀姬蜂、天牛赤腹姬蜂对抑制青杨天牛，桑天牛长尾啮小蜂对抑制桑天牛等，均有很好的防治效果。

250. 如何利用花绒坚甲防治天牛？

天牛是我国林木主要蛀干害虫，因其幼虫在枝干内钻蛀虫道取食，大面积发生时防治比较困难。

花绒坚甲又称花绒寄甲，是一种寄生性昆虫，其繁殖快，能钻入蛀道内准确寻找寄主，并以天牛的幼虫、蛹及刚羽化的成虫为食。

第1代幼虫于5月上旬开始寄生天牛幼虫，6月中旬出现第1代成虫，7月下旬为第1代幼虫寄生高峰期。在被害株树干2.5m以上排粪孔平行处，悬挂花绒寄甲卵卡或释放成虫（彩图80）。成虫爬行迅速，将卵产于寄主虫道壁上，多则可达上百枚。幼虫孵化后在蛀道内寻找寄主，在天牛幼虫体内分泌毒素麻醉寄主，取食天牛幼虫、蛹及刚羽化的成虫体内物质，并在3～9天内将其食尽。因此释放花绒坚甲，是达到控制光肩星天牛、桑天牛、星天牛、松褐天牛、黄斑星天牛、云斑白条天牛、刺角天牛、锈色粒肩天牛等有效的生物防治方法。

251. 怎样利用化学方法防治蛀干害虫？

1）害虫种类

主要有天牛类、吉丁类、小蠹类、木蠹蛾类、透翅蛾类、茎蜂类、象虫类，豹蠹蛾、小卷蛾、蠹野螟、梢斑螟等。

2）防治方法

（1）在初孵幼虫尚未进入木质部危害时，在枝干天牛新鲜刻槽中心周围，涂刷渗透性较强，或有内吸作用的杀虫剂，如用50%辛硫磷、杀螟松、敌敌畏，20%灭蛀磷30～50倍液，或80%甲胺磷、20%杀灭菊酯原液，反复涂刷产卵刻槽周围，用薄膜缠紧，杀死尚未蛀入木质部的多种天牛类初孵幼虫和低龄幼虫。

（2）在臭椿沟眶象、小蠹等成虫产卵流胶处，用木锤敲击产卵处挤杀虫卵及初孵幼虫。用注射器抽取50%敌敌畏、马拉硫磷、辛硫磷等20倍液注入，注口抹泥封堵。

（3）对于小蠹、白蜡窄吉丁等侵入孔较多的树，可在树干涂刷药剂后，用塑料薄膜将树干裹严。用胶带将塑料薄膜上端与树干贴牢，一周后将塑料薄膜撤掉。

（4）当树干蛀孔处出现木屑时，幼虫已钻蛀进入木质部。此时应找准最新排粪孔，将排粪孔内木屑清除干净，用注射器将配制好的内吸性杀虫剂，直接注入排粪孔，药液流入害虫钻蛀的蛀道内。树干上出现多个新排粪孔时，需将上方或下方的虫孔堵塞后再行注药，待药液注满后，用泥封堵全部孔口。使药液隔绝空气，通过内吸传导，起到窒息毒杀作用。如春天桑天牛幼虫开始活动时，应从倒数第二排粪孔注入药液。

（5）可从最新排粪孔插入磷化锌毒签、磷化铝片剂等，用泥封堵排粪孔熏蒸，毒杀蛀道内的吉丁虫、六星黑点豹蠹蛾幼虫和刚羽化的成虫。施入磷化铝可塑性丸剂，孔口可以不用泥封堵。或用镊子将吸足辛硫磷、敌敌畏等原液的棉球，塞入虫孔深处，用湿泥将孔洞塞满。

也可将树体杀虫剂插瓶，直接插入钻孔或排粪孔内毒杀害虫（彩图 81）。

（6）4 ~ 8 月，树木旺盛生长期，发现有天牛类危害的植株，可在距地面 30cm 处打孔，把孔内碎木屑掏净，将天牛一插灵插头顶端剪开，用力插入树孔内，危害较严重的可插 3 ~ 5 瓶，但要均匀分布。插瓶后需提示，以防儿童误食（彩图 82）。

（7）蛀孔较高不便于采取以上防治措施的，可用电钻在树干上 45 度角打孔，使用注射器直接将配制的内吸性杀虫剂，如 50% 敌敌畏乳油，50% 杀螟松乳油、40% 氧化乐果乳油等 20 ~ 40 倍液，向树干内注射。大树可使用树干注射机，将药液直接注入树干木质部。通过树液流动将药液输导致树体各器官，毒杀蛀入木质部内的幼虫。

（8）树干涂白，防止成虫产卵。

（9）在成虫羽化出孔期，树冠和树干喷洒 2.5% 溴氰菊酯、40% 氧化乐果乳油 500 倍液，或 200 倍液绿色威雷等，封杀出孔成虫，触杀上树补充营养、交配产卵的成虫。

（10）在成虫羽化盛期，利用成虫上树取食、交尾习性，用 2.5% 敌杀死与凡士林按 1 ∶ 5 比例混合，在树干 1.5m ~ 2.0m 处涂抹一道宽 8cm ~ 10cm 的药环，毒杀、阻止上树交尾产卵。

252. 怎样判断植物已遭受叶螨危害？如何防治叶螨？

1）形态

螨虫俗称红蜘蛛，一般对植物叶片组织造成危害的称为叶螨。叶螨体形微小，圆形或卵圆形，呈红、褐、绿、黄绿、褐绿等多种体色。

2）危害状

多在叶片背面、花蕾刺吸汁液危害。初期仔细观察，可见被害叶片出现零星褪绿色微小斑点，严重时斑点密集成片，常导致叶片褪绿变黄、枯焦落叶，不仅影响植物的正常生长，也降低了观赏效果。常见有山楂叶螨、朱砂叶螨、二斑叶螨、苹果全爪螨、杨始叶螨、绣线菊裂爪螨、柏小爪螨、栗小爪螨、麦岩螨等。

3）危害植物

（1）山楂叶螨主要危害山楂、山里红、苹果树、梨树、桃树、杏树、李树、樱花、紫叶李、碧桃、核桃、榆叶梅、海棠类等。

（2）苹果全爪螨主要危害山楂、山里红、苹果树、梨树、桃树、杏树、李树等，梨果和核果类植物。

（3）茶黄螨主要危害红瑞木、月季、天目琼花、五叶地锦、爬山虎、菊花、大丽花、海棠类等。

（4）二斑叶螨（白蜘蛛）主要危害月季、玫瑰、石榴、苹果树、梨树、槐树、枸杞等。

（5）朱砂叶螨主要危害月季、丁香、碧桃、山楂、山里红、石榴、牡丹、木槿、金银花、无花果、大丽花、蜀葵、海棠类等。

（6）柏小爪螨主要危害桧柏、龙柏、侧柏、翠柏、云杉等。

（7）栗小爪螨（针叶小爪螨）主要危害板栗、雪松、云杉、油松等。

4）判断方法

发现叶片有褪绿色斑点时，应仔细检查叶背面是否可见叶螨，也可将白色纸片放在叶下，抖动枝叶，检查纸片上有无活的虫体。

5）防治方法

（1）及时清除绿地内杂草、枯枝落叶，减少其滋生场所。

（2）对在前一年发生严重的树木，冬季或早春，在越冬成螨出蛰前刮除老皮、翘皮，消灭越冬的雌性成螨。

（3）抓住冬卵孵化盛期，成螨尚未产卵的关键时期，及时进行药剂防治。在螨类大发生前，尽量降低叶螨密度，可控制叶螨猖獗发生。

发芽前喷洒石硫合剂 80 ~ 100 倍液，消灭越冬雌成螨。在越冬螨出蛰盛期，交替喷洒 20 %克螨敌 1500 ~ 2000 倍 + 助杀 1000 倍液，对防治红蜘蛛有特效。越冬卵孵化期，喷洒 20 %三氯杀螨醇 1000 倍液或 15 %尼索朗乳油 2500 倍液。防治二斑叶螨，喷洒 10 %螨虱净 2000 倍 + 助杀 1000 倍液效果好。

（4）喷药时，不可单独使用同一种杀螨剂，以免产生抗药性，影响防治效果，各种杀螨剂必须交替使用。间隔 10 ~ 15 天喷洒一次，连喷 2 ~ 3 次，重点喷洒叶片背面。

253. 如何防治梨冠网蝽?

梨冠网蝽又名军配虫，是一种刺吸式害虫，吸食叶片汁液危害，是园林主要害虫之一。

1）形态

成虫体扁黑褐色，翅半透明状，其上面布满网状纹。其若虫似成虫，初孵时白色，后变为深褐色。

2）主要危害苹果树、梨树、李树、桃树、山楂、山里红、海棠类、木瓜、梅花等。

3）危害状

成虫及若虫，群集在嫩叶背面刺吸危害，被害叶片出现失绿的黄白色斑，叶背可见褐色胶状分泌物及黑色虫粪，严重时叶片失绿枯黄、早落。

4）防治方法

4月中下旬，越冬成虫开始危害，以7～8月发生最为严重，5月中下旬是防治第一代若虫的关键时期，及时喷洒20%杀灭菊酯乳油2000倍液，或10%吡虫啉可湿性粉剂2000～3000倍液，或1.2%烟参碱乳油1000倍液，重点喷洒叶片背面。

254. 如何防治梧桐木虱？

1）危害状

成、若虫群集在叶背和嫩梢上刺吸危害，分泌白色蜡毛和大量分泌物，常数十头在絮状物中吸食汁液，导致叶片萎蔫，枯黄早落。严重时枝杈处布满白色絮状物，地面飘落黏液污染叶片和路面。

2）防治方法

（1）若虫期，用高压喷枪喷射清水数次，冲落白色絮状物和虫体。

（2）发生严重时，喷洒10%吡虫啉可湿性粉剂2000倍液，或1.2%烟参碱乳油1000倍液，或蚜虱净1000倍液。

255. 怎样防治蚧虫？

蚧虫的种类很多，常见的有柿绒蚧、梨圆蚧、矢尖盾蚧、吹绵蚧、龟蜡蚧、褐球蚧、囊毡蚧、白轮盾蚧、桑白盾蚧、草履蚧等。

成虫、若虫寄生于芽、枝干、叶片、果实表面吸取汁液，使

受害株叶片畸形或枝条干枯，果实停止生长，或龟裂、变软、提前脱落。虫体排泄物可导致霉菌寄生，诱发煤污病，危害严重的植株树势衰弱，甚至整株死亡。可根据蚧壳虫不同发育时期，采取以下几种防治方法。

1）以若虫在地上越冬的

如白蜡绵粉蚧、柿绵粉蚧、柿绒蚧、紫薇灰粉蚧等，在树干翘皮下、树皮裂缝内越冬 。日本龟蜡蚧、瘤大球坚蚧、朝鲜褐球蚧、月季白轮盾蚧、槐花球蚧等在树木枝条上越冬。石榴绒蚧若虫在粗皮裂缝内、翘皮下、芽鳞处越冬。

（1）树木发芽前，用刀刮除树干上的粗皮、翘皮，全株喷洒3 ~ 5波美度石硫合剂，将刮下的树皮集中深埋。

（2）芽萌动前用硬刷或用木棍刮除枝干上的越冬虫体，也可用木板拍击结蜡虫体，然后喷洒药物防治，消灭枝干上越冬雌成虫，压低虫口密度。

（3）有些人反映，发现蚧虫后立即喷药防治了，但效果不明显，其原因是因为用药时期不对。由此可见，正确选择药剂、准确把握喷药时期，是防治蚧虫的关键。当雌成虫体外结有一层厚厚的蜡壳，对虫体起到一定的保护作用时，此时用药，药剂不易渗入。在若虫刚刚孵化，体外蜡质层尚未形成时，是药物防治的最佳时期，此时虫体失去保护层，药液极易渗入体内被毒杀而死。

若虫孵化盛期，抓紧喷洒20%菊杀乳油2000倍液，或25%敌杀死乳剂2000倍液，或50%杀螟松乳油600倍液，或48%乐斯本1000倍液等防治。

结蜡初期，可喷洒48%毒死蜱1500倍液，或40%速扑杀乳油1000倍液，或800倍液溶杀蚧螨。

2）以卵和初孵若虫在树干基部土壤中越冬，若虫出土后上树刺吸枝、芽危害，如草履蚧。

（1）阻杀法防治。往年发生较严重的地区，于2月上中旬若虫出土上树前，用废黄油或机油，加热后混入适量杀虫剂制成粘虫胶，呈环状涂抹在树干基部上方 15cm ~ 20cm 处，环宽 20cm ~ 30cm，粘杀上树若虫。用刷子及时清除粘附的虫体，一个月后再涂刷一遍。干皮粗糙的，应刮去基部的老皮、翘皮。6 月初树干再涂抹一次粘虫胶，阻止雌虫下树越冬。

（2）药剂防治。树木发芽前，树干可喷洒 3 ~ 5 波美度石硫合剂，防止若虫上树危害。树木发芽后，发现树上出现若虫、成虫时，树干可喷洒 10%吡虫啉可湿性 1000 倍液，或 20%菊杀乳油 1500 倍液，或狂杀蚧 800 ~ 1000 倍液。

256. 造成草坪害虫危害的主要原因有哪些？

（1）草坪建植前，土壤未喷洒杀虫剂处理。

（2）土壤中施入未经腐熟，未进行药剂灭虫处理的有机肥，将虫体带入栽植土中。蛴螬、蝼蛄对厩肥有趋向性，撒施未经腐熟的有机肥土壤，为蛴螬、蝼蛄提供了适宜生存和繁衍的场所。

（3）蛴螬、地老虎等成虫飞翔力强，周边绿地或异地迁飞来的成虫产卵，导致虫害发生。在成虫发生时，未及时使用黑光灯、糖醋液、毒饵诱杀，农药毒杀和人工捕杀，导致幼虫孵化后在土壤中取食危害。

（4）杂草是地老虎、粘虫等产卵场所和幼龄幼虫的食料，在成虫产卵期未清除周围杂草，剪草后没有及时清除现场，使若虫孵化后危害草坪。

257. 怎样防治粘虫？

粘虫又名夜盗蛾，是一种暴食性迁飞害虫，园林中主要危害禾本科植物，如高羊茅、早熟禾、黑麦草、结缕草等多种草坪草。

1）形态

成虫灰褐色至暗褐色，前翅灰褐色或黄褐色，具环状和肾形黄色斑块，在肾形斑下方，有1个白点，其两侧各有1个小黑点。后翅基部淡褐色，向端部逐渐加深。幼虫圆筒形，体色变化大，有黄褐色、淡黄绿色、灰绿色、黑褐色，头部淡黄褐色，有明显的“八”字形黑褐色纹，腹背有5条黑、白、灰、红、褐色纵纹。

2）危害状

初孵幼虫潜藏在禾草的叶鞘及心叶中，只取食叶肉。3～4龄幼虫，开始从草叶边缘取食，将叶片啃食成缺刻状。5～6龄时进入暴食期，虫口密度大时，能在短时间内将草坪草叶全部吃光，故又叫剃头枝虫。幼虫有群体迁移习性，吃光一片又成群迁转移至新的草坪继续取食危害。

3）防治方法

（1）成虫飞行能力强，有趋光性，可利用灯光诱杀成虫。

（2）利用成虫对糖醋液的趋化性，诱杀成虫。可将糖、醋、白酒、水，按2：2：1：2比例混合，同时加入少量敌敌畏药液配置而成。

（3）幼虫危害期，可喷洒20%杀灭菊酯乳油3000倍液或80%除虫脲8000倍液防治。

（4）虫龄较大时，喷洒50%辛硫磷乳油1000倍液或20%速灭杀丁乳油1500倍液。喷药时间，宜在下午3点后进行。

258. 如何判断草坪已遭受蝼蛄危害？怎么防治蝼蛄？

1）危害状

蝼蛄为昼伏夜出型昆虫，是世界性地下害虫，北方地区常见有华北蝼蛄。多在土壤15～20cm或更深处活动，土壤湿润有利于活动。成虫和若虫均啃食禾草草根和嫩茎，若虫有在土壤表层窜行习性，边窜行边取食，使幼苗根茎悬空，与土壤分离，严重时禾草成片萎蔫、枯死或倒伏，草坪出现缺苗断垅现象。当地表出现隆起蓬松的纵横隧道，苗木根、茎被咬食断裂面呈丝缕状撕裂时，则可判断是由蝼蛄危害所致。春秋两季分别为全年的危害高峰期，早春地温升高时，多接近地表活动危害，地温下降后就潜入土壤深处。

2）防治方法

（1）灯光诱杀。蝼蛄有强烈的趋光性、趋粪性，可设置黑光灯诱杀成虫，在潮湿闷热的天气效果最佳。

（2）毒饵诱杀。利用蝼蛄对香甜食物的趋向性，在其喜欢的食物中掺入一定量的药剂，做成糖醋液或毒饵、饵木等进行诱杀。毒饵用鲜草、半熟的谷子，加入 90 %敌百虫 30 倍液混合拌匀。或在 50kg 炒香的麦麸、米糠中，渗入 50 %辛硫磷乳油，或 80 %敌敌畏乳油 0.5kg。或将豆饼及麦麸炒香，按 1 ∶ 1 比例加水，掺入食料重量 1/10 的 40 %氧化乐果乳油配制，充分搅拌后，于傍晚均匀地撒于草坪上，引诱取食灭杀。

（3）毒土毒杀。每亩用 50 %辛硫磷 1.0kg ~ 1.5kg，与 15kg ~ 30kg 细土掺拌均匀后撒施。

（4）撒施农药。将地害平颗粒剂，按 2kg/ 亩的用量均匀撒施在有蝼蛄危害的地方，然后灌水，可将地表、浅土层及深土层的蝼蛄杀死。

（5）灌药毒杀。蝼蛄大量发生时，用 48 %毒死蜱乳油 1500 倍液，或 50 %辛硫磷乳油 1000 倍液，或 15 %阿维· 毒死蜱 1000 倍液浇灌灭杀，灌液量 50mL ~ 100mL。

259. 怎样防治地老虎?

地老虎又称土蚕、地蚕、切根虫。大地老虎及小地老虎均为杂食性，危害多种植物，是我国主要的地下害虫，幼虫喜潮湿环境，以春秋两季危害较重。

1）危害状

幼虫白天多潜伏在土表2cm处，夜间出土取食危害，低龄幼虫将叶片吃成缺刻、孔洞，大龄幼虫啃食幼苗的根颈和根部，造成苗木失水成片死亡。

2）防治方法

（1）灯光诱杀。在成虫发生期，利用成虫对光的趋向性，设置黑光灯诱杀成虫，降低虫口数量。

（2）毒饵诱杀。地老虎对酸甜食物有较强的趋性，在春季成虫羽化盛期，按红糖6份、白酒1份、醋3份、水10份，加入适量的敌敌畏，配制成糖醋液诱杀成虫。将鲜草茎叶切碎，加入少量的糖和醋，放入90％敌百虫800倍，或48％乐斯本1000倍药液中，拌匀后于傍晚撒在绿地内，待幼虫夜间出来觅食时毒杀。

（3）人工捕杀。地老虎幼虫有昼伏夜出取食习性，少量发生时，可在清晨或傍晚取食危害时，于受害植物根际处，扒开土壤仔细搜寻捕杀幼虫。

小地老虎对新鲜的泡桐叶有一定的趋性，于傍晚在害虫危害的地方，放置若干堆新鲜的泡桐叶，翌日清晨可在叶片下捕捉幼虫。

（4）喷药毒杀。幼虫危害期，用50％辛硫磷乳油1000倍液，或48％乐斯本1000倍液，或40％氧化乐果乳油500倍液，或90％敌百虫800～1000倍液喷湿地面防治。

（5）撒施农药。在有地老虎发生危害的地方，均匀撒施地害平颗粒剂，施用量2kg/亩，然后灌水毒杀。

（6）灌根。15％阿维·毒死蜱1000倍液浇灌灭杀，灌液量50mL～100mL。

（7）及时拔除杂草，彻底清理产卵场所，消灭虫源。

260. 如何防治蛴螬?

蛴螬是金龟子幼虫的总称，栖息于土壤中，其中觅食新鲜植物地下组织的金龟子幼虫，属于地下害虫。其种类多，分布范围广，危害性大，是草本花卉、草坪等植物常见地下害虫。北方地区多见有铜绿丽金龟、大黑鳃金龟、中华弧丽金龟、毛黄鳃金龟等。

1）形态

幼虫头褐色，体圆筒形，白色、乳白色至浅黄色，柔软，臀部肥大，常弯曲成“C”字形，体背隆起，多皱。

2）危害状

蛴螬是食根害虫，春季当土壤温度达到8℃～10℃时，幼虫开始爬到表土层活动危害，气温升高时则转移至7cm～8cm深处活动，取食或咬断幼苗的根、茎部，常造成植物缺苗断垅，成片萎蔫倒伏死亡。被咬断根系的草皮易被掀起。

3）防治方法

（1）蛴螬幼虫喜生于富含有机质土壤中，多因施用未腐熟牛粪等厩肥，将幼虫带入对植物造成危害，故不可使用未经腐熟、杀虫处理的有机肥。

（2）成虫迁飞能力强，利用成虫的趋光性，在成虫羽化期，设置黑光灯诱杀成虫，降低虫口密度。

（3）成虫发生盛期，喷洒40%氧化乐果乳油800倍液，或20%菊杀乳油2000倍液，或2.5%功夫乳油3000～4000倍液防治。

（4）虫量少时可灌水淹杀。

（5）北方地区5月中旬、8月下旬，当发现有大量幼虫活动危害时，及时用50%辛硫磷乳剂500倍液，或90%晶体敌百虫500倍液，或48%毒死蜱乳油1500倍液，或敌敌畏加敌杀死2000倍液灌根毒杀。根据防治效果，5～7天后可再灌一次。

（6）成虫羽化期清晨到草坪地树穴内人工捕杀。

第三节　常见园林病害及其防治

261. 如何用物理方法防治病害？

清除病源，减少污染源，是防治病害发生和蔓延的有效方法之一。方法简单、易行，对环境不造成污染。

（1）杂草、枯枝落叶，是害虫、病原微生物重要的繁殖、栖息和越冬场所，是翌年的初侵染源，如褐斑病、黑斑病、黑星病、炭疽病、角斑病、锈病、杏疔病等。及时清除绿地内的杂草、枯枝落叶，可减少病害侵染源。

（2）有些病原菌在病、僵果上越冬，是来年初侵染源。摘除树上和捡拾落地病果，是减少病菌来源的主要措施。如桃、苹果、梨、杏等褐腐病病果，柿、梨、苹果、枣等炭疽病病果，梨、苹果、桃、杏等轮纹病病果，李、郁李等病果，葡萄水罐子病、灰霉病、黑豆病病果等。

（3）及时拔除病死株并销毁，彻底清除病源。

（4）有些病原菌在枝干病部内越冬，如腐烂病、干腐病、溃疡病等。冬末，用刮刀将果树树干上的病斑，连同周围1cm左右的好组织刮净，边缘要呈连接的圆弧形。用树腐康、腐皮消、843康复剂原液，或40%福美砷50倍液，或10%碱水，反复涂抹伤口，可控制来年病害扩展蔓延。刮皮深度以病皮露出浅色皮层为宜，刮皮后，将刮下的树皮集中销毁。山楂腐烂病，可在5 ~ 7月愈伤能力强时进行刮皮，有利于愈合。

262. 怎样防治杨树溃疡病？

杨树溃疡病是危害杨树的主要病害之一，也危害槐树、柳树、苹果树、核桃树等，常导致树木枯梢甚至死亡。病菌多从剪口、伤口和皮孔侵入，主要危害枝干。栽植地低洼，土壤透气性差，起苗后未及时运输，移植后灌水不及时，三水未灌透，导致根系缺水是诱发该病的重要因素。

1）发病规律

3月中、下旬开始发病，4月下旬至6月上旬为发病高峰期。7月份病势减缓，8 ~ 9月份又有所发展，以后逐缓，11月份基本停止发展。

2）危害症状类型

从危害症状可分为真菌性和细菌性2种类型。

（1）细菌性溃疡病。多发生在干皮较光滑的树上，树干上出现水泡型病斑，是该病的明显特征。压破水泡会有褐色黏液流出，水泡斑可自行干枯，中央有结晶小黑点（彩图83）。

（2）真菌性溃疡病。在树皮较粗糙的树干上，常为真菌性溃疡病，以水渍状病斑为主。病斑呈褐色至黑褐色圆形或不规则状，手压处有湿润感，皮下组织腐烂，有酸臭味汁液流出。后期病斑处下陷，形成枯斑（彩图84）。

3）防治措施和方法

（1）缓苗期缺水是诱发该病的重要原因之一，因此栽植后必须及时浇灌定根水，并保证3遍水浇足、灌透。凡未灌透水的，必须及时大水灌透。

（2）苗木移植时尽量减少机械损伤，伤口、剪口、截口，必须修剪平滑，及时涂抹腐皮消50倍液，树腐康、15%络氨铜原液等杀菌剂保护。

（3）临近发生期，要对易发病树种进行认真排察。发病初期抓紧涂药防治，控制病斑继续扩展、蔓延。

（4）刮破细菌性溃疡病水泡，喷刷溃疡净250 ~ 500倍液+农用链霉素可湿性粉剂3000倍液，或10%甲基保利特可湿性粉剂 1500 倍液，连续喷施 2 ~ 3 次。农用或兽用土霉素 800mg/kg ~ 1000mg/kg，或 72% 农用硫酸链霉素可湿性粉剂 3000 倍液防治，土霉素、链霉素要交替使用。

（5）真菌性溃疡病病斑较密集时，可用钉板拍击树干，拍击部位涂抹 70% 代森锰锌 600 倍液，或 40% 福美砷可湿性粉剂 50 倍液，或 21% 过氧乙酸水剂 3 ~ 5 倍液，或 15% 络氨铜原液，7 ~ 10 天再涂一次。

药剂要交替使用，往往涂药 1 次难以控制，需连续多次。防治要及时，涂药必须要到位。

（6）苗木移植时根系受损，吸收能力差，易于发病。因此易感染溃疡病的树种，栽植后树干及时喷洒 40% 福美砷可湿性粉剂 200 倍液，或 70% 代森锰锌 1000 倍液，7 ~ 10 天再喷 1 次，以预防和控制该病的发生。

（7）有时 2 种类型溃疡病，会在一株树上同时发病，故可采取综合防治，单独用药或 2 种药剂混合使用。

（8）当溃疡病和干腐病、腐烂病同时发生时，可用腐皮消 50 ~ 100 倍液涂干，10 天后再重复一次。

263. 如何防治腐烂病？

腐烂病又叫烂皮病，多发生在杨树、柳树、榆树、海棠类、苹果树、梨树、山里红、合欢等树的枝干上，该病扩展迅速，是造林树种和多种果树毁灭性病害。

1）发病规律

3 月中下旬开始发病，4 ~ 5 月份为第一次发病高峰期，病斑快速扩展。7 月份病势渐趋缓和，8 ~ 9 月份进入第二次发病小高峰期，10 月下旬病势基本停止发展。

2）发病症状

发病初期，干皮上出现暗褐色水渍状病斑，病健组织界线明显，病斑扩展无固定形状，外缘为黑褐色。病部皮层组织变软，用手挤压时，有黄褐色酒糟味浓液流出。后期病部失水干缩下陷，并显现许多黑色突起小颗粒（病菌分生孢子器），雨后自针头状黑色小突起上，常会溢出橘黄色或橘红色卷曲的丝状孢子角（彩图85）。病菌孢子可以借助风雨，自剪口、伤口、皮孔处侵入危害，病斑多呈条状，当病斑继续扩展环绕主干或主枝一周时，枝干枯死或整株死亡。

3）防治措施和方法

（1）易感染腐烂病的树种，树干伤口及修剪后的剪口、截口，必须及时涂抹果腐康、树腐康、843康复剂、络安铜、腐皮消等原液，福永康20倍液等杀菌剂保护，涂药处不能留白茬。

（2）果树类发芽前，可用40%福美砷可湿性粉剂100倍液，与康必清乳剂100倍混合液喷洒枝干。

（3）主枝及主干上出现病斑的，应在病斑外围健康组织1.5cm处，用壁纸刀划破皮层，必须将病斑圈住，在划伤处反复涂抹络氨铜、新腐迪、死腐康、树腐康原液，或腐皮消、40%福美砷可湿性粉剂50倍液，或45%晶体石硫合剂20倍液等杀菌剂，使药液渗入皮层，防止病斑继续向外扩展蔓延。划刻时切不可过于用力，以免伤及木质部，造成木质部开裂，不仅影响生长势，也易于病虫害侵入危害。涂药5天后，再用50PPM赤霉素涂抹划伤皮层处，可促进伤口愈伤。

（4）及时拔除重病株和病死株，清除残桩、病枝，并销毁，减少侵染源。

（5）对此类病害的防治，是一个长期过程，需要经常认真检查发生情况和防治效果。发现有新的病斑出现时，要及时进行防治。

264. 如何防治果树干腐病？

干腐病不仅侵染枝干，也危害树木的果实。

1）发病诱因

（1）没有及时清除病源，如干腐病病死株、病枯枝、病斑、病果、烂果等，使病菌继续侵染危害。

（2）剪口及伤口未及时涂抹杀菌剂保护，病菌孢子自皮孔、剪口、伤口处侵入扩展危害。

（3）移植后缓苗期树势衰弱，及遭受冻害、干旱、涝害、虫害、病害等树势衰弱的植株易发病。

2）危害症状类型

（1）干腐型。成龄株主要发生在主枝上，幼龄株多发生在主干上。初期病斑为紫褐色至黑褐色，病斑在枝干上迅速扩展，后期枝干变深褐色干枯，病皮局部或整体与木质部分离，整株死亡（彩图 86）。

（2）溃疡型。在成龄株的主干和主枝上，出现红褐色圆形小斑，后病斑呈暗褐色干缩凹陷。造成枝条干枯，发病严重时，树势衰弱，甚至导致全株死亡。

（3）果腐型。主要危害桃、苹果、石榴等果实。果实染病后，果面出现浅褐色小斑点，病斑逐渐扩展成同心轮纹状病斑，病斑处果实腐烂，很快蔓延至整个果实。

（4）僵果型。多见石榴干腐病，7 ~ 8 月，紧贴叶片的果面易染病，发病后果实失水变为褐色坚硬僵果，挂在树上长时间不脱落。

3）防治措施和方法

（1）病菌在枝干病部越冬，早春刮去树干上的翘皮、病皮，喷洒 5 波美度石硫合剂，预防该病发生。

（2）冬季结合修剪，进行彻底清园。剪去病枯枝、挂树僵果，捡拾落地烂果、病虫果，清除枯枝落叶集中深埋。全园喷洒福永康 800 ~ 1000 倍液，进行灭菌杀毒，减少来年病害发生。

（3）及时拔除病死株，减少污染源。

（4）合理灌水、施肥，避免过量施肥和浇灌大水，尤其不能偏施氮肥，防止树木徒长，以提高树体的抗病能力。

（5）6 ~ 8月，易染病植株喷洒160倍等量式波尔多液，或70%代森锰锌可湿性粉剂400倍液，每20天一次，预防该病发生。

（6）发病初期，用利刀刮除树干上的褐色病斑，将刮下的病皮集中清理并深埋。刮除病斑处涂抹腐皮消50 ~ 100倍液，或10波美度石硫合剂，或70%甲基硫菌灵100倍液，或新腐迪原液，每7天一次，连续2 ~ 3次。发病严重时，同时喷洒40%福美砷可湿性超强粉剂600 ~ 800倍液，或50%多菌灵500倍液。药剂交替使用，每10天一次，连续3 ~ 4次，控制该病继续扩展蔓延。

（7）坐果后，及时摘去树上的烂果、僵果，捡拾落地病果，深埋或销毁。

（8）石榴耐寒性稍差，大寒之年易发生冻害，严重时整株死亡。冬季应注意做好防寒，防止冻害发生。

265. 合欢枯萎病如何防治？

合欢枯萎病是一种土传病害，具易发病、蔓延速度快、毁灭性等特点。染病初期不易发现，一旦发病将很难控制。在沿海土壤黏重地区发病严重，苗木死亡率较高。

1）发病诱因

（1）苗木把关不严，调运时将病株带入。

（2）合欢枯萎病为侵染性病原引起的系统性传染病害，由枝干伤口、剪口、根茎伤口处侵入，通过雨水、灌溉扩散蔓延，最后导致整株枯萎死亡。剪口、伤口未及时涂抹杀菌剂保护，易于染病。

（3）穴土黏重、透气性差，地势低洼、排水不畅，缓苗期土壤过于干旱，树势较弱，易于发病。6 ~ 8月高温高湿，有利于病原菌的繁殖、侵染和扩散。栽植在草坪上的合欢，灌水过勤更容易染病。

（4）患病死亡苗木，穴土未经杀菌消毒处理，直接进行补植，使病菌侵入危害。

（5）新植苗木冬季没有防寒，或防寒不到位，发生冻害，诱发枯萎病。

2）危害状

先从个别枝条上发病，初期病枝上的叶片萎蔫变黄，干枯脱落，枝条枯萎。病枝从树冠一侧迅速向周边扩展蔓延，同时由枝条向下延伸到树干，最后导致整株死亡。发病枝干木质部变为褐色，树干基部及根皮变褐腐烂，在树干横截面可见数圈变为黑褐色的组织坏死环。

3）防治措施和方法

合欢枯萎病发病是由多种因素造成的，因此必须采取综合防治方法。

（1）严把苗木验收关，发现有初期表现症状的，一律退回或销毁。

（2）剪口、伤口，及时涂抹40%福美砷可湿性粉剂或腐皮消50倍液保护。

（3）改良栽植土，增加土壤的通透性。

（4）合欢为浅根性树种，耐干旱，怕涝，故不宜勤灌水、灌大水，灌水要做到不旱不灌。雨后及时排除绿地及树穴内的积水，灌水或大雨后，适时松土，改善土壤透气性。

（5）对生长势较弱的苗木，每年自6月上旬至8月上旬，每半月树穴浇灌一次内吸性杀菌剂，如70%甲基托布津可湿性粉剂800倍液，或50%多菌灵可湿性粉剂300 ~ 500倍液，2kg/m^2作药剂预防处理。

（6）新植苗木，根据不同的栽植时期，采取树干涂白，缠草绳、毛毡条、培土等措施，防止日灼和冻害发生。

（7）芽萌动期，对病株和周边相邻同一树种，进行树干喷药和灌根处理。开穴浇灌30%恶霉灵500倍液或可杀得2000倍液，药液量2kg/m^2～4kg/m^2。药剂交替使用，每10天浇灌一次，连续2～4次。同时树干喷洒20%抗枯灵水剂400～600倍液，或25%敌力脱乳油800倍液。

（8）发病初期，及时短截病枯枝，剪口涂抹杀菌剂保护。用50%代森铵400倍液，或40%多菌灵胶悬剂500倍液开穴灌根，用药量2kg/m^2～4kg/m^2，也可用根腐消300倍液灌根。发病严重时结合开穴晾坨，用根腐消200倍液灌根，连续2～4次。

（9）4～8月树木旺盛生长期，在病株树干地上30cm处打孔，掏净孔内碎木屑，将合欢枯萎一插灵插头剪开，用力插入孔内。初发病株插药瓶1～2支，发病较重的均匀分布，插药瓶3～5支。滴完药液后将药瓶拔出，孔口及时涂抹腐皮消100倍液，或络氨铜原液消毒。插瓶后需明示，以免儿童误食。

（10）发现全株近1/3叶片萎蔫发黄时，应立即刨除病株，穴土喷洒40%五氯硝基苯300倍液，或20%石灰水消毒，原栽植穴可更换其他树种。

266. 怎样防治病毒病？

病毒病是一种系统性病害如月季、杨树、海棠、苹果、美人蕉等花叶病，牡丹病毒病、樱桃病毒病、枣病毒病、花椒病毒病、大花萱草病毒病、苹果茎沟病毒病、葡萄扇叶病毒病、葡萄卷叶病等。

（1）发病初期，喷洒20%病毒灵400倍液，连续2～4次。用四环素、土霉素碱树干输液或灌根。

（2）发病较重植株，要及时拔除销毁，原栽植穴土壤消毒或移位补植。

（3）该病主要由线虫进行传播，故应注意防治土壤线虫。土壤含水量在40%以上时，可沟施98%棉隆（必速灭）微粒剂，施入量5kg/亩～6kg/亩，深度20cm，施后覆土。也可松土撒施10%克线丹颗粒剂，用量3kg/亩～4kg/亩，杀灭传毒线虫，降低发病率。

267. 如何防治非侵染性流胶病?

非侵染性流胶病，是一种典型的生理性病害。多因修剪过重，害虫钻蛀、日灼、冻害及机械损伤，土壤黏重、过湿，树势衰弱等诱发。

1）危害植物

多发生在桃树、杏树、李树、紫叶李、紫叶稠李、樱桃、樱花等核果类植物及雪松、白皮松上。

2）危害状

流胶现象在春季和雨后发生严重，多自主干伤口裂缝处溢出柔软半透明的胶状物，后渐变成坚硬的琥珀状胶块。流胶严重时叶片变黄、早落，树势衰弱。

3）防治措施和方法

（1）对不耐重修剪的樱桃、樱花等，一次不可疏枝过多，大枝不宜短截，非正常栽植季节以摘叶为主，尽量减少机械损伤。

（2）加强养护管理，增施有机肥，增强树势，提高抗病能力。黏重土壤树穴打孔灌沙，改善土壤透气性。大雨后及时排除积水，松土散湿。

（3）冬春树干涂白，防止冻害或日灼发生。

（4）发芽前，树干及主干枝喷洒3～5波美度石硫合剂。5～6月，每半月喷洒一次菌立灭1500倍液，或菌普克1000倍液，或流胶定800～1000倍液，连续3～4次，预防流胶病发生。

（5）注意防治蛀干害虫，减少伤口。

（6）刮除胶块和腐烂树皮，伤口涂抹甲托油膏、灭腐新黏稠悬浮剂原液，梧宁霉素100倍液，或50%退菌特50g+5%硫悬浮剂250g混合液，然后涂煤焦油保护。涂抹流胶定500倍液，或将浸透药液的棉布条包于患处，然后用薄膜缠紧，10天后再抹一遍。

树干喷洒23%络氨铜500倍+农用链霉素2000倍液，喷到树干近流水为止。

（7）发病较重的，用刀刮去胶块露出嫩皮，涂抹用500倍液流胶定与生石灰配制成的石灰膏，或将白灰膏用8波美度石硫合剂和成泥封堵伤口。同时在距树干外围1m处，挖深30cm的坑穴，浇灌硫酸铜200倍液，一月一次，连续2～3次。

268. 如何防治日灼病？

日灼病是一种生理性病害，主要危害叶片和树干。与侵染性病害不同的是，该病在干旱、高温强光下发生。病斑上无病原菌，与健康组织无明显界限，病斑不扩展，不传播，这是生理性病害与侵染性病害的主要区别之处。

1）易发生日灼病的植物种类

（1）叶片质地较薄、喜阴及弱阳性植物，如玉簪、八仙花、五角枫、红枫等。

（2）叶缘部分质地较薄的植物，如玉兰、芍药、美人蕉等。

（3）刚移植的树冠过小、干皮较薄的树种，如杨树、梧桐、马褂木、楸树、丝棉木等（彩图87）。

2）发病原因

（1）不耐强光照射，叶片质地较薄，树皮较薄、树冠较小的树干，盛夏在持续干旱、高温、强光暴晒的环境条件下，近强光照射部位易发病。

（2）苗圃中密植培养的苗木及在林下生长的稠李、水曲柳、花曲柳等干皮较薄的山苗。由于长时间适应了湿润、散射光的环境条件，移植到气候干燥，光照充足的城市绿地中遭受强光照射，则树干及叶片易于发生灼伤。特别是经截干处理或栽植在道路两侧的苗木，更易遭受日灼伤害。

（3）持续阴雨天后突然出现高温天气，幼嫩的叶片遭遇烈日暴晒，常导致灼伤发生。

（4）秋雨过多或秋季肥水过量，导致树干生长量大易受日灼伤害。

3）发病状

（1）树干西南方向干皮呈现纵向条状泛黄、泛白，颜色逐渐变深。灼伤处皮层开裂并向周边萎缩坏死，导致木质部外露，遭受日晒雨淋后，造成木质部腐烂，灼伤处易诱发溃疡病等。

（2）叶尖变褐、干枯，叶缘变褐卷曲坏死，枯焦状。

4）防治措施和方法

（1）应满足耐阴植物对光照需求，避免栽植在光照充足的地方。

（2）树干涂白、草绳缠干，遮挡强光直射，降低树干温度，减少日灼病发生。易遭受日灼危害的树种，待树冠扩大到能够遮挡树干，或干皮适当增厚时，不会再遭受日灼伤害。涂白时，树干西南向应多涂一遍，防治效果会更好。受害苗木数量过多时，为降低养护成本，也可在树干西南侧方向挂草片或麻片，避免强光照射。

（3）叶片易遭受日灼危害的苗木，高温季节，晴天的早上注意喷雾保湿。叶片可喷洒 0.1%硫酸铜溶液，提高叶片的抗性。

（4）为防止侵染性病害同时发生，可自 5 月下旬开始，每 15 天左右喷洒 1 次杀菌剂，连续 3 次，几种药剂交替使用。

（5）已发生日灼伤害的植株，刮去树干坏死部分，用 100mg/L 生根粉液和成泥，涂抹于伤口处，再用塑料薄膜裹严，促进伤口尽快愈合。

269. 如何防治穿孔病？

穿孔病是一种侵染性病害。从病源上可分为 2 大类，一种由真菌引起，一种由细菌引起。2 种病害的危害症状、发生规律及防治方法有所不同，只有根据危害症状对症下药，才能取得良好的防治效果。

1）危害植物

主要发生在桃树、碧桃、杏树、李树、紫叶李、樱花、樱桃等叶片上。

2）危害症状类型

（1）细菌性穿孔病。叶片初期出现水渍状失绿小斑点，后变灰褐色，病斑扩展呈圆或多角形，病斑周边有淡黄色晕圈。后期病斑产生离层，脱落形成穿孔。细菌性穿孔病也侵染果实和新梢。

（2）真菌性穿孔病。初为褐色斑点，渐扩展成圆或不规则形病斑。后期病斑外缘为褐色至紫褐色，内为灰白至灰褐色，略显轮纹状。病斑枯萎后脱落，形成不规则穿孔，有的病斑枯萎仅局部相连，呈不脱离状。

3）发生规律

（1）细菌性穿孔病 5 月份发病，7 ~ 8 月发病严重。阴雨、蚜虫、叶蝉危害等，是导致病害流行的主要因素。

（2）真菌性穿孔病 5 ~ 6 月为侵染高峰期，8 ~ 9 月为发病盛期。干旱天气有利于病害发生，降雨量大利于病害的流行，在树势衰弱的树体上发病严重。

4）化学防治方法

（1）细菌性穿孔病，发芽前喷洒 5 波美度石硫合剂，或 45% 晶体石硫合剂 30 倍液。发芽后喷洒 72% 农用链霉素可湿性粉剂 3000 倍液，或硫酸链霉素 4000 倍液，或 1.5% 立杀菌 600 ~ 800 倍液，或 2% 春雷霉素水剂 400 ~ 500 倍液。喷洒机油乳剂：代森锌：水 = 10 ：1 ：500 混合液，可兼治蚜虫、叶螨、蚧虫等。

10 ~ 15 天喷洒 1 次，连续 2 ~ 3 次。

（2）真菌性穿孔病，萌芽前喷洒 45%晶体石硫合剂 30 倍液，发病初期喷洒 70%品润 800 ~ 1000 倍液，或 70%代森锰锌可湿性粉剂 400 ~ 500 倍液，或 50%多菌灵可湿性粉剂 800 倍液。每 7 ~ 10 天喷洒 1 次，连续 2 ~ 3 次，几种药剂交替使用。

270. 怎样防治桧锈病？

1）传播途径

桧柏、龙柏是该病的主要中间寄主，病菌以菌丝体在桧柏等小枝及针叶上越冬，产生冬孢子和担孢子。春季越冬菌瘿开裂产生小孢子，借风雨传播，侵染附近的苹果树、沙果、梨树、海棠、山丁子等树种，危害其嫩枝、幼叶、果实。8 ~ 9 月锈孢子成熟后，借气流传到中间寄主植物上越冬。

2）危害症状

（1）受侵染的叶面出现褪绿色斑点，逐渐扩大为中间橙黄色，边缘红色的圆斑（彩图 88）。病斑背面形成黄白色隆起，6 月份其上产生许多黄色细管状物（彩图 89）。

（2）叶柄稍隆起，形成纺锤形橙黄色病斑。

（3）嫩枝感病部位凹陷龟裂，易从病部断裂。

（4）在寄主植物桧柏、龙柏的嫩枝和叶片上，形成球形或半球形瘿瘤。

（5）幼果果面出现近圆形黄色病斑，病斑上产生细管状锈孢子器。

3）防治措施和方法

（1）一般锈孢子有效传播距离为 5km ~ 10km，易感病树种应尽量远离寄主植物栽植。在距离桧柏、龙柏 5km 范围内栽植的苹果树、梨树、海棠、沙果等树种，秋季落叶后、春季发芽前，各喷洒 1 次 3 ~ 5 波美度石硫合剂，预防该病发生。

（2）桧柏上越冬菌量不多时，可喷洒100倍等量式波尔多液。相邻苹果树、梨树、海棠等树种，展叶时喷洒25%三唑酮乳油1 000倍液防治。

（3）前一年感病较重的苹果树、梨树、海棠等树种，待发芽时喷洒15%粉锈宁可湿性粉剂1500倍液，或65%代森锌可湿性粉剂500倍液，或50%硫悬浮剂200倍液，或40%腈菌唑悬浮剂6000 ~ 8000倍液，展叶时再喷一遍。同时相邻的桧柏、龙柏也必须喷药。注意观察，4月在桧柏上的菌瘿刚开裂时，及时喷洒100倍倍量式波尔多液，或1 ~ 3波美度石硫合剂。

271. 如何防治牡丹、芍药叶霉病？

牡丹和芍药均为我国传统名花，其花朵大，花色娇艳，富丽堂皇，自古以来深受人们的喜爱。但由于养护不到位，导致病害发生而失去观赏性。

1）发病诱因

（1）叶霉病又名红斑病，为真菌性病害，是牡丹、芍药发生较为普遍的主要病害之一。多因栽植过密、留枝过多、通风不良，土壤黏重、过湿而诱发，多雨天气发病严重。主要危害叶片、嫩茎，也危害叶柄、花及果实。

（2）该病病原菌在病株残茎及枯叶上越冬，休眠期病枝修剪不彻底，落地病叶未清除干净，是翌年主要侵染源。

（3）多在开花后发病，7 ~ 8月最为严重。发病初期未及时喷药控制，使病害迅速扩展蔓延。

2）危害状

（1）植株下部叶片首先发病，初期叶面出现紫褐色圆形小斑点，后渐扩大成圆形或不规则的大斑，外缘紫褐色，病斑上多具淡褐色同心轮纹。有时病斑相连成片，后期叶片焦枯、易脆而破裂。叶缘发病后，叶片呈微扭曲状。遇潮湿天气，病斑表面出现

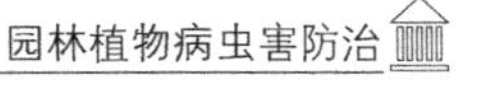

暗绿色霉状物。

（2）发生在茎上为紫褐色长圆形病斑，中央开裂并稍下陷。发生在叶柄的症状与茎上相似，但病斑为长形，其上均覆盖有霉状物。

（3）花瓣上病斑初为褐色小斑点，严重时花瓣外缘呈枯焦状。

3）防治措施和方法

（1）加强养护管理，落叶后及时剪去病枝，彻底清除周围的枯枝落叶，集中销毁，减少来年侵染源。

（2）芽未萌动前，喷洒 3 ~ 5 波美度石硫合剂。展叶后喷洒 50%多菌灵，预防该病发生。

（3）萌芽后及时掰去基部无用的蘖芽，控制主枝数量，必要时摘除过密叶片，使株丛通风透光。

（4）发病初期，每 10 ~ 15 天，交替喷洒 50%甲基托布津 800 倍液、40%多菌灵胶悬剂 600 倍液，连续 3 ~ 4 次。

（5）及时剪去发病严重的病枝、叶、花朵，清除病死株集中销毁。

272. 怎样防治细菌性根头癌肿病？

1）发病诱因

（1）根部带有病害的土球苗，验苗时不易被发现，苗木调运时将病株带入，是该病远距离传播的主要途径。往往同一带菌苗源地苗木，发病率更高。

（2）碱性土、黏重土壤、排水不良、根部伤口多、地下害虫危害等，易于发病。

（3）过量灌水，土壤过湿，病菌侵染的概率也随之增加。

2）传播方式

细菌性根头癌肿病（根癌病），是一种土传细菌病害，病原菌存活在土壤中的肿瘤皮层、病残体中，通过带菌苗木扦插、调运，雨水、灌溉、地下害虫等，自根部伤口侵入，引起细胞异常分裂，形成癌瘤。

3）危害植物

多危害樱花、榆叶梅、梅花、月季、苹果、海棠类、碧桃、山桃、丁香、柳树、杨树、大丽花等。

4）危害状

（1）多发生在根颈部，有时也在侧根、支根和枝干上发生，在嫁接口处较为常见。由于病株根部癌瘤使水分、养分流通受阻，故患有该病的植株，表现为地上部分生长缓慢，长势衰弱，枝短叶小，个别枝条枯萎，叶片变黄、提前落叶等。

（2）扒开土壤，可见根系上有大小形状各异的近球形瘤状物。癌瘤早期质地柔软，表面光滑。后期木质变硬，表面粗糙凹凸不平，呈开放式龟裂状（彩图 90）。

（3）枝干上病部呈球形、梭形瘤状突起，表面粗糙龟裂状。

5）防治措施和方法

（1）不使用带菌苗木，把好苗木验收关，一旦发现枝干上、根颈部、侧根上有癌瘤的苗木，必须立即销毁，防止病株进入施工现场。

（2）土壤黏重的需改良栽植土，提高透气性，大雨过后注意及时排涝。

（3）及时剪除病枝，根部发病不严重的，可用利刀彻底切除癌瘤及周围组织，切除的癌瘤应立即销毁。伤口用 50 倍抗菌剂 402 溶液消毒，或喷洒 500ppm ~ 2000ppm 链霉素，或 500ppm ~ 1000ppm 土霉素消毒，用凡士林封闭，或将浸透 30 倍液的根癌宁药棉贴附于切口处，然后用 1kg/ 株 ~ 2kg/ 株 30 倍液的根癌宁灌根。切除癌瘤 10 天后，灌一遍生根粉，促进愈伤组织和新根生长。

（4）病株拔除后，彻底清除周围土壤，重新更换栽植土。树穴浇灌 20% 土霸可湿性粉剂 500 倍液，或使用 $50g/m^2$ ~ $100g/m^2$

硫磺粉，进行杀菌消毒。

（5）因患该病死亡的苗木，补植时宜换穴移位栽植，尽量避免重茬。

273. 怎样防治草坪叶锈病?

1）危害草种

叶锈病为一种转主寄生性真菌病害，主要危害草地早熟禾、结缕草、高羊茅、黑麦草等草种的叶片、叶鞘和茎。

2）危害状

初期在草叶上出现针点状黄色小斑点，病斑渐扩展成梭状或条状，后期病斑表皮破裂，散出黄色、橙黄色或粉红色的粉状夏孢子堆（彩图 91），撸一下草叶，手上会有锈色粉状物，严重时禾草褪绿变黄。

3）防治措施和方法

（1）病菌以冬孢子在病残体上越冬，2 月下旬至 3 月上旬，返青草坪低修剪后，用钉耙对草坪进行疏草，耧除枯草层，减少侵染源。耧草后，喷洒波尔多液或 800 倍石硫合剂，消灭越冬菌源。

（2）进入病害发生期，剪草后将病残草屑清除干净，及时喷洒杀菌剂。

（3）4 ~ 5 月和 7 ~ 9 月易发病。雨季来临之前，喷洒一次杀菌剂，预防病害发生。发病初期喷洒 15% 粉锈宁可湿性粉剂 1500 倍液，或 25% 三唑酮可湿性粉剂 1000 ~ 1500 倍液，或 73% 特效唑 800 倍液，几种药剂交替使用，7 ~ 10 天喷洒一次，连喷 2 ~ 3 次。

274. 如何防治草坪镰刀菌枯萎病?

镰刀菌枯萎病是一种土传真菌性病害，是对草坪破坏最严重的一种病害，高温高湿、土壤板结、氮肥过量、枯草层过厚时易发病，草地早熟禾发病较重。

1）危害状

初期在草叶上出现不规则绿色小病斑，后草坪草萎蔫，整株很快枯萎，草坪上出现直径 2cm ~ 30cm，圆形或形状不规则的“蛙眼”状枯草斑（彩图 92）。高温时在靠近土壤表面、草叶、草茎上可见白色至粉红色菌丝体和大量分生孢子团。

2）防治措施和方法

（1）控制氮肥施用量，夏季适当减少灌溉、修剪次数，控制灌水量。

（2）剪草后及时搂除草屑和枯草，彻底清除病枯残草。

（3）彻底清除病枯残草和周边土壤，喷洒 98％恶霉灵 200 ~ 300 倍液，或 70％甲基托布津可湿性粉剂 800 ~ 1000 倍液，药液量一般不少于 $200mL/m^2$，以便控制病害的扩展蔓延。

275. 草坪腐霉枯萎病如何防治？

草坪腐霉枯萎病是一种毁灭性土壤习居真菌性病害，主要危害早熟禾、高羊茅等冷季型草种及狗牙根。

1）发病诱因

多在白天最高温度 30℃以上、夜间最低温度 20℃以上、相对湿度持续 14 小时高于 90％时发生。在高温、高湿环境条件下，土壤黏重，氮肥施用过多，植株过密，枯草层过厚，灌水过勤，雨天或有露水时剪草等，均有可能导致该病的发生。

2）危害状

病斑多出现在近叶鞘处，受害病叶呈现明显的水渍状，用手触摸时有油腻感，故又称油斑病。受害草坪出现直径数厘米至数十厘米的黄褐色圆形枯草圈，在湿度较高的早晨，可见有大量的白色棉絮状菌丝（彩图 93）。受害株茎叶及根部组织变褐腐烂，植株倒伏死亡。该病扩展迅速，可在一夜之间毁灭大面积草坪。

3）防治措施和方法

（1）合理灌水，做到不旱不灌，灌则灌透。日出前及夜间不灌水，避免草坪湿度过大。大雨后及时排水，防止坪地内积水。

（2）冷季型草夏季尽量不施用氮肥。

（3）严禁雨天或有露水时剪草，剪草后搂除过厚的枯草层，将枯草和草屑搂净，及时运走。

（4）病害刚发生时，及时喷洒 64% 杀毒矾可湿性粉剂 1000 倍液，或 70% 代森锰锌可湿性粉剂 400 倍液，或 25% 腐霉福美双 60g/ 亩 ~ 80g/ 亩，药液须喷至根部。药剂交替使用，5 ~ 7 天再喷洒一次，连续次 2 ~ 3 次。

（5）因腐霉菌丝体存活在土壤和病株中，已出现枯草圈时，必须彻底清除病枯草和周围土壤，再喷药防治。

276. 剪草后，造成草坪病害发生和蔓延的主要原因是什么?

（1）剪草刀片不够锋利，造成创伤面过大，伤口难以愈合，病原体极易从伤口处侵入发病。

（2）在不适宜的时间进行剪草作业。如在有露水、下雨时，或雨后草叶未干及草叶上灌溉水未干时，或傍晚湿度大时进行剪草作业。

（3）不正确的修剪顺序。草坪病害易发生月份，在病区作业后，剪草机的刀片未经消毒，直接修剪无病害区，是导致病害大面积扩展蔓延的主要原因之一。

（4）剪草过勤。夏季高温季节是草坪病害高发期，剪草过勤，增加了病害感染机会。

（5）带病草屑未及时清除或清理不彻底，造成病害继续扩展蔓延。

（6）剪草后未清理过厚的枯草层，在高温季节高湿条件下，为病原体提供了繁衍的适生环境，有利于病害的发生和蔓延。

（7）病害发生季节剪草后没有及时喷洒杀菌剂，导致病菌自伤口侵入造成危害。

277. 夏季控制冷季型草病害发生蔓延的措施有哪些？

（1）夏季尽量不施用氮肥，以免给病菌提供适生的富营养环境。

（2）盛夏高温多雨季节，是草坪白粉病、锈病、褐斑病、腐霉枯萎病等病害繁衍的最佳条件。因此应适当控制土壤持水量，灌水应掌握不旱不浇，见干见湿的原则。

（3）减少修剪次数，刀具必须锋利，以免造成创伤面过大。剪草后及时清除草屑，搂除枯草。

（4）避免在阴天或傍晚灌水，以防土壤湿度过大，易于病害发生。严禁在雨天或有露水及草叶不干时剪草，以免病菌自剪口侵入。大雨过后及时排涝，防止草坪地积水。

（5）剪草时应先修剪无病害发生区，后修剪病害发生区。修剪后机具及刀片进行杀菌消毒处理，防止病害继续蔓延。

（6）病害发生期，剪草后应及时喷洒杀菌剂，防止病菌自伤口处侵入危害。如果每次喷洒同一种杀菌剂，会使病原微生物产生抗药性，从而降低防治效果。应几种杀菌剂交替使用，可有效控制病害发生和蔓延。药剂喷洒后，草坪不能立即灌水，以免药效降低，影响防治效果。如喷药后时逢下雨，待草叶略干燥时再喷1次。

（7）发病严重的应彻底清除病枯草，土壤必须经消毒后再行补植。

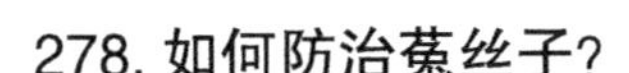

278. 如何防治菟丝子?

菟丝子又名无根草，是一种寄生性攀缘草本植物，种子成熟后落入土中或随风传播，依靠缠绕在主干、幼嫩茎枝上的吸盘，吸收寄主植物的养分和水分，供其自身生长发育，同时抑制植物的生长，同时还是传播一些病毒的介体。其繁殖和再生能力非常强，扩展速度快，不易根除。大量发生时，植物一片枯亡，不仅破坏园林景观效果，甚至威胁到植物的生存。

绿地中可见中国菟丝子和日本菟丝子。中国菟丝子，茎纤细，线形，分枝少，黄色至微红色。无叶、花小。主要危害菊科、豆科、蔷薇科、禾本科、小叶女贞等地被植物和花灌木。日本菟丝子，茎粗，紫红色，多黄白色、紫色斑的分枝，主要危害多种花灌木。

防治方法:

(1) 前一年发生严重地段，在5月份种子萌发时，地面喷洒1.5%扑草净，使其不能发芽。间隔3 ~ 5天喷洒1次，连续3 ~ 4次。喷洒要到位，不留死角。

(2) 有少量发生时，及时彻底清除全部缠绕茎，防止其结籽，控制其蔓延，残茎必须集中销毁。

(3) 发生初期，可喷洒“鲁保一号”防治，用量4g/m^2。为提高防治效果，可在喷药前，剪断菟丝子攀缘茎，造成伤口。在菟丝子开花前，于缠绕处仔细喷洒48%菟丝灵可湿性粉剂，喷湿为止，菟丝子会很快枯萎死亡。

(4) 危害严重时，可在下午，用注射器在寄主茎干上注射农用链霉素。

279. 为什么在休眠期要清除枯枝落叶?

(1) 枯枝落叶既是许多食叶害虫及叶部病害的越冬场所，也是翌年病害的侵染源。如黑星病、褐斑病、黑斑病、白粉病、炭疽病、圆斑病等病菌，在落叶中越冬。

（2）金纹细蛾，桃、杨白潜叶蛾等，以蛹在被害落叶中越冬。

（3）枣炭疽病、枣缩果病、杏疔病等病菌，则在病叶或僵果上越冬，次年继续传播危害。

及时彻底清除枯枝落叶，消除其越冬场所，可大大降低病虫越冬基数，减轻来年白粉病、炭疽病、缩果病、叶螨、草履蚧等病虫害的发生。

观赏树木整形修剪

第一章　乔木树种整形修剪

280. 雪松如何进行整形修剪？

雪松是世界著名的五大公园树种之一，其树体高大，四季常青，树势雄伟，树形潇洒而优美，故深受人们喜爱，在有些国家被称为“神树”“上帝之树”。园林中多孤植在广场和花坛中央，突现树形的宏伟多姿；对植在建筑物两侧及大门入口处，形成对景，衬托建筑物的高大；也可丛植在开阔的草坪上，或列植在道路两旁。

常见品种有：平枝型、翘枝型、垂枝型。

喜光，耐寒性稍差。喜深厚肥沃、排水良好土壤，在盐碱土、黏重土壤中生长不良，怕涝。浅根性，抗风力差，抗 SO_2 能力差。

1）栽植修剪

（1）雪松整形修剪一般以疏枝为主，疏去病枯枝，层间的交叉枝、重叠枝、斜生枝、过密枝，疏枝量不得超过10%。疏枝时，剪口下留2cm枝桩。雌株已结果的，应疏去全部果实，有利于新根生长和恢复树势。

（2）雪松具有明显的中央领导干，一旦顶端枝梢折损将破坏其塔形或圆锥树形。对因在装卸车时主干延长枝顶梢受损的，可选一顶端分枝角度较小、生长健壮的枝条，用木棍绑缚在主干上，培养代替主干延长枝，恢复其顶端生长优势。

（3）雪松因其树冠呈塔形，大枝平伸自然贴近地面而潇洒优美。因此孤植或丛植的苗木，树干分枝点越低，其观赏性越好。故修剪时，除基部的枯死枝外，其下部分布均匀的大小枝条，一律不得疏剪（彩图94）。

（4）顶端出现竞争枝的，应短截竞争枝至分生枝处，减弱其生长势以保持主干顶端的生长优势。对已形成双头或多头树形的

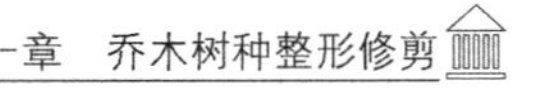

大规格苗木，则应保留现有株型，切不可强行疏剪，以免导致树势衰弱甚至造成偏冠而破坏树形。

（5）作行道树栽植的雪松必须提高分枝点，疏除树干下部的枝条，保持一定的枝下高，便于车辆和路人通行。

（6）短截折裂枝，截口要平滑，截口处必须涂抹杀菌剂，并用油漆封堵伤口，也可直接涂抹愈伤涂膜剂、伤口愈合剂等保护。

2）养护修剪

（1）栽植成活后，不需再做大的修剪。注意及时剪去灰霉病、枯梢病的病枯枝，剪口处涂抹杀菌剂保护。

（2）雪松常因中心主干顶端侧生枝较直立生长，而与中心延长枝形成竞争势态，如放任生长数年后将形成分叉树形。为保持其中心主干顶端生长优势，应选其中一个直立、生长旺盛的枝条作主干延长枝培养，将生长势稍弱的竞争枝进行回缩修剪，待来年再将竞争枝回缩至分生枝处，剪口下留 2cm 枝桩。

（3）雪松幼龄及壮龄树顶端生长势旺盛，质地柔软常弯曲下垂，易风折，应及时用竹竿与中心主干绑缚固定。

（4）随着树龄的不断增长，大枝逐年下垂，因此应将行道树下部影响车辆及行人通行的枝条进行短截或提干疏除，但不可一次修剪过重，以免影响树势。修剪大枝应避开旺盛生长期，以免造成伤流。

281. 银杏如何进行整形修剪？

银杏，别名公孙树、白果树，是世界著名的古老孑遗植物，又被称为“活化石”。其树体高大，树干端直，树姿雄伟，叶形奇特，秋叶鲜黄，是优良的园林观赏树种。多孤植或丛植于公园、庭院，对植于大门入口处或寺庙殿前，也可作行道树栽植。

常见变种、变形有垂枝银杏、斑叶银杏等。

银杏喜光，不耐阴，耐寒。对土壤要求不严，较耐旱，怕水涝。

深根性，抗风力强。萌芽力强，生长缓慢，寿命可长达千年以上。

银杏干性强，中央领导干顶端尤其旺盛。一般作庭荫树、行道树栽植，整形修剪多以中央领导干形为主。作果树培养或根据景观要求，可选用具 3 ~ 5 个骨干枝嫁接繁殖的雌株。

1）栽植修剪

（1）正常栽植季节

大枝不可不行修剪，但大枝一般也不可进行短截（彩图 95）。为保持银杏的自然树形，修剪时宜行疏枝。疏除分枝点以下主干上、根际处的萌蘖枝，大枝上过密的侧生枝。银杏大枝轮生，凡冠内大枝密集、杂乱的，需疏除轮生枝中的交叉枝、重叠枝，但不可将轮生枝中的一轮枝条全部疏除，以免加大层间距离，使枝条过于稀疏，破坏了自然树形（彩图 96），疏枝时应避免修剪对口大枝。

银杏中下部的芽常萌发形成短枝，叶片在短枝上簇生，为减少水分蒸发，应抹去主干、主枝上无用的蘖芽。

长枝的顶芽及其下方的侧芽，均可发育成粗壮的长枝，有的生长势甚至强于延长枝，形成竞争势态。修剪时应疏去主干及主枝延长枝的竞争枝，对顶端优势衰弱的应留强去弱，疏去弱势顶端枝，选择与主枝夹角较小的健壮枝条，代替主干延长枝，以保持中央领导干及大枝延长枝的顶端生长优势。

（2）非正常栽植季节

修剪应以疏枝、疏叶、疏果为主。疏去主干上、根际处的萌蘖枝，轮生枝中的交叉枝、重叠枝，主枝上过密的小侧枝。疏剪过密的簇生叶或簇生叶中的部分叶片，保留叶柄。疏叶量应视苗木枝叶疏密度、土球完好程度、栽植时期而定，一般为总叶量的 1/3 ~ 1/2。已结果的需将果实全部疏除。

2）养护修剪

（1）休眠期修剪

幼龄树应注意主干及主枝延长枝竞争枝的疏剪，保持顶端生

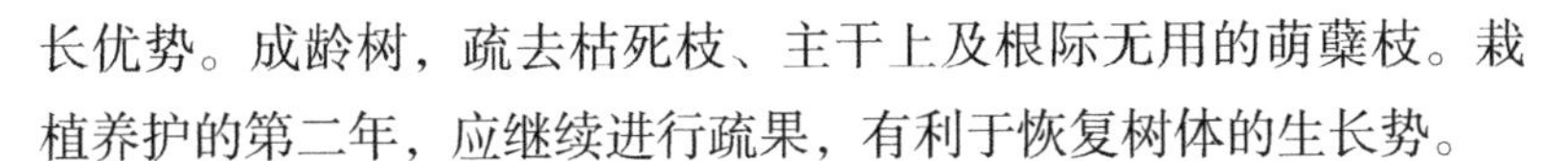

长优势。成龄树，疏去枯死枝、主干上及根际无用的萌蘖枝。栽植养护的第二年，应继续进行疏果，有利于恢复树体的生长势。

多骨干枝形的除上述修剪外，还要注意疏去嫁接砧木上的萌蘖枝。对骨干枝开张角度较大、枝条伸展较远的枝条，需进行回缩修剪，并保持树冠整齐美观。同时疏去部分过密小枝，以免嫁接部位不堪重负。

已成形的大树，一般不作大的修剪，注意疏除枯死枝，回缩过低的下垂枝。对影响车辆通行的大枝，进行分次疏除。

（2）生长期修剪

疏去病枯枝，及时抹去或疏除主干上的蘖芽及萌蘖枝。修剪遭受银杏超小卷叶蛾危害的枯断小枝，消灭钻蛀幼虫。

282. 垂榆如何进行整形修剪？

垂榆，别名垂枝榆、龙爪榆。树冠呈伞形，枝条细密、柔垂，是园林中优良的景观树种，在冬季寒冷的东北地区，绿地中多有栽植，宜孤植、对植、列植。

常见栽培有：大叶垂榆、金叶垂榆。

喜光，耐寒。对土壤要求不严，耐干旱、瘠薄，较耐盐碱，怕涝。生长快，萌芽力强，耐修剪，多虫害。

根据生长空间和配置要求，多培养成伞形和圆柱状树形。此类树是以白榆为砧木嫁接繁殖而成的。榆树砧木萌蘖枝生长势旺盛，与垂榆不断争夺水分、养分和光照。如不及时修剪，不仅影响伞形树冠的整齐度，还会造成树上长树的情况，甚至出现枝条全部被“欺死”的严重后果。当出现砧木萌蘖枝时，必须及时进行疏除。

1）栽植修剪

（1）正常栽植季节

在枝条伸展空间较大的环境条件下，多整剪成伞形。一般新生枝 30cm 左右时为水平生长，然后呈弧形逐渐向外、向下延伸，如不对主侧枝进行适当短截扩冠，自然形成的树冠则非常窄小。因此对分枝较少，树冠开张较小的苗木，可保留 3 ~ 5 个生长旺盛、水平分布均匀的主枝，选择主枝上方抬高角度较大的枝条作延长枝，自 30cm 左右处进行短截作骨干枝培养。短截时，剪口处留背上芽，以利树冠不断向外扩展。

树冠已成形的，应疏去病虫枝、枯死枝、交叉枝、平行枝、冠内下垂枝、影响树冠整齐的乱枝；适当保留树冠顶部的小枝，避免骨干枝明显裸露。将树冠周围下垂枝的先端修剪平齐。

在生长空间较小的环境下栽植的，适合培养成圆柱状树形。对主枝不再行短截，任其自然生长，但需疏除病虫枝、枯死枝、交叉枝。轻剪下垂枝的枝梢，将其修剪平齐。

（2）非正常栽植季节

疏去冠内的下垂枝、过密枝、病虫枝、枯死枝，影响树形整齐的乱枝。疏枝时小枝不可疏剪过重，以免造成骨干枝裸露。

大规格苗木应适当加大疏枝量，疏剪部分过密叶片。

2）养护修剪

（1）休眠期

需疏除树冠上的病虫枝、枯死枝、冠内下垂枝。短截影响冠形整齐的枝条。

培养成伞形树冠的每年对主侧枝延长枝进行适当短截，使枝条呈拱形向外伸展，不断扩大树冠。垂榆枝条较柔软且有一定韧性，当出现偏冠时，可选临近的骨干枝或骨干枝上的侧枝，进行牵引绑扎固定填补空缺，使枝条均匀分布，保持树冠整齐丰满。

圆柱状树形外侧枝条多不行短剪，任其自然下垂生长，但枝条不可垂至地面，应在距地面约 30cm 处进行短截，使枝端基本在同一高度上，以提高树冠的整齐度。

（2）生长期

夏季为旺盛生长期，如不及时修剪，枝条通透性差，内部过

密的细弱枝易枯死，枝端长度也参差不齐，因此需每月修剪一次。及时疏去冠内的下垂枝、枯死枝、过密枝、影响树冠整齐的乱枝，保证冠内通风透光。将伸展过长的下垂枝条，缩剪到同一高度上（彩图 97）。

剪除双斑星天牛等害虫危害的虫枝，消灭钻蛀幼虫。

283. 玉兰如何进行整形修剪？

玉兰，别名白玉兰、望春花。因其花洁白如玉、清香似兰而得名。其花大，着花多，先于叶开放，盛开时千枝万蕊犹如雪涛云海，故有“木花树”之称，是我国著名的早春观赏花木。多孤植或丛植于庭院、路缘，或对植于建筑物两侧，也可列植于道路旁，与常绿针叶树配植，绿树白花效果犹佳。在古典园林中，多与海棠、迎春、牡丹、桂花配植，寓意“富贵”和“吉祥如意”。

同属中常见栽培有：木兰（紫玉兰、辛夷、木笔）、二乔玉兰、望春玉兰、山玉兰、‘黄河’玉兰、红运玉兰、景宁玉兰、广玉兰等。

喜光，较耐寒。对土壤要求不严，耐干旱，怕水涝，灌水过勤常导致枝条徒长开花稀少。寿命长，可达数百年。

玉兰干性强，分枝较匀称，自然树形好，冠内通透，开花繁茂，故一般不需进行特殊整形，可任其自然生长。玉兰多以木兰为砧木嫁接繁殖，故应随时疏除根际砧木萌蘖枝。

1）栽植修剪

（1）正常栽植季节

修剪以疏枝、疏蕾、抹芽为主。疏去过密的花蕾、病枝、枯死枝、过密枝、交叉枝、重叠枝、下垂枝、直立徒长枝、主干上冗枝及扰乱树形的枝条。抹去枝干上无用蘖芽，主干枝及主枝顶芽下的 1 ~ 2 个侧芽，避免产生竞争枝。

幼龄树枝条生长势旺盛，应注意疏除或短截与主干及主枝延长枝的竞争枝，削弱其生长势，保持顶端生长优势，促使高生长和扩大树冠。

玉兰枝干愈伤能力较差，故一般不行重修剪，尤其是大枝不行短截。但有的人不管什么树，栽植后一律行平头修剪，这不仅破坏了株形，削弱了树势，而且给重新培养树形增加了一定的难度。经平头修剪的多主枝形，主从不分，不利于冠内通风透光，虽然枝叶茂密，但开花少观赏性差，需通过合理的整形修剪，重新培养株形。

在苗圃已行重短截的幼龄苗木，从剪口处及主枝上萌生出大量的直立徒长枝，应选留外侧分布均匀交互生长的健壮枝作主枝培养，轻剪枝梢，剪口下留外向壮芽，促其下部分生侧枝，有利于向外扩展树冠。保留中央健壮枝，短截至壮芽处作主干枝培养，无生长空间的细弱枝、过密枝应全部疏除。

（2）非正常栽植季节

修剪应以疏叶、疏花、疏果为主，疏枝为辅。短截当年生嫩枝的 1/3 ～ 1/2，疏去交叉枝、过密枝、直立徒长枝、根际萌蘖枝。玉兰叶片质地较软，疏叶时应使用枝剪，不可用手去撸拽，以免损伤保留的叶片。可疏剪叶片的 1/3 ～ 1/2，保留叶柄。正值花期的应疏去大部分花，散坨苗应将花全部摘除，减少开花量。疏叶、疏花时应掌握外围及观赏面适当多留原则，已经结果的必须全部疏除。

2）养护修剪

（1）休眠期修剪

因其耐寒性稍差，故修剪多在花后、展叶前进行，否则会留下枯桩。

在风口处栽植，及大水大肥催生的幼龄树，遇倒春寒易发生抽梢现象，应于展叶前剪去枯死梢，自基部疏去残留的枯桩。

幼龄树要注意株形的培养，保持主干顶端的生长优势。主干上培养 4 ~ 5 个左右两侧交互分布的主枝，使主枝分布均匀，上下错落有致。

成龄树一般多不行修剪，内膛出现空缺的，可将角度适合的徒长枝短截至壮芽处，促其下部分生侧枝，促使抽生开花短枝增加开花量。随着树体的不断长高，对分枝点较低的主枝应逐年分次予以疏除，以保持其合理的冠干比。

对因修剪不当造成冠内枝条杂乱、徒长枝生长旺盛、花芽稀少的植株，应重点清理内膛枝，疏除病枯枝、交叉枝、重叠枝、过密枝、直立徒长枝、根际及树干上的萌蘖枝。

在小环境下也可培养成低干开心树形。每年对主、侧枝进行短截，控制其高生长和冠幅的扩展。主干及主枝上的直立徒长枝，必须及时疏除。

（2）生长期修剪

及时抹去剪口处及主干上无用蘖芽，防止抽生过密枝条影响冠内通透性。疏去内膛枯死枝、徒长枝、交叉枝，短截折损枝至分生侧枝或外向壮芽处。花后剪去残花避免结实。

玉兰花芽于 6 ~ 7 月集中分化形成，多着生在中短枝上，对有生长空间的健壮小枝及时进行摘心或短截，将其培养成开花枝，增加开花量。

284. 广玉兰如何进行整形修剪？

广玉兰别名荷花玉兰、大花玉兰、洋玉兰。树冠开展，枝叶茂密，冠大荫浓，四季常青。因其花大芳香，型如朵朵白莲而得名，是珍贵的园林景观树种之一，在长江流域至珠江流域广为栽培观赏。多孤植于庭院、草坪，对植于建筑物及大门两侧，也可列植于道路两侧或丛植观赏。

喜光，耐半阴，耐寒性稍差，在京津地区背风向阳处可以越冬，但抗风力差，易抽条，冬季落叶休眠。不耐干旱，忌黏性和碱性土壤，怕水涝，喜深厚肥沃、排水良好土壤。萌芽力、发枝力弱，不耐修剪。

多培养成中央领导干型或多领导干型。广玉兰多以木兰等为砧木行嫁接繁殖，故应及时疏除根际的砧木萌蘖枝。

1）栽植修剪

因北方地区早春干旱风大，夏季高温，天气干燥、炎热，叶面蒸发量大，故休眠期及高温季节不适宜进行苗木移植。4 月下旬至 5 月和 9 月份，是移植的适宜时期，过晚则不利苗木越冬。

因北方地区栽植较少，有些人不知该如何修剪，为提高栽植成活率便加大了修剪量。表现为修枝量过多，冠内枝条稀疏，枝下高留的过长，树冠过小等，这些均不利于树冠扩展生长。

广玉兰发枝力弱，因此移栽时不可修剪过重，更不能对主侧枝进行短截，以免破坏自然树形。树形一旦被破坏，将在数年内得不到修复。

修剪以疏枝和摘叶为主，抹芽、疏花、疏蕾、摘心为辅。保留原有的主要骨干枝，疏去枯死枝、冠内细弱枝、过密枝、交叉枝、重叠枝、直立徒长枝，保持冠内通风透光。但枝条也不可过于稀疏，疏枝量应视苗木枝条疏密程度而定，一般约为全树枝条的 1/5。分枝点过高，树冠过小，冠干达不到理想比例，景观效果就越差（彩图 98），一般冠干比不小于 2/3。树冠过小，叶片量少，影响光合作用产物的积累，也削弱了生长势，需经数年培养，才能形成理想株形。

广玉兰叶片大，枝叶浓密，摘叶是减少水分蒸发，提高栽植成活率的重要技术措施之一。用枝剪疏剪冠丛内过密叶片，保留叶柄，一般疏叶量约为 1/3 ~ 1/2，疏叶后使所留叶片在树冠外侧均匀分布。

主干及主枝延长枝顶芽下的侧芽，能抽生旺长侧枝，与中心主干枝和主枝形成竞争枝，不仅影响树冠的扩展，也易形成分叉树形。

树形为中央领导干型的，要保持中心主干枝和主枝延长枝的顶端生长优势。如尚未抽生新枝的，可将顶芽下的 1 ~ 3 个芽抹去，使其不能抽生新枝。已形成竞争枝的，应对顶芽下边的侧生枝进行剪梢，抑制过旺生长。如中心主干枝和主枝的延长枝出现折损或生长的苗木势稍弱，则可选其下与延长枝平行的旺长侧枝替代原头；多领导干型的主干枝不宜过多，以 3 个主干枝为宜，通过抹芽、摘心、剪梢等措施，抑制顶端侧枝的生长，保证主枝延长枝的顶端生长优势。对弱主枝延长枝适当进行重剪，壮主枝延长枝进行轻剪，通过修剪使各主枝生长势达到基本平衡，保证树形整齐、均称、美观。

已显现花蕾的，应疏去较密的和非主要观赏面的花蕾。正值花期的，疏去大部分花，观赏面保留少量花或将花全部疏除。已结果实的应将果实全部剪除。

对因修剪不到位，已形成分叉树形的幼龄树，不可将另一主干枝一次自基部疏除。应先将生长势稍弱的一个主干枝，回缩至斜向生长的分生枝处，视其生长状况保留或逐年、分次彻底疏除。

2）养护修剪

因其耐寒性稍差，虽在京津地区小环境下可以越冬，但在空旷处栽植且冬季不做防寒保护的，如遇大寒之年则会出现抽条或冻死现象。因此在树木发芽后，应及时剪去枯死枝和枯梢。

广玉兰花芽顶生枝端，主枝上的各级健壮侧枝是主要开花枝，因此不宜随意进行短截，以免减少开花量。

发芽后及时摘除幼龄株的侧芽，保持中心枝及主干枝的顶端生长优势，以利逐年扩大树冠。对主干枝和主枝顶端优势不明显的，可用其下部健壮侧枝换头代替。抹去树干上及剪口处无用蘖芽，及时修剪折损枝和扰乱树形的旺长枝。

养护的第一至二年，应根据树势生长情况适量疏去瘦小、过密的花蕾，减少养分消耗，有利于恢复树势。花后剪去残花不使其结果。

随着树龄的增长，应不断调整好树体的冠干比例，疏除过低的大枝，逐年提高分枝点。待树冠达到一定高度后可停止修剪任其自然生长。大枝出现下垂时，需对大枝进行回缩修剪，剪去下垂部分，选留斜向上生长的侧枝代替延长枝。

285. 山楂如何进行整形修剪？

一般人们认为山里红的意思是"山里边一片红"，当然说的就是山楂了，其实不然。山楂是野生种，而园林中常见栽培的山里红又叫红果、大山楂，是山楂的栽培变种，较野生种生长势更强健，叶片、果实较大，果肉多而厚，无枝刺。

山楂及其变种春季花繁叶茂，秋季红果累累，酸甜可口馋人欲摘，同时还有很好的药用价值，是我国特有的果树和优良的园林观赏树种，各地广为栽培，多植于庭院、路缘、坡地。因山楂有枝刺，故还可作刺篱栽植。

同属中栽培有：红花重瓣山楂、白玉山楂、华盛顿山楂、野山楂等。

喜光，在光照较弱的条件下，内膛自疏现象严重，较耐寒。萌蘖力、发枝力强，耐修剪。浅根性，耐干燥，喜深厚肥沃土壤，但也耐瘠薄，怕水涝。

多培养成疏散分层形或自然开心形。疏散分层形，主干上分布 5 ~ 6 个主枝呈三层错落着生，栽植后容易整形，但易发生偏冠现象。自然开心形无中心领导干，主干上均匀分布着 3 ~ 4 个主枝，树形开展通透性好，结果早，结果面积大（彩图 99）。

山里红以山楂为砧木嫁接繁殖，因此无论休眠期或生长期，均应及时对砧木萌蘖枝进行修剪。

1）栽植修剪

（1）正常栽植季节

因园林绿地中栽植的苗木，均是已进入结果期的成形树，一般树形结构比较合理，此类苗木宜保持原有株形，不需重修剪。规格较小的初果树，对主、侧枝和延长枝进行轻剪，短截后留外向芽，以利扩大树冠，对冠内旺长枝，短截培养成结果母枝。

对于疏于修剪或修剪不到位的苗木，应疏去枯死枝、冠内交叉枝、重叠枝、过密枝、剪口处无用萌蘖枝，短截或疏除主枝延长枝的竞争枝、旺长枝。

山楂及其变种易患枝枯型腐烂病，故修剪后，及时对剪口、截口及干皮破损处涂抹保护剂，防止病菌侵入发病蔓延。

（2）非正常栽植季节

除上述修剪外，还应疏去部分叶片，疏叶量为片叶总量的1/3 ~ 1/2，疏叶时保留叶柄。及时抹去主干上、剪口处无用的蘖芽，对长度30cm ~ 40cm的内膛枝进行摘心。正在开花的需疏除部分花，已坐果的应疏去病果、虫果及大部分幼果，所留花、果实宜在观赏面均匀分布。

2）养护修剪

养护中存在以下问题：因修剪过重，造成枝条徒长，营养生长过旺，开花结果量少；修剪不当出现结实大小年现象；放任不剪，树形紊乱结构不合理，辅养枝过多，内膛光照不足，结果部位外移。对山楂及其变种的整形修剪，应因树、树龄而异，通过合理的整形修剪，使树冠整齐通透，结果母枝与发育枝的比例合理，保持其长期稳定的观赏效果。修剪应以休眠期为主，生长期为辅。

（1）休眠期修剪

首先疏除病虫枝、重叠枝、交叉枝、无用直立徒长枝、延长枝的竞争枝，位置不当的旺长枝。

山楂及其变种花芽为顶生和腋生混合芽，在细弱短果枝上，多只开花不结果，甚至不开花。而在长度12cm以上，生长充实的长果枝，8cm ~ 12cm的中果枝，8cm以下的短果枝上均可开花结果，以健壮的中、短果枝结果最好。长度在 25cm ~ 30cm 的一年生发育充实的枝条，其顶芽及其下 1 ~ 4 个腋芽均可形成花芽，故修剪时应少行短截。

初果树修剪应以扩大树冠，增加枝量，培养结果枝组为主。短截主、侧枝延长枝，剪口下留外芽，以利开张角度扩大树冠。树冠开张度不大的，可在树液开始流动时，对开张角较小的主、侧枝采用拉枝方法开张其角度。对内膛有生长空间的徒长枝、直立枝、斜生枝进行适度短截，将其培养成结果母枝。

进入盛果期，一般树冠比较开展，外围枝条密集重叠，冠内郁闭通透性差，导致内膛结果母枝细弱甚至自疏枯死，因此出现内部空秃多、外围枝结果现象。随着树龄的增长，枝条中、下部侧芽多不萌发，因而导致中、下部空秃。多年连续大量结果后，树势逐渐衰弱，骨干枝开始下垂。因此盛果期，改善通透条件和更新复壮、培养结果枝组，是整形修剪的主要任务。首先疏去枯死枝，无用的竞争枝、交叉枝、徒长枝，改善内部通透条件。疏除或回缩树冠外围部分密生大枝，将下垂骨干枝回缩到 3 ~ 5 年生枝的背上枝或斜向上伸展的侧枝处，抬升大枝伸展角度。树冠过于郁闭时，还可通过换头或落头开心来改善。

对结果部位逐年外移的大树，要注意结果枝的更新复壮，对内膛多年连续结果量下降的结果母枝，进行疏除或短截回缩复壮。也可利用徒长枝，短截培养成新的结果枝组。

当疏散分层形中心主干出现严重偏斜时，可疏除中心干，改为自然开心树形。

（2）生长期修剪

山楂及其变种顶端优势明显，侧芽抽生新梢的能力强，一般延长枝枝端的 2 ~ 3 个侧芽都能抽生成强壮枝，造成树冠上部枝条密集，故应疏除主枝延长枝端过旺的侧生发育枝。疏除树干及主枝上无用的萌蘖枝、徒长枝，保持冠内通风透光。疏去花序下部侧芽萌生枝，防止结果部位外移。

栽植的第二年，应适当进行疏花、疏果，这样有利于恢复树势。及时摘除树上和捡拾落地的侵染了炭疽病、轮纹病、花腐病等的病果和遭受山楂小食心虫、白小食心虫、桃蛀螟、桃小食心虫、梨小食心虫等钻蛀危害的虫果，并集中深埋或销毁。

5月中旬，待有生长空间的内膛营养枝长至30cm ~ 40cm时，基部留20cm ~ 30cm摘心，促发分枝和促进花芽形成。

286. 海棠花如何进行整形修剪?

海棠花别名海棠、西府海棠，树形峭立，花色艳丽，盛开时满树皆花、娇媚动人，故有“花中神仙”之称，是我国著名的早春观赏花木。多孤植于庭院、路缘、湖畔、亭廊、草坪，对植于大门两侧，列植于路旁或成片栽植。宜与玉兰、迎春、牡丹等植物配置观赏。

同属中栽培有：重瓣粉海棠又称“西府海棠”、重瓣白海棠、西府海棠、梨花海棠，“绚丽”、“王族”、“道格”欧美海棠等。

喜光，耐寒。对土壤要求不严，耐干旱，怕水涝，浇水过勤常导致枝条徒长，开花少。

海棠花枝条直立性强，主枝开张角度较小，故一般多培养成多主枝形，在主干30cm ~ 40cm处，保留3 ~ 5个分布均匀的主枝。海棠花多以山荆子、海棠果为砧嫁接繁殖，应随时疏除根际嫁接砧木上的萌蘖枝。

1）栽植修剪

（1）正常栽植季节

小规格苗木，因在圃时栽植密度较大，通常树冠窄小，树体比较高。对于生长过高的主枝应适当进行短截，以利扩展树冠。修剪后应保持中间枝较高、外围枝略低的自然株形，剪口下留外向芽。对主枝开张角度较窄小的苗木，除采取上述修剪措施外，对于伸展方向不理想的主枝，还可以用支撑开角或拉枝的方式改变枝条扩展角度，以改造株型或扩大树冠。有些施工单位苗木栽植后一律自上部平头短截，不仅破坏了自然树形，还导致剪口下萌蘖枝密集丛生（彩图100），增加了修剪量，因此不提倡进行平头短截。

较大规格苗木应以疏枝为主，疏除病枯枝、内膛过密枝、交叉枝、主干及主枝上的无用徒长枝，增加通透性。伸展过远及影响冠形整齐的枝，可回缩修剪至分生枝处。

（2）非正常栽植季节

除上述修剪外，还应及时抹去剪口处无用的蘖芽，适量摘除过密叶片，疏去部分或全部花蕾及果实，减少蒸发量集中养分恢复树势。

2）养护修剪

（1）休眠期

疏除根际萌蘖枝，冠内直立徒长枝、细弱枝、交叉枝、过密枝、病虫枝、枯死枝，短截影响行人和车辆通行的外侧枝。对小规格苗木长枝适应进行短截，控制过高生长。

海棠花花芽为顶生或腋生混合芽，多着生在短枝和中等枝上，可连年开花，故休眠期不可短截开花枝。

海棠类萌芽力、成枝力强，特别是栽植时行平头修剪的苗木，在剪口下常抽生数个“爪子”枝，不仅影响树形美观，也导致冠内通透性差。对此类“爪子”枝，应留外向枝，疏除内向和无伸展空间的过密枝。

老龄树常自主干、主枝上萌生大量直立枝，造成株丛内枝条拥挤，树冠不断向外扩展，枝条松散下垂，开花部位逐年外移。对于树形松散的株丛，应将下垂老枝回缩修剪至斜向上伸展的健壮分生枝处。疏除病枯枝、交叉枝、并生枝、过密枝、无用徒长

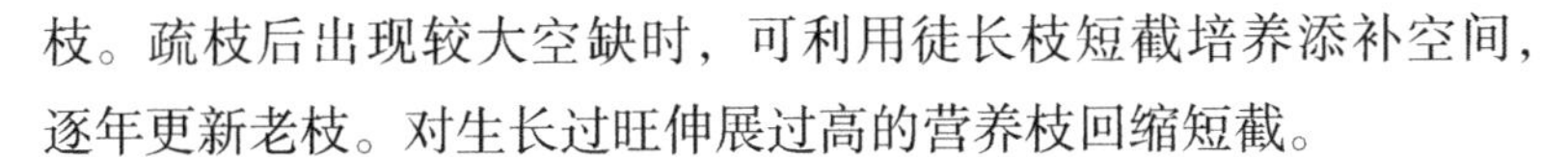

枝。疏枝后出现较大空缺时，可利用徒长枝短截培养添补空间，逐年更新老枝。对生长过旺伸展过高的营养枝回缩短截。

（2）生长期

及时抹去剪口处无用的蘖芽，疏除主干上的萌蘖枝、冠内病枯枝、无用徒长枝。对留作更新或填补空间用的徒长枝，进行摘心。

海棠类树种易患腐烂病、干腐病，病菌常自剪口及伤口处侵染，故应对剪口及伤口及时涂抹酪安酮、树腐灵、腐皮消、过氧乙酸等杀菌剂保护。及时疏除病虫枝，减少病虫害的发生和蔓延。

287. 樱花如何进行整形修剪？

樱花花色艳丽，先于叶开放，开花繁盛，如云似霞，蔚为壮观。凋谢时如同天女散花、遍地落英，也成一景。是我国重要的早春观赏花木，在日本被奉为国花。园林中多与常绿树配置，宜对植在大门两侧，列植于园路旁，丛植、群植于草坪、林缘、湖畔，或孤植于庭院观赏。

常见栽培品种、变种、变形有：重瓣白樱花、重瓣红樱花、瑰丽樱花、垂枝樱花、日本大山樱、东京樱花、御衣黄、绯红晚樱花、美国樱花等。

喜光，有一定耐寒能力。浅根性，不耐盐碱，怕涝，喜排水良好之深厚肥沃土壤。萌芽力弱，大枝伤口愈伤能力差，忌重修剪。

樱花多培养成多主枝开心形。樱花多以樱桃、山樱桃实生苗为砧木嫁接繁殖，故应随时疏除砧木萌蘖枝。

1）栽植修剪

在日本有“不剪梅花是笨人，修剪樱花亦笨人”的谚语。樱花愈伤能力差，枝干损伤后愈合较慢，故一般不宜重剪。但有些施工单位为了提高栽植成活率，不管什么树种一律重剪，结果导致病害发生严重。特别是大山樱，修剪过重枝干流胶不止，造成树势衰弱甚至死亡。故樱花修剪应以疏枝、疏叶为主，尽量不修剪大枝，且少短截，更不宜留桩，剪口及伤口应涂抹保护剂。

（1）正常栽植季节

樱花有伤流现象，修剪的最佳时间是在萌芽前，或4月下旬至5月中下旬，此时伤流少伤口易愈合。

疏除枯死枝、交叉枝、重叠枝、过密枝（彩图101），伸展过长的旺长枝或徒长枝，可疏除或轻短截至外向分生枝处。

（2）非正常栽植季节

尽量减少修枝量，以疏叶、疏花为主。疏叶量1/3 ~ 1/2。已显现花蕾的疏去部分花蕾，正开花的进行疏花，疏花、疏蕾量为1/3。雨季不宜剪枝，防止伤口感病导致腐烂病发生。疏花、疏蕾、疏叶时，掌握观赏面及外侧枝适当多留原则。

疏去影响冠型整齐枝、病枯枝、内膛过密枝、树干上的萌蘖枝。适当保留下部内膛部分小枝，防止内膛明显空秃（彩图102）。高温季节栽植时，需短截当年生嫩梢，疏去叶片的1/2 ~ 2/3。

2）养护修剪

（1）休眠期修剪

已成形株不再做过多修剪，仅疏去病虫枝、枯死枝、竞争枝、直立徒长枝、树干上的萌蘖枝、过低的下垂枝等。

树冠上长出的短而密集的鸟巢状天狗巢病的畸形病枝，应及时全部疏除。

（2）生长期修剪

及时抹去树干及剪口处萌生的无用蘖芽，疏去冠内无用的徒长枝及发病较重的枝条，短截影响树形整齐的乱枝。

288. 紫叶李如何进行整形修剪？

紫叶李，别名红叶李。叶终年紫红色，花繁叶茂，是华北地区重要的观花色叶树种。宜孤植于庭院、路缘，对植在建筑物及大门两侧，列植于园路或在绿地中丛植。如植于白墙前或与桂香柳、金叶槐、金叶复叶槭等树种配置，更能体现其色彩之美。

喜光，耐寒性稍差，在京津地区可露地越冬，但遇大寒之年在风口处栽植或大水大肥促生的苗木，易出现抽条现象。对土壤要求不严，耐干旱、瘠薄，适生疏松肥沃土壤，怕水涝。萌蘖力、成枝力强，耐修剪。

园林中主要整剪成多领导干形或疏散分层形。紫叶李多以山桃、山杏为砧嫁接繁殖，山桃、山杏萌芽力、成枝力强，砧木萌蘖枝生长势强健，如任其生长，势必与紫叶李争夺养分和光照，将导致紫叶李树势衰弱，甚至会被“欺死”，因此必须及时做好除蘖工作（彩图 103）。

1）栽植修剪

（1）正常栽植季节

多见施工单位栽植后，仅将上部枝条进行平头修剪，内膛过密枝并未疏除，不仅破坏了自然树形，还导致树冠通透性差，内膛小枝易枯死。

小规格苗木，保留 6 ～ 7 个分布较均匀的主枝，待树冠丰满后再适当疏去过密枝。疏去杂乱枝，对主、侧枝短截至外向壮芽处，有利于扩大树冠。内膛小枝多为开花枝，切不可作无用枝将其全部疏除。短截有生长空间小枝的先端，将其培养成开花枝，增加开花量。

树冠已成形苗木应保持原有自然树形。疏去病枯枝、交叉枝、过密枝、无用徒长枝。对影响树冠整齐的枝条适当进行短截，使株形更加整齐、美观。

（2）非正常栽植季节

紫叶李小枝细密，枝叶量较大，非正常栽植季节尤其在 7、8 月份气温较高时，如果不采取一定的技术措施，苗木往往不易成活。为了提高栽植成活率，多见进行平头重剪，这种修剪方式不可取，因其在2年内不能恢复自然树形，短期内展示的景观效果不佳。同时由于重修剪刺激，枝干上和剪口下萌生大量萌蘖枝、徒长枝，也增加了当年或来年的修剪量。

修剪应以疏枝、疏叶为主，首先疏去病枯枝、交叉枝、内膛过密枝、徒长枝，短截当年生枝的1/2。疏去过密叶片，疏叶量1/3～1/2，疏叶时外部观赏面适当多保留。栽植后及时架设遮阳网，采取每天喷雾等技术措施，可提高栽植成活率。

2）养护修剪

有些单位对紫叶李不行修剪，或只剪上不剪下，只剪外，不疏内，导致株丛内枝条丛生，通透性差，开花量减少，景观效果不佳。只有通过合理的修剪，才能使其花叶繁茂，株形整齐美观展现最佳的观赏效果。

（1）休眠期

紫叶李花芽为夏秋分化型，着生在小短枝上，故修剪时应注意多保留健壮花枝。

树冠已经成形的不可行重修剪。可疏除株丛内病枯枝、交叉枝、直立徒长枝，剪口及枝干上无用的萌蘖枝。对留作填补空间的徒长枝适当进行短截，注意剪口下留芽方向。

多年生大树除上述修剪外，还应对过低的下垂枝，进行回缩修剪或疏除。利用健壮徒长枝经逐年短截或摘心培养，代替衰老枝、病枯枝。

在道路、园路旁和分车带栽植的，需回缩修剪影响行人及车辆通行的枝条。

紫叶李易患干腐病，修剪后剪口应及时涂抹杀菌剂、防护剂保护。

（2）生长期

发芽后剪去枯死梢，疏除病枯枝，抹去或疏除剪口、枝干上无用的蘖芽及萌蘖枝（彩图104）。

剪除树冠上的网幕，消灭美国白蛾幼虫。及时剪去个别萎蔫、枯萎枝条，消灭有钻蛀危害的梨小食心虫、六星黑点豹蠹蛾等幼虫。

289. 杏树如何进行整形修剪？

杏花于早春先叶开放，满树皆花，故有“一树春风属杏花”之美誉。初夏时繁杏压枝枝更垂，其果实酸甜可口，又具很好的药用价值，故自古以来深受人们所喜爱，是华北地区重要的花果观赏植物。多植于庭院、墙际，呈现“春色满园关不住，一枝红杏出墙来”的景观效果。也可植于路缘、亭旁，或片植于坡地、湖畔、草坪观赏。

喜光，不耐荫，耐寒，也能耐高温。适应性强，对土壤要求不严，耐干旱，怕积水。萌芽力和发枝力不强，不耐重修剪。

园林中常整剪成自然圆头形或自然开心形。因绿地中栽植苗木均为已进入结果期的成形树，故整剪时应尽量保持其原有株形。杏树多以山杏、山桃、梅为砧木嫁接繁殖，故应注意对砧木萌蘖枝的疏剪。

1）栽植修剪

（1）正常栽植季节

疏去枯死枝、重叠枝、交叉枝、过密枝、直立徒长枝，保持冠内通风透光。短截主侧枝延长枝，剪口下留外向芽，短截内膛有生长空间的一年生枝，培养成结果枝组。

（2）非正常栽植季节

以疏为主，疏除枯死枝、重叠枝、过密枝、交叉枝、无用徒长枝、剪口处萌蘖枝。短截当年生嫩梢，剪口下注意留芽方向。疏去大部分幼果，控制留果数量，疏叶量占全株叶片的1/2。散坨苗应将花或幼果全部疏除，疏叶量可达2/3，以利提高栽植成活率。

2）养护修剪

当前存在的问题是，有的修剪过重导致冠内由潜伏芽萌发的枝条拥挤旺长，通透性极差。由于营养枝消耗了大量养分不利于形成花芽，看似植株生长旺盛，但就是不结果或果实稀少。

有的营养枝修剪过重，造成营养枝与结果枝比例失调，虽然开花时满树皆花，让人充满丰收的喜悦，但盛花后却不见结果或结果稀少。还有的重休眠期修剪，却忽视了生长期的修剪，剪口处萌蘖枝丛生，冠内徒长枝、背上直立枝、主侧枝延长枝生长过旺，造成树冠郁闭（彩图105），由于光照不足，易导致开花部位外移。

（1）休眠期修剪

疏除病枯枝、重叠枝、交叉枝、过密枝、竞争枝、剪口处无用的萌蘖枝等，注意控制竞争枝和直立旺长枝生长。通过合理修剪，改善冠内通透条件，保持一定的结果量。

进入结果期，修剪应以扩大树冠和培养结果枝组为主，故修剪宜轻不宜重。在不影响通风透光的前提下，尽量多留枝，有利辅养树体和培养更多的结果枝。对主侧枝延长枝要轻剪长放，剪口下留饱满外向叶芽，有利树冠逐年向外扩展。轻剪侧枝延长枝，促其抽生二次枝。

初果树一般生长势旺盛，骨干枝上多萌生直立徒长枝，应及时疏除无生长空间的徒长枝。有生长空间着生位置和方向适宜的徒长枝，通过短截、拉枝抑制生长促发粗壮的中、短果枝。初果树以长度15cm ~ 30cm的中果枝为主要结果枝，对侧枝上长度30cm以上有生长空间、伸展角度比较开张的小枝进行短截，尽早培养成结果枝组，增加开花结实量。初果树下垂枝易形成花芽，对下垂枝进行中短截，使其早结果。

盛果树，更新复壮结果枝，防止结果部位外移，延长观赏年限是修剪的主要任务。进入盛果期，长度5cm ~ 15cm的短果枝和长度5cm以下的花束状果枝是主要结果枝，而以2 ~ 3年生结果枝组坐果率最高。连续结果5 ~ 6年的中短果枝和花束状果枝开花结实量逐渐减少也易枯死，故应及时回缩 5 年生以上的结果枝组，短果枝下部有分枝的，短截至分生枝处，没有分枝的可留基部 2 ~ 3 个芽。花束状果枝短截至基部潜伏芽处，长果枝基部留 4 ~ 6 个芽。树冠下部及内膛有生长空间的健壮枝，保留 2 ~ 3 个芽短截，使其形成新的结果枝。为延长树体结果年限，需控制结果枝数量，对过密结果枝，本着去弱留壮的原则进行合理疏剪。

对于树形紊乱，大枝交叉、重叠，内膛直立枝丛生，通透性差、结果部位严重外移的放任树，应回缩修剪树冠上部和外围的旺长枝，将主枝回缩至 2 ~ 3 年分枝处。疏去内膛交叉枝、重叠枝、枯死枝、过密枝，缺枝处利用徒长枝、背上直立枝拉枝添补空缺。对内膛有生长空间的营养枝，剪留 20cm ~ 30cm 培养成结果枝组防止内膛空秃。下垂的骨干枝，应回缩至背上枝或斜向上伸展的健壮枝处，以便抬高枝条伸展角度。

（2）生长期修剪

杏树潜伏芽寿命长，受修剪等刺激后可抽发新枝，且一年可多次发枝，因此夏季修剪尤为重要。主要是抹芽、疏枝、除蘖、摘心、疏花、疏果等。

萌芽后，及时抹去剪口处无用蘖芽，减少无用枝养分消耗。背上的直立芽易萌发成徒长枝，无利用价值的应及时抹去。对有生长空间的徒长枝、背上枝、过旺生长枝，通过短截或捋枝控制其生长势。

在封闭性绿地中，对于结实过多的应适当加大疏果量，避免出现大小年现象。初次疏果一般自落花后二周第一次生理落果后进行，疏去过密、瘦小幼果。但疏果不可一次到位，以免遭遇灾害性天气或病虫危害导致结果量减少。初次疏果 15 天后，本着幼果树少留、弱树少留原则进行定果，一般间距宜 5cm ~ 8cm，保留 1 个外形端正的大果。

坐果后随时摘除树上和捡拾落地遭受疮痂病、杏疔病、裂果病、炭疽病、软腐病危害的畸形果、病果、烂果等，被桃小食心虫、梨小食心虫、桃蛀螟、杏仁蜂、象鼻虫等蛀食的虫果。剪去遭受梨小食心虫危害的萎蔫嫩梢，消灭钻蛀幼虫。

6月下旬对初果树的中心干延长枝及主侧枝进行摘心促发二次枝，使树冠扩大，同时疏除延长枝的竞争枝。疏去盛果树树冠外围先端的旺长枝，防止内膛空秃。

杏树花芽属夏秋分化型，于6月下旬开始分化至9月分化完成。果实采摘后通过修剪抑制背上旺长枝、竞争枝、徒长枝的生长势。对有生长空间的健壮枝连续摘心2～3次。待辅养枝新梢长至30cm以上时，应立即进行摘心（彩图106），促生分枝。待二次枝长至20cm时再次摘心，8月中旬进行最后一次摘心，通过摘心抑制枝条生长，使养分集中，有利于花芽分化、增加花量和提高花芽质量。

290. 观赏桃如何进行整形修剪？

桃树是我国传统园林花木之一，自古以来被视为幸福、长寿的象征。花先叶开放，盛花时烂漫芳菲、娇艳动人。“春桃一片花如海，千树万树迎风开。花从树上纷纷下，人从花底双双来”的优美诗句，生动地描绘出桃花盛开时分外妖娆的艳丽画面和落花时的壮观景象，是各地早春重要的观赏树种。多植于庭院、路缘、墙际、草坪、湖畔、山坡等。而桃、柳间植，“竹外桃花三两枝”则更富有画意。

根据果实是否可以食用，大致可将其分为食用桃和观赏桃两大类，园林中以栽植观赏桃为主，常见变型有：白桃、白碧桃、红碧桃、紫叶桃、菊花桃、绛桃、寿星桃、帚桃类等。

喜光，耐寒。对土壤要求不严，耐干旱，较耐盐碱，怕水涝，耐修剪，多病虫害。

常见有自然开心形、垂枝形、帚形等，园林中除帚桃、垂枝

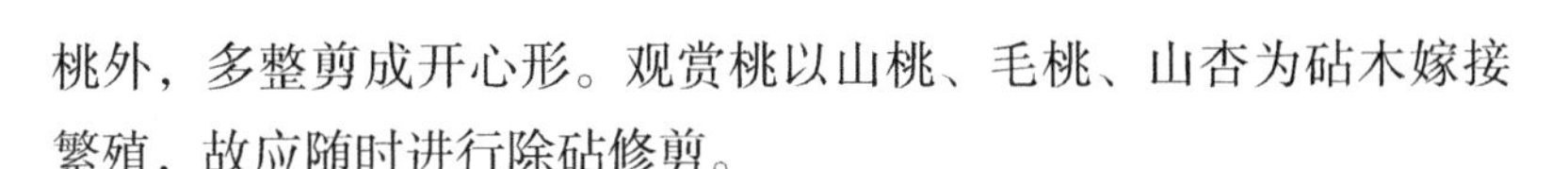

桃外，多整剪成开心形。观赏桃以山桃、毛桃、山杏为砧木嫁接繁殖，故应随时进行除砧修剪。

1）栽植修剪

（1）正常栽植季节

自然开心形幼龄树的整形修剪，以培养骨架和开花枝组为主，保留整形带内分布均匀的3个主枝。疏去冠内过密枝，无用徒长枝。为扩大树冠，对主枝延长枝进行短截，各主枝所留高度基本一致，剪口处留健壮外向芽。同级侧枝宜选留在同一方向，各主枝上的侧枝交错分布，同时对侧枝作相应短截，所留侧枝均不得长于主枝，且自下而上逐个缩短。碧桃的芽有2种，一种是叶芽，一种是花芽，叶芽可抽生长枝。因此欲扩大树冠，对主侧枝进行短截时，应剪至上部的外向叶芽处。对有生长空间的营养枝进行短截，培养成各类开花枝组，短截开花枝秋梢。

在苗圃中未按开心树形培养的，栽植修剪时不可强行整剪成自然开心形，更不能按照食用桃树形进行修剪，以免影响栽植后的景观效果，

成龄树如已形成3个以上主枝，但枝条分布均匀，大枝又不十分拥挤且树形整齐的，则应保留原有主枝不可强行疏除，以免破坏树形。疏去枯死枝、背上直立枝、交叉枝、无用徒长枝。短截主侧枝、折损枝、过长枝。

帚桃：疏去枯死枝，过密枝、细弱枝。要保持主干的顶端生长优势，与之生长势相近的侧枝应疏除或短截。树干下部的生长枝，一律不得任意疏除，应保持其低分枝抱干生长的自然树形，枝下高越大，景观效果就越差（彩图107）。

（2）非正常栽植季节

除上述修剪外，还应短截当年生嫩梢，抹去剪口、截口处无用蘖芽，已结实的尽量全部疏除。疏剪过密叶片，对有生长空间的当年生枝进行短截或摘心，培养成开花枝组。

2）养护修剪

（1）休眠期修剪

疏除冠内病枯枝、并生枝、交叉枝、重叠枝、细弱枝、过密枝、过低的下垂枝。除作更新和添补空缺培养的以外，无用徒长枝、背上直立枝均应疏除（彩图 108）。疏枝时，尤其在疏剪直立徒长枝时，剪口应贴近其母枝不可留桩，因此类枝条在修剪的刺激作用下，剪口和截口附近的不定芽，会萌发出数个生长旺盛的徒长枝，这不仅加大了枝条的密度，影响冠内的通透性，也扰乱了树形。同时因光照和养分不足，不利于花芽分化，使开花部位外移。

短截自然开心形主干延长枝，枝头伸展角度较直立的，应回缩修剪至外向壮芽处，以利开张大枝角度。枝条横向伸展的，剪口下应留健壮的内向芽，防止枝条过早下垂。对骨干延长枝不可短截过重，以免刺激外围发枝多，发旺枝，形成“扫帚”头。

寿星桃一般发枝多，但年生长量小，故一般不作重剪，回缩伸展过长的枝，使株丛成整齐的圆球形，适当疏去内膛过密小枝。

垂枝桃应保持扩张的伞形树冠，修剪方法参照其他伞形树，宜每 3 ~ 4 年回缩更新老枝一次。

桃树花芽多于 7 ~ 8 月分化形成，集中着生在长花枝、中花枝、短花枝的春梢和夏梢及花束状枝上。为达到繁花效果，开花枝尽量多留少疏，对所留花枝进行适当短截。一般长花枝保留 8 ~ 12 个花芽，中花枝留 5 ~ 6 个芽，短花枝留 3 ~ 4 个芽。中、长花枝短截时剪口下一定要留叶芽，如短花枝剪口部位没有叶芽，可长放或不剪。花束状枝没有侧生芽故不可短截。

对于只修下，不修上，致使树体不断抬高，下部严重秃裸的植株（彩图 109），应逐年回缩骨干枝，刺激隐芽萌发，使重心下移，延长观赏期。同时短截侧枝，疏去交叉枝、细弱枝、背上直立枝。主枝伸展过远及大枝已经出现下垂的，应回缩至枝头下部角度适合的斜向上生长的侧枝处。

（2）生长期修剪

生长期主要进行花后复剪和摘心修剪，目的是抑制营养生长，增加光照，促进花芽分化，提高观赏性。

为改善冠内通风透光条件，应及时抹去主干上的蘖芽、骨干枝上的背上芽、剪口处无用蘖芽。疏去枝头竞争枝，内膛过密枝、背上直立枝，短截影响树形整齐的旺长枝。

花后对长花枝进行短截，5 ~ 6月对树冠中下部及主枝上有生长空间的背侧枝和斜侧枝留20cm ~ 30cm进行摘心，摘心后发出的二次枝再次摘心，抑制枝条加长生长，利于枝条充实和促进花芽分化，防止内膛空秃和开花部位外移。对作填补空缺培养的徒长枝进行摘心，促分生侧枝。

桃花谢花后要进行重剪，花枝保留2 ~ 3个芽，夏季对发出的分枝进行摘心抑制生长，以利分生花枝促使花芽分化。

及时剪去梨小食心虫（桃折梢虫）危害的萎蔫枝梢，消灭钻蛀幼虫。

第二章　灌木类树种整形修剪

291. 牡丹如何进行整形修剪？

牡丹别名木本芍药、富贵花。其品种、花型、花色极为丰富，花大，富丽端庄、雍容华贵，是世界三大名花之一，也是我国特有的木本名贵花卉之一，自古以来就享有“花中之王”“国色天香”之美誉，被视为富贵吉祥，繁荣昌盛的象征。多孤植、丛植或片植于庭院、亭畔、路缘，或做花坛、花台、花境及专类园栽植。

喜光，但忌烈日曝晒，较耐寒。肉质根，忌黏重土壤，怕涝，喜深厚肥沃、排水良好的沙质壤土。根际萌芽力、成枝力强。有

“春发枝，夏打盹，秋发根”的生长习性。

可培养成多主枝丛生型和单干树状型，丛生牡丹多修剪成自然圆头形。名贵品种多以杂交实生苗为砧木嫁接繁殖，故应注意疏除接口以下的砧木萌蘖枝。

1）栽植修剪

（1）正常栽植季节

花谚中有：“春分分牡丹，到老不开花”和“七芍药，八牡丹”之说，故生产中多行秋植，易于白露至秋分期间进行。疏去病枯枝、细弱枝、交叉枝、内向枝、并生枝。保留生长高度相近分布均匀的5 ~ 7个主枝，每个主枝选留1 ~ 2个互生交错的侧枝，短截侧枝保留顶端1 ~ 2个饱满芽。

（2）非正常栽植季节

非正常栽植季节必须使用容器苗。疏去株丛过密、着生低矮的花枝、多余的叶丛枝，改善通风透光条件。

已显现花蕾的，疏去有虫花蕾、弱枝上的花蕾、枝头外侧瘦弱花蕾，尽量保留中间1个健壮花蕾，所留花蕾要分布均匀。

2）养护修剪

（1）休眠期修剪

疏去枯死枝、交叉枝、重叠枝、衰老枝，细弱及无生长空间的侧枝。

牡丹花芽为混合芽，一般比较圆润、饱满。为使开出硕大花朵。每花枝保留顶端1 ~ 3个饱满芽。

（2）生长期修剪。

多数品种早春易从根际处陆续萌生多个蘖芽（土芽），其生长势强，易与主枝争夺养分和光照。如不及时掰除，发枝过多必将造成枝条交叉拥挤，影响通风透光，不仅开花较小，发病严重，甚至老枝易出现早衰或死亡。应于3月下旬至4月上旬，待嫩芽长至5cm ~ 6cm时，除留作补充枝及更新枝培养的外，多余的蘖芽全部自基部掰除（彩图 110），掰芽需经数次完成。分枝少的，可选留方向适宜的健壮蘖芽作主枝培养。

牡丹在精细管理条件下，其寿命可达百年以上。幼株生长势旺盛，开花多，花头大花色艳，故花谚有“老梅花，少牡丹”之说。分株繁殖苗，一般以 8 ～ 30 年为最佳观赏期，30 年后枝条便逐渐衰老，表现为当年新生枝节间变短，花朵变小，花色不够鲜艳等。为保持株丛旺盛的生命力，年年开出优质大花，应提前培养方向适宜的根际健壮萌蘖枝，逐年更新替代老枝。由根际长出的萌蘖枝，发枝力强，虽当年不能开花，但生长健壮枝条的顶芽，当年可以分化成花芽，于来年开花，因此可作补充枝及更新枝培养。

花蕾较多的应适当控制花蕾数量，待花蕾长至 2cm 左右时，俗称大风铃期，此时内部组织器官发育已经充实，疏去瘦小花蕾及侧生花蕾，每花枝保留 1 ～ 2 个饱满、无病虫害花蕾，以集中养分开出大花。疏除低于叶面的花枝，避免出现“叶里藏花”现象。

牡丹花芽属夏秋分化型，北方地区于 5 ～ 10 月由当年生枝的顶芽或腋芽分化完成。待花枯萎后及时剪去残花（彩图 111），不使其结实，减少养分消耗以促进当年分化优质花芽。

疏去病枯枝，主枝上内向、重叠、交叉的侧生枝。5 ～ 6 月保留新生枝基部 1 ～ 3 个饱满芽，将上部腋芽全部摘除。及时剪去炭疽病、叶斑病等感病病叶，注意疏除茎腐病病枝，遭受中华牡丹锯花天牛钻蛀危害的枯萎枝条。

292. 珍珠梅如何进行整形修剪？

珍珠梅因其花瓣 5 形似梅，花蕾白色形如珍珠而得名。本种花期长，在夏秋少花季节花繁叶茂，是优良的观赏花木。宜丛植于草坪、路缘、林缘、湖畔或作自然式绿篱栽植。

同属中栽培有：东北珍珠梅。

耐寒，喜光、也较耐荫，在光照充足的地方开花最繁茂。适应性强，对土壤要求不严，耐干旱、瘠薄，但怕涝。生长快，萌蘖力、发枝力强，耐修剪。病虫害少，管理粗放。

园林中宜培养成多主枝丛球形。当前修剪中存在的主要问题有：栽植后不行修剪，任其自然生长，因其萌蘖力强，每年自根际处萌生数个萌蘖枝，导致株丛内枝条密集丛生，新生枝细弱多数不形成花序或花序短小；还有的只疏下部枝条对主侧枝不行短截，结果造成开花部位逐年抬高，下部枝条严重秃裸（彩图 112）；花后不剪残花是养护中普遍存在的现象，不仅影响冠丛的美观，也使再次开花的时间向后推迟。

1）栽植修剪

（1）正常栽植季节

其花芽着生在当年生枝条顶端，为年内可多次抽生新枝多次开花的花木。珍珠梅在健壮的枝条上，可抽生大的花序，一般基径在 3mm 以下的细弱枝上不分化花芽，个别虽能分化花芽，但花序也比较瘦小。为使其抽生大花序达到满树皆花的景观效果，栽植后可对枝条进行重修剪。疏去枯死枝、衰老枝，保留分布均匀的主干枝 5 ~ 6 个，无用枝全部自基部疏除。疏去细弱、密生的侧枝，将所留的一年生枝进行短截，基部留 2 ~ 3 个饱满芽，剪口下留外向芽。

（2）非正常栽植季节

疏去冠内徒长枝、枯死枝及根际细弱、过密的萌蘖枝，对当年生新枝、尚未半木质化的嫩梢进行短截。疏去株丛内过密的复叶，若叶片为刚展叶不久较为幼嫩的，还可剪去复叶的一部分。疏剪复叶时，注意观赏面适当多留，以保证一定的景观效果。正值花期的需疏去部分过密花序。已过盛花期的，应剪去残花花序不使其结实。

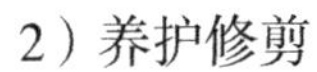

2）养护修剪

（1）休眠期修剪

休眠期修剪可参照栽植修剪。

多年生株丛，每年宜选 1 ~ 2 个健壮萌蘖枝，经短截培养后，逐年更新疏除老枝。多年放任生长树体扩展过快的株丛，选留分布均匀的 5 ~ 6 个健壮主干枝，进行回缩重剪，基部保留 70cm ~ 80cm，多余枝条应全部疏除。

因珍珠梅生长旺盛易于更新，故自然式花篱宜 3 ~ 4 年进行重剪一次，控制高生长，防止下部秃裸。将枝条短截后，必须将内部的枯死枝、细弱枝、过密枝一并疏除。

（2）生长期修剪

除留作更新枝培养外，无用的根际萌蘖枝一律自基部疏除。作更新培养的，待枝高长至 80cm ~ 100cm 时，适时进行摘心，培养替代衰老枝。

残花花序严重影响树体的整洁和美观，修剪残花花序也是生长期养护工作的重要内容之一。花后将残花花序自第一片复叶前剪除，剪口下的芽会很快萌发出健壮新枝，抽生大的花序再次开花（彩图 113）。年内反复多次修剪残花，可使其不断延续开花。

293. 平枝栒子如何进行整形修剪？

平枝栒子因其枝条开张平铺成整齐二列，故又名“铺地蜈蚣”。本种枝叶浓密，入秋红果累累，经冬不落，形成“雪压枝头伴果红”的冬季景观，别有一番情趣，是优良的观果及地被植物。宜孤植、丛植或片植于草坪、路缘、阶前、坡地及岩石旁，可作自然式或规则式绿篱栽植，还可修剪成桩景树观赏。

本属常见栽培的有水栒子、多花栒子等。

喜光、稍耐荫，较耐寒。对土壤要求不严，耐干旱、瘠薄，怕涝。萌蘖力强，极耐修剪。

1）栽植修剪

（1）正常栽植季节

幼龄株，疏去交叉枝和过密小侧枝，对有生长空间的徒长枝进行适当短截，使主枝分布均匀。

作孤植观赏的成形株，需疏去枯死枝、重叠枝、交叉枝、过密小侧枝、影响冠形整齐的乱枝及无用徒长枝。保持大枝层次清晰，树形整齐、美观。

片植或作自然式绿篱栽植时，疏去枯死枝、徒长枝，保持整体高度基本一致。对散坨苗主侧枝适当进行短截。

（2）非正常栽植季节

适当短截主、侧枝，过长枝、折损枝，疏除交叉枝、徒长枝、过密小侧枝，容器苗修剪量要适当少些。幼龄树因大枝不多，故主要以疏除小侧枝为主，可隔一去一或隔一去二。已结实的应疏去全部果实。

因其萌芽力、成枝力强，因此对散坨苗木可采用疏、截结合的修剪措施，对主、侧枝进行重短截，小侧枝疏枝量为1/3 ~ 1/2。

2）养护修剪

（1）休眠期

片植和作自然式绿篱栽植的，可粗放管理，任其自然生长，但对伸展出路缘石以外的枝条，应进行回缩修剪。

孤植观赏的景观树，疏去影响冠形整齐的杂乱枝、无用徒长枝。当株形过于松散或大枝普遍出现衰老现象时，可对主、侧枝进行回缩重剪促发新枝重新培养树形。更新修剪后，注意及时疏去枝干上无用的萌蘖枝。

因病虫危害、人为损伤出现缺枝现象时，可用徒长枝或交叉枝通过拉枝或牵引培养代替。

（2）生长期

疏去枯死枝，短截折损枝以及影响自然式绿篱整齐、伸展过高、过远的枝条，绿篱外缘线应保持较为整齐，并控制在路缘石以内。

294. 火棘如何进行整形修剪？

火棘别名火把果、救军粮。本种叶片亮绿，花繁叶茂，入秋累累红果挂满枝头，并长时间留存经冬不落，是优良的观果、观花及观叶植物。宜丛植于阶前、路缘、草坪、墙际，也可植作绿篱、绿墙或修剪成球形树观赏。

喜光，耐寒性稍差，华北地区冬季多落叶休眠。适生于空气湿润，土壤肥沃、排水良好的微酸性及中性土壤。生长快，萌芽力、成枝力强，极耐修剪。

1）栽植修剪

火棘主根发达，粗且较长，但侧根少，大苗或非正常栽植季节移植，不易成活，故宜于休眠期进行移植。定植时要适当进行重剪，修剪宜疏枝、短截相结合。

火棘自然生长的枝条比较杂乱，株丛内交叉枝、重叠枝、徒长枝较多，故应首先疏除枯死枝、交叉枝、重叠枝，将无用的徒长枝自基部疏除。然后对枝条进行短截，以提高栽植成活率。

火棘在短枝上开花结果，但幼龄树一般长枝生长旺盛，短侧枝稀疏，故对生长枝进行短截，保留基部2～3个芽，促其多分生短花枝，增加来年开花结果数量。

2）养护修剪

（1）休眠期修剪

为提高绿篱、球形树、绿墙的整齐度，发芽前对球体或篱面进行粗剪，保持整齐美观。凡球形表面及绿篱、绿墙各观赏面整齐的，丛内的重叠枝、交叉枝可保留，以免强行疏除后，造成观赏面出现空秃。

3～4年后，对球体或绿篱进行回缩修剪，防止形体扩展过快。火棘花芽为混合芽，着在侧短枝的先端，虽然修剪后当年花果量减少，但来年的小短枝上多着生花芽可大量开花、结果。回缩重剪后，还要注意疏除丛内枯死枝，使内部保持一定的通透性。

如因枝条枯死，观赏面出现空秃时，可选附近密生枝经拉拽绑缚后填补空缺。如空缺较大时，应将徒长枝摘心或短截用木棍绑扎固定培养，填补空间，使株丛保持丰满。

（2）生长期修剪

整形修剪应以生长期为主，全年需进行 3 ~ 4 次，要求精细管理的应进行多次修剪。修剪可在显现花序后进行，火棘花序密集成束、着花多，为有利于当年花芽分化，保证来年的观赏效果，应于 4 月对过密花序进行疏剪，疏剪时花序密集处可适当多疏，稀疏处少疏或不疏，主要观赏面可适当少疏并使其均匀分布。同时疏去株丛内的枯死枝、细弱枝，改善通透条件防止内部秃裸。

火棘生长势旺盛，发枝力极强，自然生长枝条较杂乱，易徒长而破坏株形，为保持株形的整齐、美观，应疏去根际无用的萌蘖枝，对影响冠形整齐的徒长枝适当进行短截或疏除。对填补空缺培养的徒长枝，生长期需进行多数摘心，使其分生小侧枝，使观赏面枝叶尽快生长丰满。

为提高观果效果，坐果后不可修剪过重，以免将部分幼果剪掉。但也不可不剪，任其自然生长，以免因枝条生长过旺，鲜艳的果实被掩映在浓密的枝叶之下，降低了观赏效果。无论是丛生形还是球形树或作绿篱、绿墙栽植的，坐果后必须注意控制徒长枝及当年新生枝的生长。对长出果序之上的新生枝进行剪梢，保留基部 2 ~ 3 个芽，使其形成结果母枝，同时疏去果序上部的过密叶片。9 月上中旬再进行一次疏叶、剪枝，使果实外露。

295. 贴梗海棠如何进行整形修剪？

本种株型开展，花色艳丽，先叶开放，因花朵及果实紧贴于枝干上故而得名。宜丛植于窗前、路缘、草坪，也可作花篱、刺篱观赏。

北方常见变种及品种：白花贴梗海棠、重瓣贴梗海棠、日本贴梗海棠等。

喜光，稍耐寒，在京津地区可以露地越冬。对土壤要求不严，较耐旱，怕水涝。萌芽力强，耐修剪。

园林中多整剪成具3～5个健壮主枝的灌丛形。

1）栽植修剪

（1）正常栽植季节

分枝较少或株型较高的小规格苗木，疏去枯死枝，对主枝适当进行短截可促生分枝，同时促使根际萌生健壮萌蘖枝，利于扩大树冠，短截时注意剪口下留外向壮芽。对侧枝进行轻短截，促使分生短枝形成花芽。为满足景观要求，栽植后可适当多保留根际健壮萌蘖枝，待株形较丰满时再逐年疏除过密枝。

已成形苗木，除保留基部3～5个生长健壮、分布均匀的主干枝外，多余枝条一律自基部疏除。疏去丛内枯死枝、交叉枝、过密枝、细弱枝。

（2）非正常栽植季节

已成形苗木短截当年尚未半木质化的嫩梢，疏去当年根际无用的萌蘖枝、冠内枯死枝、交叉枝，短截折损枝和影响株形整齐的枝条。疏剪株丛内过密叶片，疏去大部分花蕾，已开始坐果的应疏去全部幼果以利缓苗。

株形较高的苗木，对主侧枝适当进行短截，促其下部分生侧枝，防止下部秃裸。

2）养护修剪

（1）休眠期修剪

在有些粗放管理的绿地中多不行修剪，常导致株丛内枝条密集、通透性极差，致使开花部位和叶幕层逐年外移、上移，下部严重秃裸，开花量逐年减少。

休眠期修剪应以疏枝为主，疏去根际无用的萌蘖枝、病枯枝、交叉枝、细弱枝、过密枝，保证冠内通风透光（彩图 114）。对主、侧枝、影响冠形整齐的乱枝进行短截，控制旺长防止枝条下部秃裸。

因其花芽着生在生长充实的 2 年生以上短枝上，故修剪时应注意保留一定数量的健壮开花母枝。

注意更新枝的培养，每年从根际萌蘖枝中选留 1 ~ 2 个健壮枝，通过短截培养，逐年对 6 年生以上老枝进行更新疏剪，使株丛始终保持旺盛生长势。

对多年未行修剪、株丛过高、丛生枝密集、下部枝条严重秃裸及株形过于松散的株丛，进行回缩重剪。保留 4 ~ 5 个分布均匀的健壮主干枝，将其短截至角度适合的分生枝处。对保留交互着生的健壮侧枝，也相应进行适当短截，促使下部分生开花短枝。其余无用枝全部疏除，重新培养理想株形。

作花篱、刺篱栽植的修剪方法与榆叶梅大致相同（彩图 115）。

（2）生长期修剪

疏除根际无用萌蘖枝、丛内徒长枝，对留作更新老枝和填补空缺培养的萌蘖枝或徒长枝进行摘心。

短截主枝、侧枝枝梢，控制株丛生长高度，防止株丛下部秃裸，保持冠丛整齐美观。

其花芽为夏秋分化型，于 7 ~ 8 月集中分化而成，因此花后对有生长空间的当年生枝进行摘心，促使分生开花短枝，增加来年开花量，提高观赏性。

花后待新枝长至 8cm ~ 10cm 时，对花篱进行回缩修剪，再次修剪时新生枝保留基部 2 ~ 3 个芽。

296. 月季如何进行整形修剪？

月季是我国十大名花之一，享有“花中皇后”之美誉。在欧洲月季被称为“玫瑰”，是美好、幸福和爱情的象征。月季品种繁多、色彩艳丽、花姿优美、芳香馥郁，是北方地区花期最长的露地木本植物。多丛植、片植于草坪、庭院、窗前，阶前、路缘、林缘等，或植于花坛、花境观赏。藤本月季多用于绿化栏杆、花门、花墙、花架。

常见栽培有，杂交香水月季、微型月季、攀缘月季、丰花月季等。

喜光，较耐寒。对土壤要求不严，喜排水良好、肥沃土壤，怕涝，耐修剪。

月季通常用扦插或以野蔷薇等蔷薇属植物为砧木嫁接繁殖。凡嫁接繁殖苗木，无论休眠期或生长期，都必须及时疏去嫁接口以下的砧木萌蘖枝，以免因被强势生长的砧木萌蘖枝挤占生长空间，争夺养分而被“欺死”（彩图 116）。

1）栽植修剪

（1）正常栽植季节

多分枝灌丛形月季，首先确定留枝数量，一般保留分布均匀的健壮主枝 3 ~ 7 个。作优良品种栽植的，可保留主枝 3 ~ 5 个。疏去病枯枝、过密枝、交叉枝、细弱枝。主枝上所留侧枝要错落分布，且自下而上逐个缩短，达到立体开花效果。根据生长势，对弱树、弱枝重剪，壮树、壮枝轻剪。一般主枝自地上 20cm ~ 30cm 处短截，侧枝保留 2 ~ 3 个壮芽，剪口距留芽 0.5cm。

树状月季又称独本月季、高接月季，多以干性好的野蔷薇或花旗藤为砧木、高接的现代月季优良品种，常整剪成圆球形、伞形、瀑布形。一般保留主枝 3 ~ 4 个，多余的枝条一律疏除。圆球形树状月季主枝行轻度短截，留枝 30cm，侧枝保留基部 2 ~ 3 个芽。高接伞形树状月季，将枝条短截，均匀分布在做好的伞形支架上，用麻绳绑缚固定。

藤本月季又称攀缘月季，主蔓数量不多的应对主蔓进行重修剪，促发健壮主蔓，短截侧蔓其长度不得超过主蔓。主蔓在3个以上的，可轻剪主蔓，侧蔓上的健壮短枝保留基部2～4个芽。将主蔓牵引固定在栏杆或篱笆上，并使侧蔓均匀分布。

（2）非正常栽植季节

疏除病枯枝、细弱枝、过密枝、交叉枝，已过盛花期的及时剪去残花。枝条细弱分枝较少的苗木，栽植后可适当重剪。

树状月季短截影响树形整齐的长枝。

2）养护修剪

偶见有些绿地中放任生长的月季灌丛，枝条徒长，不仅花朵小且开花量少。有的出现月季与野蔷薇同株共生现象，甚至栽植的月季已不复存在，完全被野蔷薇所替代。还有的分不清是灌丛形月季，还是枝条蔓生的藤本月季，而错将藤本月季年年春季进行平头修剪，不仅影响了垂直绿化效果，也达不到立体开花的观赏目的。还有的人只会对月季进行平头修剪，而株丛内过密枝、交叉枝、病枯枝等，却不知也是修剪的内容之一。此类现象的发生，主要是不清楚各种类型月季的修剪方法，疏于管理修剪不及时或修剪不当所造成。

（1）休眠期

因月季耐寒性稍差，为防止春季出现抽条现象，故在寒冷地区修剪多于春季发芽前进行。

首先疏去病枯枝、细弱枝、交叉枝、重叠枝、过密枝、无用的徒长枝。保留生长健壮、分布均匀的8年生以下枝条3～5个。

俗话说，“缩剪要狠，开花才稳”。灌丛形月季，主枝自地上20cm～30cm处短截，短截后各主枝长度要保持基本一致。每枝上选留交互伸展的健壮侧枝1～2个，每侧枝保留2～3个壮芽。如果留枝、留芽过多，留枝过长，萌发的新生枝密集，不仅影响通透性，而且新生枝不健壮，开出的第一茬花的质量也相对差一些。

直立型的品种，剪口下留外向芽，加大枝条伸展角度，避免枝条拥挤。开张型品种，剪口下留内向芽，使株丛变得较为紧凑、丰满。

因损伤或病虫危害，株丛出现空缺现象时，相邻枝条剪口下应保留空缺方向的饱满芽，或短截方向适宜的萌蘖枝填补空缺。

月季 10 年生以上枝条开始老化，表现为新枝萌发力弱，花朵变小。除加强水肥管理外，还应及时进行更新修剪。扦插苗可利用根际健壮萌蘖枝短截培养，剪口下留更新枝方向的壮芽。如无方向适宜的萌蘖枝，也可以其下部生长健壮的 2 年生枝代替。嫁接苗可选择嫁接口以上萌蘖枝，长至 5 片叶时进行摘心培养，并逐年将老枝疏除。

作门廊、花架栽植年内只开一季花的藤本月季，对粗壮主蔓行轻度短截，除去基部过密、细弱、病枯枝蔓，短截影响整齐的蔓条。作围墙或隔离带栽植年内多次开花的藤本月季，花后开花枝保留基部 2 个芽。蔓条生长过高时，适时进行回缩短截。

树状月季，主枝自基部 25cm ~ 30cm 处短截，侧枝保留基部 2 ~ 3 个芽。对幼龄树扩冠不可操之过急，要适当控制主枝留枝长度，防止因主枝留枝过长，出现严重的头重脚轻现象，影响主干枝的加粗生长。应随着主干枝的加粗，逐渐加大留枝长度，扩大球形冠幅。

（2）生长期。

重点观赏花坛栽植的月季需精细养护，发芽后及时抹去与剪口下留芽方向一致的枝下蘖芽。直立型品种，抹去剪口附近的内向芽。开张型品种，抹去剪口附近的外向壮芽。及时疏除病虫枝、枯死枝、交叉枝、无用的徒长枝。

月季花芽着生在小枝顶端，为多次分化型，一般每 5 ~ 7 周开花一次，年内可多次抽生新枝多次开花。正常养护情况下，首次盛花后需多次修剪残花直至秋末。月季残花下的第一枚芽，最易抽生新枝并开花，但花枝一般较细，开花较小。枝条中部的腋芽发育最好，抽生的新枝不仅粗壮，且能开出大花。因此花后宜自花下 2 ~ 4 片复叶壮芽处短截（彩图 117）。成带状或片植的，多于盛花后做平头修剪。

藤本月季，为当年形成花芽年内多次开花品种，花后保留花枝基部 2 ~ 3 个芽短截。初夏开花且年内只开一次花的夏秋分化型品种，是在上一年的枝蔓上抽生花枝，故花后应剪去开花枝，保留年内未开花枝条，留待来年开花。徒长蔓条可行短截培养代替老枝蔓。

树状月季，剪去枯死枝、无用徒长枝、交叉枝、主干上萌蘖枝，保持一定的通透性。短截影响树形整齐的枝条，花后自基部 2 ~ 3 片复叶处短截开花枝。

月季花后修剪，一般 35 天可抽生新枝开花，春秋季节气温稍低时，则需 40 ~ 45 天。为达到“十一”月季花相对集中开放的景观效果，应于 8 月中旬对枝条进行短截。

作更新培养的新生枝，待长至 5 片复叶时，立即进行摘心促生分枝。由于重修剪刺激，会促使嫁接砧木萌蘖枝萌发旺长，可先将萌蘖枝短截，休眠期再将其自基部疏除。

及时疏除遭受玫瑰茎蜂危害萎蔫或变黑下垂的虫枝，消灭钻蛀幼虫。

297. 玫瑰如何进行整形修剪?

玫瑰花繁色艳，具浓郁芳香，自古以来就是人们喜爱的观赏花木。多丛植于庭院、路缘、林缘、草坪、花坛观赏。多与月季、野蔷薇、黄刺玫、木香等配置做专类园，也可作花篱、花境栽植。

变种：紫玫瑰、红玫瑰、白玫瑰、重瓣白玫瑰、重瓣紫玫瑰。同属中栽植有山玫瑰、杂交玫瑰“翰莎”等。

喜阳光充足，耐寒。对土壤要求不严，耐干旱，在肥沃、深厚、排水良好的土壤中开花最繁盛，怕涝。萌蘖力强，耐修剪。杂交玫瑰“翰莎”极耐寒，耐盐，抗病性强。

园林中多培养成具 4 ~ 6 个主枝内膛通透的灌丛形。

1）栽植修剪

（1）正常栽植季节

分枝较少的幼龄株，可适当短截主干枝，促其基部萌蘖有利于扩大冠丛。成龄株需疏除根际枯死枝、衰老枝、细弱枝、过密枝，短截影响株丛整齐的枝条。

（2）非正常栽植季节

修剪应以疏枝、疏叶为主。疏去枯死枝、过密枝、过密叶片。因其花芽着生在当年生枝条的顶端，故花前尽量不短截当年生枝。花蕾过多的，疏去部分过密花蕾。正值花期的疏去部分花，花期已过的需将全部幼果疏除。高温季节栽植时，应短截当年生嫩枝的 1/2，疏叶量为总叶量的 1/3 ~ 1/2。

2）养护修剪

（1）休眠期

休眠期修剪应以疏为主。玫瑰在细弱枝上不形成花芽，在弱光条件下开花稀少。因此需疏去虫枝、枯死枝、细弱枝、过密枝，改善通透条件，短截影响株丛整齐的枝条。

玫瑰 3 年生植株开花旺盛，一般 8 年生以上枝即已衰老，表现为开花量减少甚至不开花。为保持植株连年盛花，宜每年选留基部方向适宜的 1 ~ 2 个生长健壮的萌蘖枝，短截后作更新枝培养，逐年取代 6 ~ 7 年生老枝。

对多年未修剪、内部枝条密集，株丛散松，开花稀少，主干枝严重老化的株丛，可自地上 5cm ~ 10cm 处进行平茬。

（2）生长期

疏除根际无用的萌蘖枝，短截影响株丛整齐的乱枝、折损枝、留作更新枝培养的萌蘖枝。要求精细管理的，花后剪去残花。

花后对整形式花篱进行回缩修剪，控制篱体扩张速度，待新枝长至 10cm 时再次修剪。

休眠期作平茬修剪的老株丛，萌芽后选留 4 ~ 6 个分布均匀的健壮萌蘖枝，其余枝条全部自基部疏除。待所留主枝长至 30cm ~ 40cm 时进行摘心，促使下部分生侧枝。疏去主枝上的细弱枝，保留 2 个健壮侧枝，对所留侧枝进行短截。

298. 黄刺玫如何进行整形修剪？

黄刺玫树形圆整，花色鲜艳，盛花时满树繁花，是北方地区春季重要的观赏花木。宜丛植于庭院、窗前、路缘、湖畔、草坪，也可作花篱、刺篱栽植。

栽培变种有单瓣黄刺玫，同属中栽培的还有黄蔷薇、报春刺玫。

喜光、不耐阴，耐寒。适应性强，对土壤要求不严，较耐盐碱，耐干旱、瘠薄，怕涝。萌蘖力强，耐修剪，病虫害少。

园林中多培养成丛球形。

1）栽植修剪

（1）正常栽植季节

主干枝及分枝较少的幼龄株，对枝条适当进行短截，促其分生更多侧枝和根际萌蘖枝，使冠丛不断扩展早日成形。

已经成形苗木，疏除丛内枯死枝、交叉枝、细弱枝、过密枝、衰老枝，短截折损枝、影响冠形整齐的旺长枝，使树丛整齐、通透。

（2）非正常栽植季节

疏除丛内枯死枝、交叉枝、衰老枝、过密枝、细弱枝、折损枝，短截影响冠形整齐的旺长枝，已结实的应及时剪去幼果。花后栽植时，适当短截当年生嫩梢。

2）养护修剪

（1）休眠期

已成形株丛，疏去冠内枯死枝、衰老枝，根际过密、细弱的萌蘖枝。适当选留根际健壮萌蘖枝，逐年更新 8 年生以上衰老枝，保持株丛旺盛生长势。

对株丛不行修剪，任其自然生长，是养护中普遍存在的问题。多年不行修剪的老株，因每年不断自基部萌生新枝，导致株丛内枝条密集，通透性极差。由于光照不足而造成新生枝生长细弱，甚至丛内下部枝条枯死，使开花部位逐年上移、外移（彩图 118）。树体不断向上、向外扩张，导致树体冠幅及高度与环境比例严重失调，有的外缘已伸展至道路上，对此类株丛应回缩短截。

（2）生长期

因其花着生于当年生小枝枝端，故除影响冠形整齐的枝条外，花前不宜进行短截。

分枝较少的小规格苗木，适当多选留部分健壮根际萌蘖枝，摘心或短截后作主枝培养。可连续 2 ～ 3 年对旺长枝进行短截，促发更多新枝。

已成形株丛，疏去枯死枝、根际过密及细弱萌蘖枝，短截扰乱株形的旺长枝。

作花篱、刺篱栽植的，应于花后进行全年首次修剪。为防止篱体过快扩张，宜每 3 ～ 4 年于花后回缩修剪一次。

299. 棣棠（黄棣棠）如何进行整形修剪？

棣棠株型整齐，花色鲜艳，开花繁密，是良好的观花、观叶、观枝干植物。多丛植于庭院、草坪、路缘、林缘、墙际、亭畔，或与假山配置，也可作花篱栽植。冬季可观枝，宜与红端木栽植在一起。

变种：重瓣棣棠。

喜光、耐半阴。耐寒性稍差，京津地区可露地越冬但易抽条。喜湿润土壤，干旱环境下开花较小。萌蘖力、成枝力强，耐修剪。

1）栽植修剪

（1）正常栽植季节

在苗圃栽植过密的苗木，一般枝条细弱、徒长，丛植时易倒伏。可对分枝较少的幼龄株进行重剪，保留基部 50cm ~ 60cm，促使根际萌发新枝。已成形的苗木疏去根际过密细弱枝、枯死枝，短截枯梢和影响冠形整齐的旺长枝。

（2）非正常栽植季节

因其枝条纤细，高温季节嫩梢易失水萎蔫，故应短截当年新生枝长度的 1/2，将其修剪成中间高外侧略低的丛球形。同时疏去株丛内枯死枝、密生枝，短截折损枝。

2）养护修剪

（1）休眠期修剪

因其耐寒性稍差，故不可修剪过早，待发芽时进行。春季常有抽条现象发生，对枝条应适当进行短截，疏除过密枝、细弱枝。棣棠 3 ~ 4 年生枝条即已衰老，开花量逐渐减少，故宜每年疏除丛内衰老枝，培养健壮萌蘖枝代替。

对于丛内枝条过于拥挤的老株和花篱，宜每 4 ~ 5 年对株丛进行更新修剪一次。自地面 10cm ~ 15cm 处进行短截，促使萌发旺长枝，同时疏去枯死枝，细弱及过密的根际萌蘖枝。

（2）生长期修剪

花后不进行修剪的，不仅株丛松散而且后期开花稀少。盛花后及时短截枝梢，新生侧枝可形成花芽再次开花，同时可抑制树体过快扩张。

整形式花篱，花后待新梢长至 6cm ~ 8cm 时再行修剪，控制生长高度（彩图 119）。因其萌蘖力强，丛内枝条密集，通透性差，故枯死枝较多，应注意将其疏除改善通透性。

300. 榆叶梅如何进行整形修剪？

本种花色艳丽，开花繁密，先叶开放，是北方地区早春重要的观赏花木之一。多植于庭院、草坪、路缘、湖畔，与连翘、常绿树配置效果更佳。也可片植或植作整形式花篱，还可修剪成桩景树观赏。

常见变种、变型有：单瓣榆叶梅、重瓣榆叶梅、复瓣榆叶梅、鸾枝梅等。

喜光，耐寒。对土壤要求不严，较耐旱，怕涝。萌芽力强，耐修剪。

多整剪成自然开心形、主干圆头形、丛干扁球形等。榆叶梅以山桃、山杏或榆叶榆实生苗嫁接繁殖，其砧木成枝力及生长势强，故嫁接口以下的萌蘖枝应及时全部疏除。

1）栽植修剪

（1）正常栽植季节

幼龄树易发枝，但分枝角度小，营养枝生长旺盛，但开花少，故此类苗木应以疏枝和短截为主。疏去冠内细弱枝、直立枝，轻短截主侧枝，剪口下留外芽以扩展树冠。短截有生长空间的营养枝，培养成开花枝组。

因榆叶梅花芽自6月中旬开始分化，至9月基本完成，多着生在短枝及当年生枝中下部，为展现繁花盛况，成龄株应剪去秋梢，同时疏去冠内枯死枝、交叉枝、无用徒长枝、过密枝、细弱枝。短截影响冠形整齐的乱枝，使株形整齐丰满。

（2）非正常栽植季节

剪去当年生嫩枝的1/3 ~ 1/2，疏除冠内细弱枝、过密枝、扰乱树形整齐的旺长枝。单瓣榆叶梅已结实的，应全部疏除。

2）养护修剪

（1）休眠期

自然开心形的整剪，保留分布均匀的大枝3 ~ 4个，疏除多余大枝，使冠内通风透光。疏去冠内无用徒长枝、枯死枝、过密枝、细弱枝，回缩下垂枝。短截主枝延长枝，留外向芽。短截侧枝秋梢，冠内大枝稀少，健壮小枝越多花量就越多。

主干圆头形在主干上着生多个主枝，疏枝时掌握开花繁茂，但株丛内枝条不拥挤的原则，使树冠成较为通透的圆球形。其他修剪参照自然开心形。

园林中多见有行平头修剪者，短期内虽然花量较多，但仅集中在上部。因剪口下分枝多而密集，导致通透性差，且多数小枝细弱，均不能形成花芽。如此年年平头修剪，造成开花部位逐渐上移，下部枝条严重秃裸。不仅达不到立体开花的效果，而且开花量大大减少，故养护中不提倡进行平头修剪。

有的人只将树冠外部枝修剪圆整，但内部的枯死枝、过密枝、细弱枝、老枝并未疏除，株丛内枝条密集，通透性差，导致内部枯死枝增多，开花部位不断逐年外移。

有的不注意修剪，任其自然生长，导致株形松散，株丛内枝条密集且紊乱，主次不分。树体逐年向外扩张，大枝下垂，开花量减少，与周围环境比例失调。在小环境条件下栽植的，应通过疏枝、回缩修剪，适当控制株丛扩展速度。对失剪株丛应疏去无用枝增加通透性，将多年生主枝进行回缩修剪，疏去主枝上的细弱枝，所留侧枝也应适当短截。侧枝上小枝仅留基部 2 ~ 3 个芽，促其形成短花枝，增加开花量。

整形式花篱，将篱面和侧壁剪至花芽着生处，疏除丛内枯死枝、细弱枝，增加通透性。疏去根际砧木萌蘖枝，以免挤占生长空间及疏枝后篱面出现空秃，影响花篱的连续性。

（2）生长期

生长期修剪也是养护管理中的重要环节，一般多重视休眠期修剪，而生长季节就放任生长，这导致营养枝生长旺盛，树冠扩张过快，对花芽分花等极为不利。因此应适时采取一定的修剪措施。

疏去冠丛内直立枝，花后2周内，对当年生嫩枝进行摘心或短截，基部保留3～4个芽。5月底对主侧枝进行摘心，主枝延长枝留外向芽，但主枝伸展角度过大时，剪口下应留健壮上芽或侧上芽。

作更新修剪的老株，由于重剪刺激主干及剪口下萌生多个蘖芽，应及时疏去剪口下瘦弱、内向、过密的蘖芽和萌蘖枝。留作主枝培养的萌蘖枝，待枝条长至20cm～30cm时，适时进行摘心或短截，促生分枝，剪口下注意留芽方向。

为了增加整形式花篱篱面和侧壁开花量，提高观赏效果，5月下旬将篱面、侧壁回缩修剪至新生枝2～3芽处，增加来年开花量。由于修剪时留茬逐次提高，造成花篱不断向外扩张。为控制花篱在设定范围内并保持较强生长势，宜每隔2～3年，花后回缩重剪篱面和侧壁一次，同时彻底清除丛内枯死枝、细弱枝。

301. 美人梅如何进行整形修剪？

本种叶亮红色，花大而美绚丽夺目，先于叶开放，因花梗略下垂，故有“垂丝美人”之称，是花、叶皆美的优良观赏花木。宜孤植或丛植于庭院、房前、路缘、草坪，片植成梅花林，也可作园路行道树栽植，还可整剪成桩景树观赏。

喜光、不耐荫，适应性强，耐高温，也可抗零下30℃低温。对土壤要求不严，较耐盐碱，喜肥沃疏松土壤，不耐水湿。萌蘖力、成枝力强，耐修剪，生长势旺盛。

多培养成单干自然圆头形或低干开心形丛生状灌木（彩图120）。在北方美人梅多用桃、李、杏或梅的实生苗进行低接或高接繁殖，因此应注意及时疏除砧木萌蘖枝。

1）栽植修剪

（1）正常栽植季节

疏去内膛枯死枝、交叉枝、直立枝、过密枝、主干上萌蘖枝，短截秋梢及过长枝条，保持冠形整齐美观。

（2）非正常栽植季节

疏去枯死枝，内膛交叉枝、直立枝、过密枝、主干上的萌蘖枝。短截当年生枝的1/2，同时疏去1/2叶片。大规格苗木除疏枝、摘叶外，还需适当短截主侧枝，以提高栽植成活率。

幼龄树短截当年生枝的1/3，主枝延长枝留外芽，以利扩大树冠。

2）养护修剪

（1）休眠期修剪。

幼龄树应以整形和扩大树冠，培养开花短枝为主要目的。首先疏去冠内无用徒长枝、交叉枝、细弱枝，在主枝两侧，交互选留一定数量的健壮枝进行短截，短截影响树冠整齐的枝条，对主侧枝的延长枝适当进行短截，剪口下留外向芽，使主枝逐年向外扩展。

失剪植株往往冠内枝条密集，通透性极差，内部细弱枝出现枯死现象。由于营养枝生长旺盛，开花量减少且开花部位逐渐外移。此类植株通过整形修剪，改善冠内的通透性，抑制营养枝生长，培养开花枝，是休眠期整形修剪的主要目的。

因其花芽于6～8月分化完成，着生在生长健壮的短枝上，细弱枝上不能分生花芽。故修剪时应首先短截主侧枝秋梢，注意保护主侧枝上交错分布的开花短枝，以便达到满树皆花的最佳观赏效果。疏除枯死枝、细弱枝、交叉枝、过密枝、主干上萌蘖枝。

注意开花枝的培养，对内膛有生长空间的营养枝进行适当短截，促其下部萌发分生枝，以利形成花芽。

（2）生长期修剪

由于休眠期修剪刺激，主干及剪口处蘖芽萌发，如果忽视生长期修剪，任其自然生长，则会导致营养枝生长旺盛，冠内通透性差，不利于花芽分化，使来年开花量减少，因此生长期修剪也不容忽视。

花后抹去主干上蘖芽，剪口处保留健壮外向和有伸展空间的蘖芽，其余一律疏除。

夏季疏去冠内无用徒长枝、交叉枝、细弱枝。在花芽分化前，当新生枝长至20cm时进行摘心，以培养新的花果枝并促使短枝上的花芽分化。规格较小的植株，新生枝长至40cm时再行摘心。

及时摘除受卷叶虫危害的虫叶，并杀死叶内幼虫。

302. 紫荆如何进行整形修剪?

紫荆早春花先叶开放，满枝皆花，故又名“满条红”。是优良的观赏花木，自古以来是家庭和睦和团结的象征，多植于庭院、草坪、窗前、路缘、亭畔、岩石旁。

栽培变种：白花紫荆。

喜光，稍耐寒，京津地区可在小环境下露地越冬。对土壤要求不严，怕涝。萌蘖力强，耐修剪。

1）栽植修剪

（1）正常栽植季节

因其耐寒性稍差，北方地区冬季过于寒冷时，会发生枯梢或枝干冻死现象，故修剪宜在萌芽时进行。

疏去病枯枝、根际细弱、过密枝，保留5～7个分布均匀的健壮主枝。剪去枯死梢，短截影响树冠整齐的杂乱枝。

（2）非正常栽植季节

剪去未半木质化的嫩梢，疏除过密叶片。疏去根际无用的当年萌蘖枝，主枝过少的苗木，可适当多保留萌蘖枝，密生枝待冠幅丰满后再行疏除。摘除全部果实。

2）养护修剪

（1）休眠期修剪

休眠期修剪应以疏枝为主。因紫荆花芽多着生在2年生以上老枝干上，故一般花芽着生较多的老枝一律保留。疏去杂乱枝、枯死枝、过密枝、交叉枝、花芽稀少的衰老枝。

紫荆萌蘖力强，每年从根际处萌生数个萌蘖枝，如萌蘖枝过多，会导致基部通透性差，枝条为争夺光照，向上旺长，宜造成枝干下部秃裸。故灌丛形的应疏去根际无用的萌蘖枝（彩图 121），保留健壮萌蘖枝作填补空缺和衰老枝的更新培养。单干型紫荆，应将根际萌蘖枝全部疏除。

多年失剪的株丛，丛内枝条杂乱无序，部分枯死，树体不断向上抬升，下部枝条严重秃裸，枝干上着花量少。对于开花稀少、主干枝再生能力差的衰老株，应行平茬修剪。若原主干枝尚未衰老，可逐年进行回缩修剪，同时疏去杂乱枝、根际无用萌蘖枝。

（2）生长期修剪

剪去枯死梢，疏除冻死枝、病枯枝、无用的根际萌蘖枝。选作填补空缺和作更新枝培养的萌蘖枝，待长至一定高度时进行摘心促生分枝。短截影响冠型整齐的旺长枝，保持株形整齐美观，剪口下注意留芽方向。

幼龄株，对主枝进行摘心，促生分枝，使灌丛快速丰满。枝条过旺生长的成龄株，应对主侧枝嫩梢适时进行短截，控制株丛过高生长，防止下部秃裸。

休眠期作平茬更新修剪的株丛，从根际丛生枝中选留 5 ~ 7 个分布均匀、生长健壮的枝条作主枝培养，其余无用枝一律自基部疏除，待新枝长至一定高度时进行摘心。

当发现由排粪孔推出的颗粒状排泄物在地面堆积时，表明已遭受六星黑点豹蠹蛾危害，要及时剪去虫枝消灭钻蛀幼虫。

303. 紫薇如何进行整形修剪?

紫薇，别名百日红、痒痒树。树姿优美，花色艳丽，花期长达 3 个月之久，故又名“百日红”。在少花季节，“盛夏绿遮眼，此花满堂红”尤为可贵，是园林中重要的夏秋观赏花木。宜于门前对植，或于庭院、池畔、路缘、草坪丛植或成片栽植，高干型还可作小园路的行道树。紫薇枝条柔软，可盘扎造型成花篱、花瓶等，桩景树也是园林中观赏的主要景观之一。

常见变种、品种：银薇、翠薇、红薇、玫红紫薇等。

喜光，略耐阴，耐寒性稍差，在京津地区移植后2年内或大寒之年，需防寒越冬。耐旱，怕涝，喜排水良好肥沃土壤。萌蘖力强，耐修剪，但干性较弱。

在北方地区，单干型紫薇虽然树形高大，但发枝力不强，新生枝较细弱，花序短小观花效果欠佳，故多培养成多干丛生形。

1）栽植修剪

（1）正常栽植季节

矮丛型的保留分布均匀的主干枝3 ~ 4个，较高大型的保留主干枝4 ~ 5个。疏去枯死枝、交叉枝、过密枝、根际无用的萌蘖枝。对主干上伸展角度较好的1 ~ 2个主枝，进行中度短截。每个主枝上选留上下交错分布的2 ~ 3个健壮侧枝，其余枝条全部疏除，侧枝留枝长度15cm ~ 20cm。枝端保留有生长空间的2 ~ 3个1年生枝并短截，留枝长度6cm ~ 8cm。

主侧枝分枝较少，枝条较细弱的幼龄株应行重剪，促生分枝和根际萌发健壮萌蘖枝，有利扩大树冠。

（2）非正常栽植季节

紫薇嫩梢易失水萎蔫，故栽植后可短截当年嫩梢的1/3 ~ 1/2。疏去无用枝、剪口下内向、无生长空间的蘖芽，疏剪内膛过密叶片。已显现花序或正在开花的应疏去部分花序减少开花量，已过盛花期的应剪去残花花序。

2）养护修剪

（1）休眠期修剪

应以整形为主，因其耐寒性稍差，故北方地区修剪不宜过早，多在芽开始膨大时进行。紫薇花芽属当年分化当年开花型，多在基径0.5cm以上1年生枝的当年新生枝端抽生花序开花，细弱枝不能形成花芽且大多在越冬后枯死。休眠期应进行疏枝和重短截，除主侧枝和侧枝枝端有生长空间的2～3个1年生健壮枝外，其余枝条全部疏除。短截1年生枝，留枝长度6cm～8cm（彩图122），主枝上的细弱枝应全部疏除（彩图123），使冠内通透，促发壮枝抽生大花序。

为控制树体扩张，开花部位不断上移、外移，需每3～4年对主枝进行回缩修剪，一般可剪至3～4年生枝基部10cm～15cm处。

桩景树，疏去根际及主干上的萌蘖枝、冠内病虫枝、枯死枝、交叉枝、细弱枝、过密枝。主侧枝短截后保持树形整齐美观，1年生枝保留基部2～3个芽。

（2）生长期修剪

有些地区只重视休眠期修剪，而忽视生长期修剪，其实生长期的修剪不仅影响株形的培养，还关系到再次抽生花序的大小和调控再次开花的时间。主要通过抹芽、除蘖和促花修剪完成。

由于休眠期对枝条进行短截，根部和枝干上、剪口处会陆续萌生多个蘖芽，4月下旬开始至6月，需多次用手抹去枝干上及剪口下瘦小、过密、内向、无生长空间的蘖芽。待萌蘖枝半木质化以后则不可用手掰除，必须使用枝剪疏除。

疏除冠内过密枝、交叉枝。抹芽及疏枝时，应掌握留外不留内，留壮不留弱，所留枝、芽分布均匀，不拥挤的原则。每枝保留新生健壮枝、芽2～3个。旺长枝可通过摘心或短截，作更新枝和填补缺枝方向枝条的培养。

如首次盛花后对花枝放任生长，果实消耗大量养分，花序下不饱满芽抽出的枝条则较细弱，导致后期形成的花序较短且开花量少。因此盛花后，应自残花花序下3～4片叶的壮芽处短剪花枝，剪口下抽出新枝，顶端可形成大花序再次开花。欲使“十一”鲜花集中开放，应于8月中旬最晚至8月下旬剪去残花花序。

304. 连翘如何进行整形修剪？

连翘，别名黄金条、黄寿丹。花先叶开放，满枝金黄，艳丽可爱，各地广为栽培，是北方地区重要的早春观赏花木。宜丛植于窗前、草坪、路缘、阶前、景石旁，也可片植，与常绿树、榆叶梅等配置效果更佳。金钟连翘枝条直立性较强，可植作花篱或整剪成球形树观赏。

常见栽培变种和品种有：垂枝连翘、三叶连翘、金叶连翘、金脉连翘、朝鲜连翘等。

喜光、略耐阴，耐寒。对土壤要求不严，耐干旱、瘠薄，怕涝。萌芽力、成枝力强，耐修剪。

园林中多整剪成丛生半球形、圆头形，单干球形或伞形。

1）栽植修剪

（1）正常栽植季节

枝条呈拱形下垂的垂枝连翘、朝鲜连翘、金脉连翘等，一般长枝不行短截，以保持枝条自然下垂树形。幼龄树因分枝较少，可适当短截至饱满芽处，促生分枝和根际分蘖，使灌丛早日扩展成形。

已成形大苗，疏去病枯枝、根际细弱枝、过密枝，短截扰乱冠形整齐的旺长枝、折损枝。

（2）非正常栽植季节

短截尚未半木质化嫩梢的1/2、扰乱冠形整齐的旺长枝、折损枝。疏去枯死枝、根际过密萌蘖枝、幼果，疏除过密叶片。

2）养护修剪

（1）休眠期

连翘花芽为夏秋分化型，多在6月下旬开始分化至9月大致分化完成，多着生在生长较充实的长枝中上部位的短枝上。细弱枝及内膛密生枝上花芽稀少或无分化的花芽。

冬剪时应以疏枝为主，自基部疏去枯死枝，根际细弱、过密的萌蘖枝，短截影响冠形整齐的乱枝。逐年疏除着花少生长势衰弱的老枝，对生长健壮的徒长枝，可通过重短截促分枝培养替代衰老枝，保持株丛旺盛生长势。

单干球形或伞形树，要及时疏去根际萌蘖枝，将树冠修剪整齐，伞形树枝端应剪至同一高度上。

规则式花篱将篱面和篱壁短截至花芽着生处。对连翘花球进行粗剪，大致修圆。

（2）生长期

短截影响冠形整形的旺长枝，保持冠型整齐。对留作更新枝培养的徒长枝，进行摘心促生分枝。

丛内枝条过密、枯死枝较多，树体扩展过高过远的多年失剪老株丛，修剪时不可只疏下不截上，以免导致株丛逐年抬高，下部枝条严重秃裸。对下部发生严重秃裸的，花后应进行更新修剪，基部保留 30cm ~ 40cm。疏去根际枯死枝，衰老枝、细弱枝。待新生枝长至 30cm 左右时，适时摘心促生分枝，使株丛尽快成形。

自然式花篱，采取粗放式管理，在不影响路人及车辆通行的前提下，可任其自然生长。短截明显影响灌丛整齐的乱枝，当株丛与环境和周围植物比例失调时，则必须进行更新修剪。

规则式花篱，花后进行年内首次修剪，修剪方法可参照其他整形式花篱。

因每年需经多次修剪，虽然表面促发大量分生枝，但也导致株丛内通透性差，枯死枝增多，且篱体、球体不断向外扩展。为避免过快扩张，宜 2 ~ 3 年回缩修剪一次，同时清理内膛枯死枝、细弱枝，改善通风透光条件。

305. 迎春如何进行整形修剪？

迎春枝条纤细绵长，拱形流垂，姿态潇洒、优雅。花于寒冬斗霜竞相开放，因其花开就迎来了百花齐放的春天，故而得名。迎春敢于傲雪斗霜，默默开放，其高尚品德赢得了人们的赞誉，将它与梅花、山茶、水仙并称为“雪中四友”。多配置于路缘、池畔、假山、坡地、墙际，也可作花篱栽植。

同属中常见栽培的有：探春（迎夏）。

喜光、略耐阴，较耐寒。对土壤要求不严，耐干旱，怕涝。萌蘖力、成枝力强，耐修剪。适应性强，管理粗放。

园林中多培养成自然灌丛形，也可以培养成单干拱垂伞形。

1）栽植修剪

（1）正常栽植季节

已成形苗木枝条通常不行短截，以保持其拱形下垂的优美姿态。修剪时疏去枯死枝，短截影响冠丛整齐的旺长枝和折损枝。

分枝较少的幼龄树可行适当短截，促使根际发出更多萌蘖枝，尽快起到防护作用。

（2）非正常栽植季节

已成形苗木疏去枯死枝，短截过旺生长枝和折损枝，对当年生嫩梢适当进行短截 。幼龄株保留条长 20cm ~ 30cm 进行短截，促生分枝。

2）养护修剪

（1）休眠期

丛生形株丛，短截影响冠丛整齐的旺长枝、内膛枯死枝。

因迎春花于 2 ~ 3 月先叶开放，为提高规则式花篱观赏效果，修剪时不可修剪过重，以免将花芽大量剪失，可将篱面和侧壁短截至 1 年生枝基部 6cm ~ 8cm 处。

（2）生长期

栽植时枝条行短截的幼龄株，生长季节需摘心 2 ~ 3 次，促发分生枝，使株丛尽快丰满。

已成形株丛，应以疏剪为主。迎春萌蘖力、成枝力极强，每年自根际处发出数个萌蘖枝，如任其生长，常导致株丛内通透性差，部分枝条枯死。应于花后疏去老枝、枯死枝、根际过密枝，以利改善株丛内通透性，避免株丛过快扩张。

迎春枝条着地部分极易生根，故丛植的应在雨季数次用竹竿挑动落地枝条，避免着地枝节生根，导致枝条铺地而生从而影响株形整齐。

短截影响单干拱垂伞形树冠整齐的杂乱枝，及时抹去或疏除根际和主干上的蘖芽及萌蘖枝。短截枝梢控制枝条过快生长，使其枝端下垂高度基本一致，根据周边环境和景观要求，控制一定的冠干比。

迎春花芽为夏秋分化型，自6月开始至9月上旬陆续分化完成。规则式花篱，应于花后对篱面和侧壁进行一次回缩修剪。比原设计要求标准回缩6cm ~ 8cm，同时疏除丛内枯死枝、多年生老枝。这样不仅能有效控制花篱高度、宽幅，而且有利于剪口以上6cm ~ 8cm新生枝当年花芽分化，保证来年早春侧壁、篱面着花繁密。反之，花后每次在同一高度进行短截，必将会把已形成花芽的小枝剪去，导致来年篱面和侧壁开花稀少。年内二次修剪时，留枝高度6cm ~ 8cm。再次修剪时，剪口宜提高1cm。

对内部枝条大量枯死、新生枝不断向外扩展、株丛高度不断抬升导致株丛与环境比例严重失调，甚至已不能满足园林功能要求的多年生株丛和自然式花篱，应进行回缩重剪，保留根际分布均匀的健壮主枝，经过更新修剪第二年可基本恢复株形，新生枝当年可形成花芽。

306. 丁香如何进行整形修剪？

丁香，别名华北紫丁香。因花冠筒细长如钉，芳香淡雅而得名。花叶于4月～5月同时开放，花团锦簇，芳香怡人，深得人们喜爱，是我国北方应用最普遍的观赏花木之一。多丛植于庭院、窗前、茶室、亭廊、路缘，也可与其他植物配置，建成芳香园、丁香专类园等。

常见变种及品种：白丁香、红丁香、辽东丁香、北京丁香、小叶丁香、花叶丁香、裂叶丁香、欧洲丁香、暴马丁香等。

喜光，略耐阴，耐寒。对土壤要求不严，耐干旱，怕涝。忌大水、大肥，灌水、施肥过多，易导致枝条徒长，开花少。萌蘖力强，耐修剪。

园林中多整形修剪成单干形和多主枝丛生形、自然圆球形。丁香花芽为混合芽，属夏秋分化型，于7～8月集中分化而成，混合芽饱满，着生在枝端数节上。故栽植及养护修剪时，一般情况下花前不短截枝梢，以免影响当年的观赏效果。

1）栽植修剪

（1）正常栽植季节

修剪以疏剪为主，尽量少短截。多主枝丛生形主干枝不宜留枝过多，以4～5个为宜。疏除根际无用萌蘖枝，冠内枯死枝、细弱枝、无用徒长枝，短截影响冠形整齐的乱枝、折损枝。单干型除上述修剪外，根际及主干上的萌蘖枝应全部疏除。

土球过小或散坨苗，可适当短截部分细弱花枝，修剪量以能保证苗木栽植成活为度。

（2）非正常栽植季节

剪去残花或幼果，减少养分消耗有利于缓苗。高温季节栽植时，应短截未木质化嫩梢的1/2，适当疏去过密小枝。疏剪过密叶片，疏叶量为全株的1/3～1/2，疏叶时掌握内膛多疏，外围及观赏面多留的原则。

已成形株丛应疏去根际无用萌蘖枝。大规格苗木应对主干枝适当进行短截，同时回缩侧枝，疏去交叉枝、细弱枝、枯死枝。

2）养护修剪

（1）休眠期

丁香萌蘖力强，每年自根际处萌生大量萌蘖枝。如不及时修剪势必造成丛内枝条密集，主枝生长不旺，仅顶端一对芽抽生花序。多年不修剪的将导致着叶和开花部位逐年上移，下部秃裸。因此休眠期修剪应以疏为主，疏除病枯枝、过密枝、细弱枝、衰老枝、徒长枝、根际无用的萌蘖枝，提高通透性。单干型应疏去根际萌蘖枝、冠内密生枝（彩图 124），短截影响树冠整齐的杂乱枝、旺长枝。

对多年生老株丛，可选留方向适宜的健壮根际萌蘖枝，作更新枝培养，于第二年进行适当短截，留枝长度 70cm ~ 80cm，剪口处留外向壮芽。逐年分次更新 8 年生以上衰老枝。

（2）生长期

宜花后对丁香进行整形修剪，剪去残花，防止结实。疏除当年根际无用萌蘖枝，留作填补空缺和更新枝培养的萌蘖枝，待长至 70cm ~ 80cm 高度时进行摘心。及时疏去单干丁香根际萌蘖枝。自基部疏去枯萎病病枯枝，土壤浇灌杀菌剂防止病害继续蔓延。

对于只修下不修上，造成树体抬高、下部严重秃裸的株丛，可在花后进行回缩修剪至高度、角度适宜的分生枝处，逐年降低株丛高度。也可培养健壮的萌蘖枝，分次疏去下部严重秃裸的大枝。但只回缩大枝不疏剪根际枯死枝和多余的萌蘖枝，将造成乱枝丛生，通透性差，不利于主干枝的培养。

307. 锦带花如何进行整形修剪？

本种树形开展，枝叶繁茂，花色艳丽，是北方地区春季主要的观赏花木之一。多丛植于庭院、路缘、草坪、坡地，也可作花篱栽植。

常见变种、变型和品种：白锦带花、四季锦带花、红王子锦带花、粉公主锦带花、“金亮”锦带花、花叶锦带花等。同属中栽培有海仙花。

喜光，耐寒。对土壤要求不严，耐瘠薄，怕涝。萌蘖力强，耐修剪。

多培养成具 3 ~ 5 个主干枝的自然丛生形。

1）栽植修剪

（1）正常栽植季节

在苗圃未经多次摘心培养的幼龄树，虽然苗木规格达标，但侧枝少，株形松散，不丰满。对主、侧枝适当进行短截，促其分生小枝使株丛尽快成形。

成形株疏去枯死枝、基部过密萌蘖枝，短截影响株丛整齐的旺长枝。

（2）非正常栽植季节

短截影响株形整齐的旺长枝和当年生嫩枝的 1/2。疏去主干枝上过密小枝及叶片，疏叶量视枝叶疏密度而定，一般为 1/3 ~ 1/2。选留健壮、方向适宜的根际萌蘖枝作填补空缺枝培养，多余的自基部全部疏除。

2）养护修剪

（1）休眠期

锦带花的花芽着生在 1 ~ 2 年生枝条上，因此除株型过于松散的外，一般不作重剪。疏去枯死枝、过密枝，短截枯梢、不整齐枝及折损枝，多保留开花小枝。

锦带花生长迅速，但衰老的也快，一般 3 年生以上枝条即已开始衰老，表现为开花量减少，故应注意培养根际萌蘖枝或徒长枝，逐年更新老枝。

自然式花篱管理较粗放，但因每年自根际萌生数个萌蘖枝，造成枝条过于拥挤，光照不足花芽分化量减少。待开花量明显减少时，则需进行回缩更新修剪。

（2）生长期

花后剪去残花花序，保持株丛整洁、美观。红王子锦带盛花后对枝条适当进行短截，可使再次繁花盛开。短截影响株形整齐的旺长枝、折损枝，疏去杂乱枝。对作填补空缺和更新枝培养的徒长枝适时进行摘心。

308. 金银木如何进行整形修剪？

树冠整齐，株形开展，一蒂两花，黄、白相间，故名金银木。秋冬时节，晶莹透亮的累累红果挂满枝头，是优良的观赏花木。宜丛植于路缘、林缘、草坪。

同属中多见栽培有：蓝叶忍冬、鞑靼忍冬等。

喜光，耐半阴，耐寒。对土壤要求不严，耐干旱、瘠薄，较耐盐碱。萌蘖力、发枝力强，生长快，耐修剪，易移植。

园林中多培养成具 3 ~ 5 个骨干枝的灌丛形。

1）栽植修剪

（1）正常栽植季节

分枝较少的小规格苗木，可将主枝适当进行短截，当年即可萌生多个分枝。因修剪刺激，自根际处萌发健壮的萌蘖枝，促其尽快成形。

成形株修剪应以疏枝为主，尽量保持原有株形，疏去枯死枝、过密枝、细弱枝、无用直立徒长枝。短截影响树形整齐的旺长枝，保持株形匀称美观。

较大规格的苗木，可自主干枝 180cm ~ 200cm 处进行短截，同时疏去主干枝上的枯死枝、细弱枝、交叉枝、徒长枝，侧枝也相应进行回缩修剪（彩图 125）。

（2）非正常栽植季节

先疏去株丛内枯死枝、过密枝、细弱枝、扰乱树形整齐的杂乱枝、直立徒长枝、根际萌蘖枝。短截当年生嫩枝 2/3，并适当疏

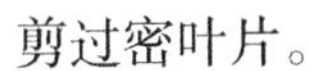

剪过密叶片。

2）养护修剪

（1）休眠期修剪

疏去根际及剪口处无用的萌蘖枝、株丛内枯死枝、交叉枝、过密枝、细弱枝、直立徒长枝，短截影响株丛整齐的乱枝。利用徒长枝或健壮的萌蘖枝，短截培养替代衰老枝，并逐年将老枝自根际处疏除。

多年未进行整形修剪的株丛，根际及冠丛内主从不分，枝条细弱、杂乱、密集，多衰老枝、枯死枝。由于通透性差，树体逐年不断向外扩展，造成与建筑、植物间比例严重失调。当株丛影响室内通风、采光，或影响行人和车辆通行时，则必须对老株进行缩冠更新修剪。可将主干枝回缩重剪，保留基部180cm ~ 200cm。选留生长健壮、分布均匀的主干枝3 ~ 5个，其余枝条全部疏除。同时疏去主干枝上的细弱枝，短截健壮侧枝，因其发枝力强，生长速度快，2 ~ 3年便可培养成形。

（2）生长期修剪

对幼龄株、更新株枝条进行摘心或短截，促其分生侧枝，使株形快速丰满。分枝少的，可选留根际方向适宜的健壮萌蘖枝作主干枝培养，多余的应全部疏除。

金银木树势旺盛，每年都会从根际处萌生数个蘖芽，并发育成枝。主干枝的不定芽，也会抽生出健壮的直立徒长枝。如任其生长下去，不仅影响冠丛内的通透性，也破坏了观赏树形，而且促使主干枝加速向外扩张，造成下部秃裸。因此要及时疏去当年无用萌蘖枝、徒长枝，短截影响株形整齐的乱枝。

金银木为秋冬重要的观果类树木，故花后或落叶后均不可短截花枝。

发现枝条孔洞外及地面上堆积有木屑和虫粪时，应及时剪去遭受六星黑点豹蠹蛾钻蛀危害的虫枝，消灭蛀道内害虫。

附 录

一、山里红养护月历

月份	养护内容	注意事项
2月	1. 及时清除堆积在树穴内的盐融雪，防止植物遭受盐害。 2. 病虫害防治。（1）果园栽植的山里红可刮去树干上的粗皮，用利刀将腐烂病病斑连同外围 1.5cm 左右的健康组织一起刮净，外缘要切光滑，伤口处涂抹 8 波美度石流合剂或 40% 福美砷可湿性粉剂、腐皮消 50 倍液，10 天一次。城市绿地栽植的，可在病斑外侧 1.5cm 处划伤皮层将病斑圈住，划伤处涂抹杀菌剂保护。（2）上中旬，用废黄油或机油加热后混入适量杀虫剂制成粘虫胶，呈环状涂抹在树干基部上方 15cm ~ 20cm 处，环宽 20cm ~ 30cm，粘杀上树若虫。也可用 1000 倍液杀灭菊酯反复涂抹树干，阻止在树下越冬的草履蚧成虫、若虫上树危害。（3）撤除树干绑扎草把，集中销毁诱集的梨星毛虫（梨叶斑蛾）、梨小食心虫、苹小食心虫、桃蛀螟等结茧越冬的幼虫、山楂叶螨雌成螨、苹小食心虫、美国白蛾蛹等。	1. 将刮下的粗皮、病皮集中深埋。 2. 病斑伤口处药剂涂抹要到位不能留白茬。皮层划伤处要反复涂药，让药液完全渗透进去，才能收到好的防治效果。
3月	1. 浇灌返青水。土壤解冻后，及时浇灌返青水。追肥应结合浇灌返青水同时进行。 2. 追肥。中旬树液开始流动时，追施尿素 0.5kg/ 株 ~ 1kg/ 株，补充树体生长所需营养。 3. 病虫害防治。（1）中旬树干喷洒“绿风 95”500 倍液或腐皮消 100 ~ 200 倍液预防和防治腐烂病。（2）下旬，用木棍刮去枝干上的沙里院褐球蚧雌成虫。（3）发芽前，全树喷洒 5 波美度石硫合剂或 45% 晶体石硫合剂 20 倍液，消灭越冬菌源、虫源。（4）发现有草履蚧若虫上树危害时，喷洒 75% 辛硫磷乳油 1 000 倍液或 1.2% 苦参碱乳油 1000 ~ 1500 倍液防治。（5）树干进行涂白，防止梨尺蛾等成虫上树产卵。	1. 尿素不可过量施用，以免造成枝条徒长。 2. 树干涂药环 15 天后，需再涂 1 次。

续表

月份	养护内容	注意事项
4月	1. 修剪。（1）及时抹去主干上的蘖芽，剪口处无用的蘖芽。疏除根际砧木萌蘖枝。（2）现蕾后进行花前复剪，疏去弱枝上只开花不结果及过密的花序。 2. 病虫害防治。（1）中旬为越冬山楂叶螨出蛰盛期，喷洒15%哒螨灵乳油2000～3000倍液或1.8%阿维菌素（齐螨素）乳油3000～4000倍液防治。（2）中下旬，喷洒20%三氯杀螨醇100倍液或20%三氯杀螨砜可湿性粉剂800～1000倍液或1.8%阿维·甲氰乳油1200～1500倍液，防治苹果全爪螨。（3）前一年白粉病发病严重的植株，花蕾期喷洒50%多菌灵可湿性粉剂700倍液或25%粉锈宁可湿性粉剂2000倍。（4）剪除黄褐天幕毛虫结网危害的网幕，消灭初孵幼虫。喷洒4.5%高效氯氰菊酯乳油1500～2000倍液或1.2%烟参碱乳油1000倍液，消灭分散取食的大龄幼虫。（5）山楂绢粉蝶低龄幼虫缀叶结网危害，喷洒50%辛硫磷、50%杀螟松1500倍液或10%联苯菊酯乳油（天王星）5000倍液防治。（6）喷洒20%杀灭菊酯乳油（速灭杀丁）1500倍液或25%灭幼脲3号2000倍液或1.8%阿维菌素2000～3000倍液，防治梨尺蛾、梨星毛虫。（7）下旬梨冠网蝽若虫开始危害，喷洒2.5%溴氰菊酯乳油（敌杀死）2000～2500倍液或10%吡虫啉可湿性粉剂2000～3000倍液，7天后再喷一次。	1. 山楂叶螨成螨、梨冠网蝽若虫开始集中在叶背危害，用药时重点喷洒叶背。梨冠网蝽被害叶背有褐色黏液斑点，叶面出现苍白色斑点，严重时全叶失绿。 2. 中下旬为苹果全爪螨越冬卵孵化盛期，是防治的关键时期。成螨多集中在叶面，喷药时叶两面要喷洒到位。 3. 防治梨尺蛾初孵幼虫，重点喷洒幼芽和花蕊。
5月	1. 修剪。（1）疏去部分弱枝上的花序。（2）在开花前10天，对当年萌发的营养枝进行摘心，促分枝，将其培养成结果枝组。（3）当内膛枝长至30cm～40cm时，留基部20cm～30cm进行摘心。（4）对花序下部侧芽萌发的枝一律去除，防止结果部位外移。 2. 灌水。花后结合追肥灌1次透水，待表土略干时，对树穴土壤进行划锄。 3. 追肥。（1）花期叶面喷洒0.5%硼酸溶液，以提高坐果率。也可喷洒50ppm浓度的赤霉素溶液，不仅提高坐果率，还可使果实提前着色成熟。（2）下旬，谢花后追施尿素0.5kg/株，可提高坐果率。	1. 本月是防治梨冠网蝽1代若虫的关键时期，要抓紧防治。 2.5～6月，为白粉病发病盛期，要重点防治。 3. 防治病害的几种杀菌剂，要交替使用，以免产生抗药性，影响防治效果。

续表

月份	养护内容	注意事项
5月	4. 病虫害防治。（1）下旬桃小食心虫出土期，树穴1m范围内施32%辛硫磷微胶囊，撒药后锄深6cm或树穴喷洒50%辛硫磷乳油150倍液，防治出土幼虫。（2）初花期可喷洒2.5%高效氯氰菊酯乳油2000倍液或48%乐斯本（毒死蜱）乳油1200倍液，预防桃蛀螟钻蛀危害。（3）落花后及时喷洒50%多菌灵700倍液或70%甲基硫菌灵可湿性粉剂1000～1500倍液，防治山楂叶斑枯病，兼治黑星病、轮纹病、炭疽病等。（4）本月棉蚜若虫进入繁殖盛期，可喷洒3%高氯·吡虫啉乳油1000～1500倍液或1.2%烟参碱乳油1000倍液。（5）下旬沙里院褐球蚧开始孵化，及时喷洒20%灭杀菊酯乳油（速灭杀丁）2000倍液或10%氯氰菊酯乳油（敌杀死）1000～2000倍液防治。（6）剪除萎蔫枝条并销毁，消灭钻蛀危害的豹纹木蠹蛾、梨小食心虫幼虫。（7）继续防治白粉病、山楂绢粉蝶、黄褐天幕毛虫、山楂叶螨、苹果全爪螨等。	4. 刮下的蚧虫残体必须集中销毁。 5. 防治蚜虫时，在药液中混加菊酯类或阿维菌素类杀虫剂，可兼治叶螨类。 6. 喷洒克螨特乳油时必须戴眼镜，以免伤害眼睛，喷药后及时清洗面部及身体裸露部位。
6月	1. 修剪。（1）疏去枝条顶端下抽生的旺长枝，防止外围分生枝过多，导致树冠郁闭。对伸展过远的骨干延长枝进行摘心。（2）开始进行疏果，疏去密生果，防止大小年现象发生。（3）摘除树上和捡拾落地的畸形果、腐烂的病虫果，深埋。 2. 灌水。土壤过于干旱易造成落果现象，本月中下旬久旱不雨时可适当灌水，以促使花芽分化和果实快速发育。 3. 病虫害防治。（1）注意防治钻蛀主干危害的桃红颈天牛，清除排粪孔的粪便、木屑，由排粪孔注入40%氧化乐果乳油50倍液或50%杀螟松乳油200倍液，用泥封堵排粪孔熏杀蛀道内幼虫。（2）上中旬，白小食心虫、桃蛀螟开始孵化，抓紧喷洒48%乐斯本1200倍液或虫多杀1500～2000倍液，消灭卵和初孵幼虫，防止蛀入果实，7天后再喷1次。（3）中下旬，间隔7天交替喷洒2.5%溴氰菊酯乳油（敌杀死）4000倍液或48%乐斯本1200倍液或20%高氯·毒死蜱乳油2500倍液，消灭桃小食心虫卵及初入果幼虫。（4）中旬，桃红颈天牛成虫羽化前树干涂白，防止产卵。（5）摘去卷成“饺子”状的叶片，消灭取食的梨星毛虫幼虫。（6）继续防治白粉病、干腐病，山楂叶螨、山楂绢粉蝶、黄褐天幕毛虫等。	1. 乐斯本与菊酯类可以混配使用，有提高药效作用。 2. 本月为梨冠网蝽严重危害期，若虫和成虫同时出现时，交替喷洒20%灭杀菊酯乳油（速灭杀）3000～4000倍液或50%辛硫磷乳油1000倍液。 3. 本月为棉蚜全年危害盛期，抓紧防治。

续表

月份	养护内容	注意事项
7月	1. 修剪。(1)对幼果树辅养枝进行环割，可促进花芽分化，提高坐果率。(2)对初果树，采取轻拉、坠的方法，开张主、侧枝的角度。发生偏冠或枝条出现空缺时，可将附近的密枝，通过拉、拽的方法填补空缺。(3)剪去虫枝、病枯枝。及时摘除病果、虫果，深埋。 2. 灌水、排水。本月已进入雨季，注意收听天气预报，结合追肥灌一遍水。大雨过后，要及时排除树穴内的积水。 3. 追肥。下旬花芽分化前，追施尿素 0.5kg/ 株、过磷酸钙 1.5kg/ 株，可促进果实生长，提高果实品质。 4. 病虫害防治。(1)7 ~ 8月，为斑枯病（叶斑病）发病盛期，喷洒 70% 甲基硫菌灵可湿性粉剂 1000 ~ 1500 倍液，发病较重的每隔 10 ~ 15 天喷洒 1 次，连续喷洒 2 ~ 3 次。(2)上旬喷洒虫多杀 1500 ~ 2000 倍液，杀死食心虫虫卵。(3)继续防治白粉病、黑星病、炭疽病，梨星毛虫、梨冠网蝽等。	1. 本月是苹果全爪螨、山楂叶螨、危害严重月份，也是全年防治的关键时期。 2. 6月下旬至7月上旬，桃红颈天牛成虫羽化期，可于中午成虫在树干交尾时人工捕捉。
8月	1. 修剪。(1)及时摘除树上桃小食心虫、苹小食心虫、梨小食心虫钻蛀危害的虫果、畸形果、腐烂果。捡拾落地病虫果深埋。(2)继续修剪梨小食心虫危害萎蔫枝梢。 2. 灌水。果实膨大期土壤干旱时适时灌水，有利果实发育。 3. 病虫害防治。(1)上旬苹掌舟蛾（舟形毛虫）幼虫孵化食叶危害，喷洒 75% 辛硫磷乳油 2000 倍液或 1.2% 烟参碱乳油 1000 倍液防治。(2)上旬树冠喷洒虫多杀 1500 倍液，消灭白小食心虫卵及初入果幼虫。(3)继续防治叶斑枯病。	本月仍是苹果全爪螨危害严重月份，需抓紧防治。
9月	1. 修剪。(1)继续摘拾虫果、病果、腐烂果。(2)剪去病枯枝，清离现场并及时销毁。 2. 及时刨除死株及发病严重的植株，集中销毁。 3. 灌水。进入秋季应适当控水控肥，防止徒长。 4. 病虫害防治。(1)本月为腐烂病再度发病高峰期，下旬棉蚜虫口数量有所增加，需抓紧进行防治。(2)树干捆绑草把诱集越冬成螨。	1. 进入果实着色期，应尽量不施农药。必须施药时可使用低毒、低残留、残效期短的农药。 2. 果实采摘前 20 天，禁止施用农药。

续表

月份	养护内容	注意事项
10月	1. 果实成熟，及时进行采摘。 2. 病虫害防治。继续防治干腐病。	9～10月为年内干腐病二次高发期，应抓紧防治。
11～12月	1. 浇灌封冻水。下旬土壤“夜冻日化”时，适时开穴浇灌封冻水。 2. 冬季修剪。（1）剪去结果母枝顶端的枯梢。疏除冠内枯死枝、交叉枝、重叠枝、骨干延长枝的竞争枝、冠内无用徒长枝、过密枝、短而细弱的不结果枝，嫁接砧木、根际及树干上的萌蘖枝，保持冠内通透性。（2）回缩修剪过低的下垂枝至斜上生长的强壮分枝处或以背上枝代替延长枝，以抬高大枝延伸角度。（3）幼果树或树冠扩展不大的，可通过短截主、侧枝延长枝继续扩大树冠。主枝伸展角度较小的剪口下留外向芽，以逐年开张伸展角度。（4）因其花芽为混合芽，圆而饱满，着生在结果枝顶端及其以下1～4个叶腋内，故不可对结果枝进行短截。对开花较少或有生长空间的内膛斜生枝、徒长枝等，适当进行短截培养成结果枝组。多年连续结果的母枝采取抑前促后、去弱留强的方法，进行轮流回缩复壮。（5）对树冠达到一定高度或中心主干严重偏斜的植株，可截去中心干开心落头改换成自然开心树形。（6）为防止大树内膛空秃，适当疏去外围密生大枝和竞争枝。冬剪时对剪口及伤口涂抹杀菌剂保护。 3. 结合冬季修剪进行清园。挖除病死株，锯除病株残桩。彻底清除病枝、枯枝、密集环状排列成“顶针”状的黄褐天幕毛虫带卵小枝、黄刺蛾虫茧、落叶、落地病虫果、杂草等，减少虫源、菌源。 4. 病虫害防治。（1）刮去树干翘皮，消灭在树皮裂缝下越冬的苹小食心虫、梨小食心虫、白小食心虫、桃蛀螟结茧越冬的幼虫等。用硬毛刷刷去山楂叶螨越冬成螨，棉蚜若虫等。（2）树冠喷洒5波美度石硫合剂，杀灭在树皮裂缝、翘皮下越冬的山楂叶螨雌成螨、棉蚜若虫等。	1. 封冻水要灌足灌透，有利于树体安全越冬。要求土球持水60cm。 2. 山里红发枝力强，故修剪不可过重，以免引起徒长，出现大小年结果现象。

二、杏树养护月历

月份	养护内容	注意事项
2月	1. 修剪。（1）疏去根际砧木萌蘖枝、冠内枯死枝、交叉枝、重叠枝、徒长枝、背上直立枝、过密枝，保持冠内通透性。（2）初果树，对骨干枝的延长枝进行适当短截，剪口下留饱满的外向叶芽，同时疏去其下部的竞争枝，有利扩大树冠，注意保留有生长空间长度 15cm ~ 30cm 生长充实的中果枝。（3）进入盛果期，长度 5cm ~ 15cm 的短果枝，5cm 以下的花束状结果枝坐果率高。由于枝条生长量逐年减少，结果量增加，故应适当控制结果枝的留量，对过密的结果枝，本着去弱留强的原则进行疏剪。将 5 年生以上的结果枝组，回缩至基部进行更新复壮。对于结果部位外移的结果枝，回缩至基部潜伏芽或健壮分枝处重新培养花束状结果枝。随着延长枝抽枝能力减弱，应对骨干枝、侧枝延长枝适当进行短截。（4）回缩过低的下垂枝至健壮的背上枝处。 2. 病虫害防治。（1）结合冬剪，剪除黄褐天幕毛虫密集环状排列成“顶针”状的带卵小枝，及时销毁。（2）下旬树干涂粘虫胶阻止草履蚧成虫、若虫上树危害。	1. 幼树发枝量大营养生长旺盛，故不易行重修剪，以免抽生旺长枝影响花芽分化。 2. 粘虫胶呈环状涂抹在树干基部上方 15cm ~ 20cm 处，环宽 20cm ~ 30cm。虫口密度较大时，20 天后清除粘着虫体再涂一遍。
3月	1. 浇灌返青水。下旬土壤解冻后，适时浇灌返青水。 2. 施肥。结合浇灌返青水施好芽前肥，树穴撒施尿素 0.25kg/ 株 ~ 0.5kg/ 株。 3. 病虫害防治。（1）发芽前用牛角刀刮去枝干上的胶块及病部组织，涂抹硫磺粉灭腐新黏稠悬浮液或甲托油膏原液，涂抹梧宁霉素 100 倍液再涂煤焦油保护，防治流胶病。（2）中旬，全株喷洒果园清 300 ~ 400 倍液或 45% 晶体石硫合剂 40 倍 + 助杀 1000 倍液，消灭越冬害虫及病菌。（3）下旬刮除腐烂病坏死组织，涂抹 50 倍液腐皮消防治。	不可过量施用尿素，以免造成枝条徒长，诱发腐烂病。

续表

月份	养护内容	注意事项
4月	1. 修剪。（1）及时剪去根际砧木萌蘖枝，抹去剪口、截口处、背上无生长空间的直立蘖芽。（2）落花后10～15天，待第一次生理落果后，对坐果较多的树进行初次疏果，疏去过密、瘦小果实。 2. 灌水。（1）杏树开花量大但易落花、落果，坐果率不高，故在开花期尽量减少灌水，以减少落花。（2）盛花期喷洒清水保持雌蕊柱头湿润，可提高坐果率。 3. 施肥。（1）花期叶面喷洒0.3％硼砂+0.3％尿素+0.3％硫酸钾+1％过磷酸钙混合液，提高坐果率。（2）落花后叶面喷洒0.3％尿素+0.3％磷酸二氢钾溶液，有利于果实发育。 4. 病虫害防治。（1）开花前后，地面撒施25％辛硫磷微胶囊剂或48％乐斯本乳油300～500倍液，浅锄或翻入地下6cm，防治金龟子类及杏仁蜂越冬代成虫。（2）落花后10天，喷洒70％代森锰锌可湿性粉剂800倍液或50％福美双可湿性粉剂500倍液，10天喷洒1次，连续2～3次，防治细菌性穿孔病、褐腐病、灰霉病等。（3）落花后立即喷洒2.5％高渗吡虫啉乳油2000倍液或30％啶虫脒乳油8000倍+助杀1000倍液，防治各类蚜虫。（4）下旬，黄褐天幕毛虫幼虫开始孵化，剪除虫网消灭初孵幼虫。喷洒4.5％高效氯氰菊酯乳油1500～2000倍液或1.2％烟参碱乳油1000倍液或Bt乳剂500倍液，消灭分散取食的大龄幼虫。（5）山楂叶螨、二斑叶螨上芽危害，及时喷洒1.8％阿维菌素乳油3000倍液或20％三氯杀螨砜可湿性粉剂800倍液防治。（6）梨冠网蝽若虫开始刺吸危害，叶面出现苍白色斑点，及时喷洒2.5％溴氰菊酯乳油（敌杀死）2000～2500倍液或10％吡虫啉可湿性粉剂2000～3000倍液。（7）果实长至黄豆粒大小时，树干喷洒20％甲氰菊酯乳油（灭扫利）1800倍液或2.5％三氟氯氰菊酯乳油（功夫小子）4000倍液，防治多毛小蠹。	1. 花芽露红时，是防治蚜虫最有效时期，往往一次喷淋式用药可管一年。 2. 花期尽量不喷药，生长期不喷洒波尔多液，以免造成药害。 3. 疏果不可一次到位，以免遭遇灾害性天气或病虫危害导致减产。 4. 梨冠网蝽若虫、叶螨，均集中叶背刺吸危害，故喷药时以叶背为重点。 5. 多毛小蠹危害树干往往不易被发现，但有白色胶体溢出，严重时叶片变小，发黄，果实品质下降，必须抓紧防治。 6. 防治蚜虫时，混入菊酯类杀虫剂兼治卷叶蛾、螨类、杏仁蜂等。

续表

月份	养护内容	注意事项
5月	1. 修剪。(1)及时疏除树冠外围先端的旺长枝，防止内膛空秃，待主侧枝延长枝长至40cm左右进行摘心。(2)疏果15天后，本着幼果树少留，弱树少留原则进行定果，一般宜间距5cm ~ 8cm保留1个果。(3)及时摘除病果、虫果，捡拾落地病虫果深埋。 2. 中耕锄草。清除树穴周围的杂草。 3. 灌水。果实硬核期要保证水分供应，土壤干旱时应适时灌水，有利于果实发育。 4. 施肥。果实硬核期结合灌水树穴环状撒施尿素，每株100kg ~ 250kg。 5. 病虫害防治。(1)上旬杏仁蜂成虫开始羽化，在翌年危害严重的地区喷洒4.5%高效溴氰菊酯乳油2000 ~ 2500倍液，隔7天后再喷一次。(2)蚧虫若虫孵化后，及时喷洒48%乐斯本1000 ~ 1500倍液或20%甲氰菊酯乳油（灭扫利）3000倍液防治。(3)桃蛀螟成虫产卵期及幼虫孵化期，果面各喷洒50%杀螟松1000 ~ 1500倍液或48%乐斯本1200倍液。(4)喷洒80%大生M－45可湿性粉剂800倍液或70%品润800 ~ 1000倍液，预防疮痂病（黑星病）。(5)中下旬，杏象鼻虫产卵期喷洒90%敌百虫晶体800倍液，防止蛀果危害。(6)继续防治叶螨、蚜虫、梨冠网蝽、黄褐天幕毛虫、流胶病、腐烂病等。	1. 因果实受疮痂病病菌侵染，经60天左右潜育期才表现出病症，发现病果后再喷药已不起作用，故应在侵染初期抓紧喷药预防。 2. 本月是防治蚧虫的关键时期，若虫扩散危害时抓紧喷药防治。 3. 5 ~ 7月为流胶病发病高峰期，喷洒菌立灭1200倍液，每10天一次，连续2 ~ 3次预防该病发生。 4. 5 ~ 6月是疮痂病重点侵染期，需抓紧喷药防治。
6月	1. 修剪。(1)及时摘掉树上杏疔病、疮痂病、褐腐病、疫腐病等危害的烂果，龟裂或变形的畸形果，杏仁蜂、桃小食心虫、桃蛀螟钻蛀危害的虫果，集中深埋。(2)剪去叶片变黄增厚向下卷曲，节间变短，聚集成束的病枝，防止杏疔病病菌继续扩展侵染。(3)采果后，通过修剪抑制背上旺长枝、竞争枝、徒长枝的生长势。营养枝新梢长至30cm以上时进行摘心，促生分枝，将其培养成结果枝组。 2. 施肥。采果后，树穴追施磷酸二铵0.5kg/株，补充消耗养分，有利于花芽分化。 3. 杂草旺盛生长期，及时拔除杂草。	1. 疮痂病初期症状不明显，要仔细观察，在果面顶部有暗绿色圆斑，后期病部木栓化，果实龟裂或畸形。 2. 双齿绿刺蛾、梨剑纹夜蛾初孵幼虫，在叶背群集取食，应重点喷洒叶背。

续表

月份	养护内容	注意事项
6月	4. 病虫害防治。(1) 清除排粪孔的粪便、木屑，由排粪孔注入50%辛硫磷乳油50倍液或50%杀螟松乳油200倍液，用泥封堵排粪孔熏杀蛀道内桃红颈天牛幼虫。下旬桃红颈天牛成虫羽化前树干涂白，防止成虫产卵。(2) 喷洒1.2%烟参碱乳油1000倍液或Bt乳剂500倍液，灭杀双齿绿刺蛾幼虫。(3) 本月为梨冠网蝽严重危害期，若虫和成虫同时出现，用20%杀灭菊酯乳油（速灭杀丁）3000～4000倍液或50%辛硫磷乳油1000倍液，交替喷雾。(4) 喷洒1.2%烟参碱乳油1000倍液或Bt乳剂500倍液，防治梨剑纹夜蛾初孵幼虫。(5) 上旬喷洒80%大生M－45可湿性粉剂800倍液或70%品润800～1000倍液，预防疫腐病、疮痂病危害果实。	3. 流胶病发病严重的植株，可在树干1m处挖深30cm坑穴，灌入硫酸铜水溶液（硫酸铜100g/株，加水20kg充分溶解）。每月一次，连续2～3次。 4. 多雨潮湿天气，应适当增加防治褐腐病喷药次数。
7月	1. 修剪。(1) 待二次枝长至20cm时再次进行摘心。(2) 及时剪去变黄或枝叶干缩的杏疔病病枝。 2. 杂草旺盛生长期，及时进行中耕锄草。 3. 病虫害防治。(1) 上旬，桃红颈天牛成虫开始羽化，人工捕捉成虫。(2) 中旬，枝干喷洒40%速扑杀乳油1500倍液或25%溴氰菊酯乳油（敌杀死）2000倍液，防治梨圆蚧。(3) 继续防治双齿绿刺蛾、梨冠网蝽、山楂叶螨、二斑叶螨等。	1. 抓住桃红颈天牛成虫上树补充营养，中午爬到树干基部栖息的有利时机，进行人工捕杀。 2. 7～8月仍是叶螨危害高峰期，注意抓紧防治。
8月	1. 修剪。8月中旬，对辅养枝进行最后一次摘心。 2. 灌水、排水。进入雨季不旱不灌水，大雨过后，绿地、树穴及时排水，防止根系腐烂。 3. 病虫害防治。(1) 下旬树冠喷洒75%辛硫磷乳油2000倍液，防治群集危害的苹掌舟蛾（舟形毛虫）。(2) 继续防治山楂叶螨、二斑叶螨、梨冠网蝽、舟形毛虫、流胶病。	8～9月为侵染性流胶病又一发病高峰期，要注意防治。
9月	1. 施肥。下旬环状秋施基肥，将腐熟有机肥50kg/株～100 kg/株，掺入磷酸二铵1kg～2kg，与栽植土充分混合后施入。 2. 病虫害防治。(1) 树干绑扎草把，诱集越冬叶螨成螨，下树越冬的害虫幼虫。(2) 继续防治梨冠网蝽、美国白蛾、流胶病。	有机肥中往往存有害虫幼虫、蛹或虫卵及病菌，直接施用会给植物造成严重伤害。因此未经腐熟的有机肥不得使用。

续表

月份	养护内容	注意事项
10月	1. 施肥。9月份未能施肥的，可在本月上旬环施秋肥。 2. 病虫害防治。用木棍刮除枝干上结蜡蚧虫虫体，也可用木板拍击虫体，然后喷洒5波美度石硫合剂防治。	防治蚧虫要彻底。
11～12月	1. 浇灌封冻水。下旬，土壤“夜冻日化”时，适时开穴浇灌封冻水，待地表水渗下后，当年秋植树树穴需培土防寒。 2. 病虫害防治。落叶后，树冠均匀喷洒5波美度石硫合剂，进行树干涂白。 3. 进行彻底清园。黑斑病、炭疽病、褐腐病、灰霉病菌及杏仁蜂等钻蛀害虫，在落叶、落地病虫果或挂树僵果上越冬，清除园内枯枝落叶、树上僵果、落地果，消灭越冬幼虫和菌源。	1. 涂白必须使用按一定比例配制的涂白剂，不可用白灰稀释后直接涂干。 2. 挂在树上的病叶丛小枝，是翌年杏疔病主要初侵染源，剪除后可减少来年病害发生。

三、石榴养护月历

月份	养护内容	注意事项
1月	病虫害防治。(1)下旬，在树干基部上方15cm～20cm处，涂抹6%吡虫啉10倍液药环，环宽20cm～30cm，阻杀草履蚧上树若虫。(2)及时喷洒2.5%溴氰菊酯乳油(敌杀死)1000倍液或20%灭多威1 500倍液或蚧螨灵乳油100倍液，每隔7天树干喷洒1次，连续2次～3次，毒杀草履蚧上树若虫。	加强检查巡视，及时防治草履蚧上树若虫。
2月	1. 苗木修剪。(1)剪去病虫枝，疏去冠内的徒长枝、枯死枝、背上直立旺长枝、过密枝、横生枝，保证冠内枝条分布均匀，内膛通风透光。但不可修剪过重，不得短截结果母枝。(2)单干石榴，疏去树干基部的萌蘖枝。丛生石榴，除选留方向适宜的基部健壮萌蘖枝作填补空缺或更新老枝培养外，其余的全部疏除。(3)对过低的下垂枝进行回缩修剪。 2. 浇灌返青水。中下旬及时开穴浇灌返青水。	1. 返青水必须灌透，土壤持水50cm。 2. 药液必须喷洒到位，不可有漏喷。

续表

月份	养护内容	注意事项
2月	3. 病虫害防治。(1) 刨除病死株集中销毁，减少污染源。(2) 结合修剪，摘去枝上的黄刺蛾、樗蚕蛾虫茧、大蓑蛾袋囊。(3) 下旬撤去树干上绑扎草把、缠干草绳集中销毁，消灭其上的虫卵、虫蛹等。(4) 早春刮去树干上的翘皮、病皮，喷洒5波美度石硫合剂，预防干腐病发生，杀灭在翘皮下越冬的桃蛀螟老熟幼虫和石榴绒蚧若虫等。	
3月	1. 苗木修剪。(1) 萌芽后，及时抹去主干基部及剪口处无用的蘖芽。疏除病枯枝、根际及主干上的萌蘖枝、主枝上的直立徒长枝。(2) 对生长过旺结果稀少的植株，可在萌芽期进行局部断根处理。开穴用锋利铁锨铲断2 ~ 3条3cm ~ 5cm的粗根，树穴晾晒半天至1天后，回填有机肥土。 2. 病虫害防治。(1) 上旬石榴萌芽前，喷洒10%吡虫啉可湿性粉剂3000倍液或蚜虱立毙2000倍液或90%灭多威可湿性粉剂3500倍液，消灭在芽鳞处越冬的棉蚜若虫。(2) 中下旬，石榴绒蚧越冬若虫出蛰危害，及时喷洒40%速扑杀乳油1500倍液或0.9%阿维菌素乳油4000倍液防治。	萌蘖枝木质化后，不可用手掰除，必须使用枝剪进行疏剪。
4月	1. 苗木修剪。(1) 花萼筒下端瘦尖形似喇叭的为退化的花蕾与花，此类花蕾与花均不能结实，应及时用手掐掉，保留花萼筒下端圆钝的花蕾与花。(2) 欲提高坐果率，上中旬可行环状剥皮，剥皮宽度不得超过干径或枝径的1/10，伤口处喷洒杀菌剂保护。 2. 追肥。(1) 花前追施尿素200g/株，磷酸二铵250g/株。(2) 花期喷洒0.1%硼砂水溶液，可减少落花、落果。(3) 选晴天上午8 ~ 10点时，叶面、花蕾、幼果上均匀喷洒0.5%尿素、0.3%磷酸二氢钾、0.3%硼酸等叶肥，几种肥液可单独使用也可混合使用。7 ~ 10天喷洒1次，以提高坐果率。 3. 灌水。花期土壤过于干旱易造成落蕾、落花，应适时灌水，锄划松土保持土壤湿润，但忌积水和灌水过勤。	1. 不可偏施氮素化肥，防止枝条徒长。 2. 叶面追肥时要求雾化程度高。

续表

月份	养护内容	注意事项
4月	4. 病虫害防治。(1) 中下旬桃小食心虫越冬幼虫出土期，树穴 1m 范围内洒施 32% 辛硫磷微胶囊 0.5g/ 亩，翻入土中 6cm，或喷洒对硫磷乳油 100 倍液，消灭越冬幼虫控制后期上树蛀果危害。(2) 干腐病产生分生孢子进行初侵染，开花前、后各喷洒一次 160 ~ 180 倍石灰等量式波尔多液，保护新梢和花果防止腐烂。(3) 开花前喷一次 10% 苯醚甲环唑水分散性颗粒剂 3000 倍液，防治干腐病兼治麻皮病。(4) 喷洒 20% 多菌灵 500 倍液，预防黑斑病（角斑病）发生。	
5月	1. 修剪。(1) 因石榴花期长，花蕾陆续生成，可持续 2 ~ 3 个月，因此疏蕾、疏花要反复多次进行。幼果座好后先疏去病虫果，本着早期花果尽量留，中期花果选择留，晚期花果插空留的原则进行疏果。中旬以后长出的花蕾，一般很难发育成优质果且消耗养分，故应将 6 月 20 日以后座的果全部疏除。(2) 当双果或丛生果过多时，疏去瘦小果实，只保留 1 个顶端发育充实的果。若整株坐果不多时，可保留丛生果 2 ~ 3 个。(3) 紧贴叶片下的果实易发病，坐果后要及时摘掉紧贴果实的叶片，以减少病害发生。(4) 盛花时，对旺长枝及时进行摘心，控制徒长以利保花保果。 2. 灌水。坐果后土壤过于干旱时，要及时补水，促进果实生长发育。灌水后，树穴及时进行划锄，保持土壤湿润。 3. 追肥。花期继续喷洒叶面肥。 4. 病虫害防治。(1) 5 ~ 8 月，喷洒 160 倍石灰等量式波尔多液或 70% 代森锰锌可湿性粉剂 400 倍液，每 20 天一次，预防干腐病发生。(2) 下旬，黄刺蛾 1 代幼虫开始危害，喷洒 1.2% 烟参碱乳油 1000 倍液或 2.5% 溴氰菊酯乳油（敌杀死）4000 倍液或 90% 晶体敌百虫 1000 倍液防治。(3) 喷洒 50% 杀螟松乳油 1000 倍液或 1.2% 烟参碱乳油 1000 倍液，防治石榴巾夜蛾幼虫。(4) 石榴绒蚧若虫孵化期，喷洒 40% 速扑杀乳油 1500 倍液或 2.5% 溴氰菊酯乳油（敌杀死）2000 倍液防治。(5) 坐果后 20 天进行套袋，套袋前喷洒 25% 灭幼脲 3 号 2 000 倍液，混入 80% 代	1. 防治黄刺蛾，重点喷洒叶背。 2. 防治桃蛀螟蛀果危害时，果面喷药应重点喷萼筒内。

续表

月份	养护内容	注意事项
5月	森锰锌 800 倍液，可有效防止发病和桃蛀螟等钻蛀果实危害。不套袋的果面可喷洒 2.5%高效氯氰菊酯乳油 2000 倍液或喷洒 48%乐斯本乳油 1200 倍液或 50%杀螟松 1000 倍液。也可用 90%辛硫磷 100 倍药泥堵塞萼筒，控制第一代幼虫蛀果危害。（6）樗蚕蛾幼虫危害期，喷洒 90%敌百虫 1500 倍液或 1.2%烟参碱乳油 1000 倍液，人工捕捉幼虫。（7）花期及时喷洒 75%百菌清可湿性粉剂 800 倍液或 70%代森锰锌可湿性粉剂 400 ~ 600 倍液，每 10 天一次，连续 2 ~ 3 次，预防太阳果病发生。（8）落花后再喷一次 10%苯醚甲环唑水分散性颗粒剂 3000 倍液，防治麻皮病。	
6月	1. 修剪。（1）疏除根际无用的萌蘖枝，冠内直立的徒长枝。（2）坐果后及时摘除桃小食心虫、桃蛀螟钻蛀的虫果、病果、僵果、烂果，捡拾落地病果、虫果集中深埋。 2. 灌水。进入雨季，注意收听天气预报，大雨过后应及时排涝。土壤干旱且近期无有效降雨时，可于上午 10 时前或傍晚灌水，及时锄地松土保持穴土湿润。 3. 中耕锄草。清除树穴杂草，穴土每月划锄 2 次，可使果皮色泽更加好看。 4. 病虫害防治。（1）上中旬为日本龟蜡蚧孵化盛期，可喷洒 1.8%阿维菌素乳油 2000 倍液或 40%速蚧克乳油 1000 倍液防治。（2）每 10 ~ 15 天喷洒 1 次 160 倍石灰等量式波尔多液，预防干腐病。（3）干腐病发病初期，用利刀刮除树干上的褐色病斑，将刮下的病皮集中清理并深埋。刮除病斑处涂抹腐皮消 50 ~ 100 倍液或 10 波美度石硫合剂或 70%甲基硫菌灵 100 倍液，每 7 天一次，连续 2 次 ~ 3 次。发病严重时，可同时喷洒 40%福美砷可湿性超强粉剂 600 ~ 800 倍液或 50%多菌灵 500 倍液。药剂交替使用，每 10 天一次，连续 3 ~ 4 次，控制该病继续扩展蔓延。（4）咖啡木蠹蛾危害枝梢造成枯死，及时剪去枯死梢，消灭钻蛀幼虫。（5）继续防治棉蚜、石榴绒蚧若虫。	1. 防治日本龟蜡蚧喷药前，先用木棍刮一遍。药液中混加 0.1% ~ 0.2%中性洗衣粉，可提高杀虫效果。 2. 为桃蛀螟二代幼虫危害盛期，需抓紧防治。 3. 继续防治麻皮病、太阳果病，可每 10 ~ 15 天喷药一次，至果实成熟。

续表

月份	养护内容	注意事项
7月	1. 修剪。（1）疏除主干、主枝上的直立徒长枝，根际无用萌蘖枝。（2）及时摘除病果、虫果、裂果，集中深埋。 2. 灌水、排水。（1）临近果实成熟前1个月左右，只要土壤不是过于干旱尽量不灌水。过于干旱时可适当浇灌小水，灌水过多易造成大量裂果。（2）果实迅速膨大期，大雨过后应注意排涝，防止裂果发生。 3. 追肥。选择无风天气下午5点，树体喷洒0.3%尿素，每周一次，连喷3次，防止裂果现象发生。 4. 病虫害防治。（1）在多雨、高温、高湿季节，干腐病分生孢子和分生孢子器侵染果实，导致整个果实霉烂。可交替喷洒50%甲基硫菌灵可湿性粉剂8000 ~ 10000倍液或10%苯醚甲环唑水分散性颗粒剂3000倍液防治，每10 ~ 15天喷洒一次直至果实成熟。（2）树干绑扎草把，诱集康氏粉蚧雌成虫在上产卵。（3）继续防治石榴绒蚧幼虫。	土壤不旱不得灌水，果实成熟前灌大水，是造成裂果的主要原因。
8月	1. 灌水。已进入秋季，应适当减少灌水量，促进枝条木质化，提高抗寒能力有利于安全越冬。 2. 果实成熟，适时进行采摘。 3. 病虫害防治。（1）利用树干上绑扎的草把，诱集桃蛀螟化蛹幼虫和虫蛹。（2）继续防治石榴绒蚧、樗蚕蛾二代幼虫。	果实采摘前半个月，应保持穴土干燥，防止后期裂果发生。
9月	1. 施肥。采果后至10月下旬以前，结合秋施基肥，对衰老大树进行局部断根。在树冠外围挖掘深50cm ~ 80cm的平行沟或环状沟，切断部分细根，施入充分腐熟的有机肥，促进新生根的生长，有利于根系扩展。 2. 病虫害防治。（1）本月为咖啡木蠹蛾二代幼虫孵化盛期，应抓紧防治。（2）人工捕捉樗蚕蛾大龄幼虫。	避免进行冬季施肥，以免石榴发生冻害。
10 ~ 12月	1. 浇灌封冻水。下旬，待土壤“夜冻日化”时，适时开穴浇灌封冻水。 2. 修剪。北方地区冬春寒冷多大风，春季易发生冻害或抽条现象，故不易在冬季进行修剪。	1. 封冻水必须灌足、灌透。 2. 草绳要缠至树干基部。

续表

月份	养护内容	注意事项
10～12月	3. 进行彻底清园。及时清除杂草、枯枝落叶、落地病虫果，摘去树枝上的僵果、樗蚕蛾虫茧，集中深埋。全园喷洒福永康800～1000倍液或果园清300倍液，消灭在病株残体越冬病菌，减少来年麻皮病、太阳果病、褐斑病等病害的发生。 4. 病虫害防治。全株喷洒5波美度石硫合剂，树干进行涂白。 5. 防寒。（1）石榴耐寒性稍差，当年新植苗木及耐寒性稍差的品种，大寒之年易发生冻害现象，在树干喷洒5波美度石硫合剂或树干涂白后，用草绳自基部缠干，外裹保温膜保护越冬。（2）浇灌封冻水2天后封堰培土防寒。	3. 加强巡视，发现缠干草绳脱落的，要及时进行修补。

四、柿树养护月历

月份	养护内容	注意事项
1月	上旬，环绕树干缠一条宽20cm的塑料布，塑料布的上下两端用泥封严，用等量机油和黄油混合均匀涂抹在塑料布上，阻杀上树的草履蚧成虫、若虫，一个月后再涂刷一遍。	因嫁接砧木君迁子翘皮难刮，故不采用刮皮法。
2月	1. 浇灌返青水。土壤解冻后，及时开穴浇灌返青水，土壤持水深度宜在60cm以上。 2. 施肥。秋季未施基肥的可在萌芽前施入。 3. 病虫害防治。发芽前，树干喷淋式喷洒1∶5∶400倍波尔多液或5波美度石硫合剂或45%晶体石硫合剂40倍液，预防黑星病、炭疽病等，消灭柿绒蚧在树皮裂缝下的越冬若虫。	石硫合剂必须喷洒到位。
3月	1. 修剪。（1）中旬，及时抹去树干基部及树干上的蘖芽，疏去枯死枝、直立徒长枝。（2）残留在树上的病柿蒂，是角斑病、黑星病初侵染源，结合修剪全部摘除。	防治柿绵粉蚧、柿绒蚧时，药液中混入含油量1%的柴油乳剂，可起到明显的增效作用。

续表

月份	养护内容	注意事项
3月	2. 病虫害防治。(1) 上旬树干上涂抹黏稠药泥，毒杀在翘皮缝里越冬的柿蒂虫幼虫、柿绒蚧越冬若虫等。(2) 4月中旬柿树萌芽时，柿绵粉蚧越冬若虫取食危害，中旬柿绒蚧越冬若虫开始活动，及时喷淋式喷洒50%乙酰甲胺磷1500倍液，或40%氧化乐果1000倍液防治，重点喷洒嫩枝、叶柄、叶背。	
4月	1. 修剪。(1) 大小年现象明显的，可在大年结果枝显蕾后，对部分结果母枝进行短截，剪去枝端2～3芽，促使下部萌发新枝下年结果。(2) 待生长健壮，有生长空间的斜生枝长至20cm～30cm时进行摘心，将其培养成结果母枝。(3) 下旬抹去树干基部及树干上的萌蘖枝，待萌蘖枝半木质化时，必须使用枝剪进行疏剪。(4) 下旬，可对成年柿树进行环状剥皮。 2. 追肥。花前(上旬)树冠喷洒0.3%尿素液肥+0.1%～0.3%硼酸，可有效提高坐果率。 3. 病虫害防治。(1) 中旬，柿蒂虫成虫羽化盛期，喷洒40%氧化乐果乳油800倍～1000倍液防治。下旬，柿蒂虫幼虫孵化期，喷洒2.5%灭扫利2500倍液，或20%速灭杀丁6000倍液，或10%多来宝悬浮剂1000～2000倍液，每10天一次，连续2～3次。(2) 舞毒蛾幼虫危害期，喷洒50%辛硫磷乳油1000倍液防治。(3) 柿绒蚧越冬若虫未形成蜡壳前，抓紧喷药防治。继续防治柿绵粉蚧。	1. 追肥不宜过量，以免造成落花、落果。 2. 柿蒂虫幼虫由果蒂基部蛀入幼果，受害果实变为灰褐色，干枯。喷药时重点喷洒柿蒂部位。
5月	1. 修剪。(1) 下旬，待生理性落果后，对涩柿进行疏果。疏去5片叶以下枝条上的果、结果枝基部及枝梢上的幼果。中旬前后，对甜柿进行疏果。(2) 连蒂摘去树上的“黑柿”，捡拾落地柿果深埋或销毁，消灭钻蛀柿果内的柿蒂虫幼虫。	1. 柿圆斑病也称柿子烘。一般多于6月中旬侵染危害，但潜育期长，在8月下旬才开始表现出症状。病叶变红脱落，果实变红、变软坠地。待病症显现后再喷药时，已失去作用，故侵染期要抓紧防治。

续表

月份	养护内容	注意事项
5月	2. 中耕锄草。杂草旺盛生长期，及时拔除周边的杂草，每月2次。灌水及雨后进行划锄，近树干处浅锄，外围深锄，防止土壤板结，提高土壤透气性。 3. 追肥。（1）花后（上旬）追施0.2%～0.3%磷酸二氢钾+0.3%尿素叶面肥，减少落果。（2）正值旺盛生长期，在树冠垂直投影外侧挖环形沟，施入尿素4kg/株，氯化钾3kg/株～4kg/株，过磷酸钙4kg/株，施肥后及时灌水。 4. 病虫害防治。（1）谢花后20天，树冠均匀喷洒1：5：400倍波尔多液或75%甲基硫菌灵1000倍液或65%代森锌可湿性粉剂500倍液，预防柿圆斑病、炭疽病、黑星病，前一年发病较重的植株，间隔10天再喷一次药。（2）本月为柿绵粉蚧、柿绒蚧若虫孵化盛期，及时喷洒40%乐斯本乳油1000倍液+0.1%助杀或40%速扑杀乳油1000倍液防治。重点喷洒嫩梢、叶背，坐果后重点喷洒果实下部及与柿蒂相结合的缝隙处。（3）中下旬，柿星尺蛾幼虫开始孵化，喷洒Bt乳剂500～600倍液或1.2%烟参碱乳油1000倍液防治。	2. 炭疽病危害果实，于下旬开始发病，抓紧防治。
6月	1. 修剪。（1）剪去枯死枝，消灭六星黑点豹蠹蛾钻蛀幼虫。（2）摘除树上的炭疽病病柿、虫柿、残留柿蒂，及时深埋。 2. 灌水、排水。柿树耐干旱，但盛夏久旱不雨及雨后土壤过湿，均会造成生理性落果。因此在幼果期，土壤过于干旱时适时灌水。大雨过后及时排涝，锄地松土防止土壤过湿。 3. 追肥。上旬，果实生长高峰期，树冠及时喷洒0.2%～0.3%磷酸二氢钾+0.3%～0.5%尿素肥液，促进果实生长发育。 4. 病虫害防治。（1）下旬，炭疽病危害的病果开始脱落，及时捡拾并深埋。（2）继续防治柿蒂虫、柿星尺蛾、柿绵粉蚧、柿绒蚧，炭疽病、角斑病、圆斑病等。	1. 下旬，第二代柿蒂虫幼虫危害期，摘除被害果柄、果蒂，消灭钻蛀幼虫。 2. 杀虫、杀菌剂要交替使用，防止病虫产生抗药性。

续表

月份	养护内容	注意事项
7月	1. 修剪。（1）剪去枯死枝，消灭六星黑点豹蠹蛾钻蛀幼虫。（2）及时剪去丛枝病病枝，剪口涂抹1 ：9土霉素保护。 2. 追肥。果实膨大期增施壮果肥，树冠喷洒0.2%～0.3%磷酸二氢钾＋0.3%～0.5%尿素液肥。 3. 病虫害防治。（1）适时喷药防治柿蒂虫，连蒂摘除柿蒂虫危害的“柿烘”，消灭钻蛀幼虫。捡拾炭疽病危害的落地病果，深埋。（2）继续防治柿星尺蛾、柿绵粉蚧、柿绒蚧，炭疽病等。（3）圆斑病危害病株开始大量落叶，清扫落地病叶、病果，深埋或销毁，减少来年圆斑病及角斑病等病害污染源。（4）树干捆扎草把，诱集柿蒂虫下树越冬的幼虫。	柿蒂虫第二代幼虫开始危害。第三代柿绒蚧若虫孵化盛期，注意防治。
8月	1. 修剪。（1）剪去枯死枝，消灭六星黑点豹蠹蛾钻蛀幼虫。（2）继续摘除树上的“柿烘”。 2. 追肥。下旬果实着色期，树冠喷洒0.2%～0.3%磷钾肥＋0.3%尿素液肥。 3. 病虫害防治。（1）捡拾炭疽病、圆斑病危害的落地病果，深埋。（2）继续防治柿绵粉蚧、柿绒蚧。	中下旬，为第四代柿绒蚧若虫孵化盛期。
9月	1. 施肥。采果前后，树冠下撒施腐熟有机肥15kg/株～20kg/株，加入硫酸铵0.2kg/株，外围处深翻20cm。施肥后灌一遍水。 2. 病虫害防治。（1）继续捡拾炭疽病、圆斑病、柿蒂虫危害的落地病果、虫果，深埋。（2）继续防治柿绒蚧、柿绵粉蚧。	病柿蒂是柿角斑病、黑星病来年的初侵染源，应及时将残留的柿蒂摘去。
10～12月	1. 修剪。（1）疏去嫁接口以下砧木萌蘖枝，内膛枯死枝、交叉枝、重叠枝、过密枝、细弱枝、没有生长空间的直立旺长枝。对有生长空间的直立旺长枝短截1/2～1/3，促生分枝，培养成结果枝组。（2）回缩下垂枝，抬高枝条伸展角度。	石硫合剂要喷洒均匀，特别是粗皮缝隙，一定喷洒到位。

续表

月份	养护内容	注意事项
10～12月	（3）剪去“鸡爪子”状丛枝病病枝，剪口涂抹0.1％盐酸四环素液消毒处理。（4）对生长过高、过长的老枝逐年进行回缩修剪，用下部向外斜上生长的枝代替原头。光秃带较长结果部位严重外移的骨干枝，及时进行回缩促使下部分生健壮枝，培养内膛结果枝防止结果部位外移。（5）柿树多在健壮枝上结果，疏枝时应去弱留壮，对结果后不能在当年发育成结果母枝的，可留基2～3芽短截，使其下年结果以克服大小年现象。连续结果能力强的品种，可对其结果母枝缓放。 2. 清园。彻底清理园内落叶、病果、挂树残留柿蒂，集中深埋。消灭来年蚧虫、柿蒂虫虫源，黑星病、角斑病、圆斑病、炭疽病初侵染源。 3. 浇灌封冻水。下旬“夜冻日消”时适时开穴浇灌封冻水，此水要灌足浇透。 4. 病虫害防治。（1）落叶后及时喷洒5波美度石硫合剂。（2）解下树干上捆扎的草把，集中销毁。	石硫合剂要喷洒均匀，特别是粗皮缝隙，一定喷洒到位。

五、枣树养护月历

月份	养护内容	注意事项
2月	树下铺彩条布，用利刀刮去大树主干和骨干枝上的老粗皮，刮皮时不可过深也不可过浅，以露出黄白色或粉红色嫩皮为宜。刮皮后树干涂白，消灭在树皮缝隙中越冬的枣粘虫、红蜘蛛等害虫。	将刮下的老皮集中深埋。

续表

月份	养护内容	注意事项
3月	1. 修剪。枣树发芽晚，为防止早春干旱多风天气剪口失水，冬季修剪可在中旬萌芽前20天完成。按照原有树形进行整形修剪，疏去根际及主干上的萌蘖枝、冠内病枯枝、交叉枝、重叠枝、并生枝、直立旺长枝、过密枝，折损枝，保持树冠整齐，通透。 2. 病虫害防治。（1）刨除患丛枝病病株，防止继续传播蔓延。（2）刮除枝干上龟蜡蚧越冬雌成虫，将刮下的蚧虫残体集中销毁。（3）全株仔细喷洒5波美度石硫合剂，消灭部分越冬的病菌及害虫，减少来年病虫害发生。（4）结合修剪，摘去枝上黄刺蛾、樗蚕蛾虫茧。	刨除患丛枝病病株时，必须将大根一起刨净，彻底清除病源。
4月	1. 灌水。萌芽前结合施肥对土壤进行深翻，灌一遍水以补充萌芽、展叶所需水分、养分。 2. 施肥。秋季未施肥的，可于3月下旬至4月上旬施入腐熟有机肥5kg/株～10kg/株，过磷酸钙1.0kg/株～2.0kg/株，尿素0.4kg/株～0.6kg/株。 3. 病虫害防治。（1）上旬，枣芽开放前，树穴周围用50%辛硫磷乳油200倍液或48%毒死蜱乳油800倍液喷湿地面，杀死隆背花薪甲（枣皮薪甲）、枣瘿纹、绿盲蝽等虫卵及越冬出土的成、幼虫。下旬防治枣飞象。（2）在树干半径100cm范围内的地面覆盖地膜，可控制桃小食心虫、枣瘿纹等越冬幼虫出土化蛹，枣尺蛾成虫羽化，绿盲蝽幼虫孵化。（3）发芽后及时喷洒2.5%溴氰菊酯乳油（敌杀死）5000倍液或50%辛硫磷乳油1000倍液或10%吡虫啉可湿性粉剂2000倍、3000倍液或20%杀灭菊酯（速灭杀丁）2000～3000倍液，每10天一次，连续2～3次，预防和防治枣瘿纹、枣尺蛾（顶门吃）、绿盲蝽、隆背花薪甲等害虫。	1. 翻土深度30cm～40cm，近树干处应略浅些。 2. 防治枣尺蛾和枣瘿纹时，重点喷洒枣股处，可杀死群集危害的初孵幼虫。 3. 枣尺蛾发生严重时，可喷洒枣虫快毙1200倍液＋4.5%高效氯氰菊酯乳油1000倍液。

续表

月份	养护内容	注意事项
5月	1. 修剪。(1)发芽后，抹去枝干上、剪口处无用的蘖芽。(2)疏去根际及主干上的萌蘖枝、树冠内萌生的过密枝、直立徒长枝，减少无用枝的养分消耗，保持冠内通风透光。(3)剪去枯死枝梢，消灭钻蛀危害的六星黑点豹蠹蛾、枣豹蠹蛾幼虫。(4)对幼龄树开张角度较小的直立大枝，可于上旬展叶时进行拉枝，以开张大枝角度。拉拽时不可过于用力，防止大枝劈裂。 2. 中耕锄草。杂草旺盛生长期，及时拔除树穴及周边杂草。 3. 病虫害防治。(1)上旬患病植株树干滴注枣树"去疯1号"，可使丛枝病病情得以有效控制。(2)上旬，树上、树下一起喷洒2.5%溴氰菊酯乳油(敌杀死)3000倍液或10%联苯菊酯乳油(天王星)5000倍液，防治隆背花薪甲，减少落花、落蕾。(3)上旬喷洒2.5%联苯菊酯乳油1000～1500倍液、苏云金杆菌200～400倍液。开花前喷洒罗克+绵贝兑300kg水+金绿洲兑100 kg水+吡虫啉兑300kg水，防治枣尺蛾、绿盲蝽。	1. 枣尺蛾又名枣步曲，危害枣芽、叶片、花蕾，严重时可将叶片吃光，应抓紧防治。 2. 防治隆背花薪甲时，重点喷洒花蕾、花、嫩芽。
6月	1. 修剪。(1)继续修剪枯死枝梢，消灭枣豹蠹蛾钻蛀幼虫。(2)对生长空间较大，留作培养大型结果枝组的枣头，待长到有6个二次枝，二次枝长出6片叶时分别进行摘心。生长空间较小，欲培养成小型结果枝组的枣头，待长至3～5个二次枝进行摘心，二次枝长出3～5片叶时，再次摘心。(3)盛花期，对进入结果期结果稀少的旺长树，选择晴朗的天气适时进行环状剥皮(俗称开甲)。初次环剥自树干基部30cm处开始，每年向上间隔5cm，自下而上重复进行。一般环剥宽度0.4cm～0.8cm，深度以切断韧皮组织为度。伤口处喷洒25%久效磷50倍液或涂抹40%氧化乐果50倍液，7天后再喷涂一次，防止皮暗斑螟(甲口虫)危害，用泥封堵伤口促进伤口愈合。	1. 弱树不可进行环状剥皮，环切时不得伤及木质部，剥皮时不留韧皮组织。 2. 喷洒植物生长调节剂，应在晴天早8时前，或下午4时以后进行。 3. 防治红蜘蛛时，应重点喷洒叶背。

续表

月份	养护内容	注意事项
6月	2. 中耕锄草。雨后及时进行中耕锄草，防止土壤板结，保持土壤墒情。 3. 喷洒微量元素和植物生长调节剂。开花率达到30%～40%时，树冠喷洒0.3%硼或来福灵1500～2500倍液。半花半果时喷洒10ppm～15ppm赤霉素稀释液，可提高坐果率减少落果。 4. 病虫害防治。（1）上旬，枣树开花始期是桃小食心虫越冬幼虫出土期，树穴浇灌50%辛硫磷乳油200～300倍液或树下撒施25%辛硫磷微胶囊剂，施用量25g/株～50g/株，撒施后浅锄杀死出土幼虫。（2）中下旬，叶背喷洒1.8%阿维菌素乳油4000～5000倍液或15%哒螨灵乳油2000倍液，防治红蜘蛛，7天后再喷一次。（3）喷洒25%三唑酮可湿性粉剂1000倍液，防治白粉病。（4）樗蚕蛾幼虫危害期，叶背喷洒90%敌百虫1500倍液，或1.2%烟参碱乳油1000倍液。（5）树干涂白，防止六星吉丁虫、星天牛等成虫产卵。	
7月	1. 修剪。（1）在生理落果后，疏去病虫果、畸形果。（2）幼果树不宜多挂果，需疏去过密果有利于树体生长发育。 2. 灌水、排水。（1）果实发育期对水分要求较高，应及时灌水。（2）进入雨季，大雨过后注意及时排水。 3. 喷生长调节剂。上旬叶面喷洒15ppm的萘乙酸，下旬喷洒一遍枣丰产1000倍液，可减少落果。 4. 病虫害防治。（1）上中旬喷洒80%大生M-45可湿性粉剂1000倍液或25%粉锈宁可湿性粉剂2000倍液或30%醚菌酯可湿性粉剂2000倍液，20天后再喷一次，防治枣锈病。	1. 防止枣锈病时，药液里加入1%中性洗衣粉，可提高药液的黏着力。喷病时，叶两面要均匀着药。 2. 枣树幼果对铜离子敏感，故幼果期不宜喷洒波尔多液。。

续表

月份	养护内容	注意事项
7月	（2）龟蜡蚧若虫大量孵化期，及时喷洒40%氧化乐果+40%水胺硫磷乳油1500倍液或40%速扑杀乳油1500倍液。（3）中旬，树冠喷洒20%杀灭菊酯乳油（速灭杀丁）2000倍液或2.5%溴氰菊酯乳油（敌杀死）3000倍液，毒杀桃小食心虫。（4）进入雨季，空气湿度大易发枣炭疽病，且能反复多次侵染，常导致果实提前变色脱落，下旬树冠喷洒80%炭疽福美可湿性粉剂500～600倍液或75甲基硫菌灵1000倍液或30%醚菌酯可湿性粉剂2000倍液，可预防和控制该病发生。（5）发现新排粪孔，清理木屑、粪便，注入40%氧化乐果乳油50倍液，用泥封堵排粪孔防治天牛类蛀干害虫。	
8月	1. 修剪。枝叶旺盛生长期，及时疏去根际萌蘖枝，树冠内病虫枝、徒长枝、过密枝，改善通透条件，减少生理性落果和病虫害发生，集中养分促进果实生长。 2. 灌水。果实膨大期，土壤干旱时灌一遍水，以保证果实生长所需的水分。 3. 施肥。（1）结合灌水，树穴追施磷酸二铵0.3kg/株～0.5kg/株。（2）叶面喷洒0.2%磷酸二氢钾等叶面肥，及时补充养分促进果实膨大。（3）果实膨大期，喷洒氨基酸钙800～1000倍液，防止生理性裂果。 4. 病虫害防治。（1）上旬喷洒缩果灵一号600～800倍液或农用土霉素200国际单位/ml，10天一次喷至月底，防治枣缩果病。（2）喷洒2.5%三氟氯氰菊酯乳油（功夫小子）2000～3000倍液或25%灭幼脲3号悬浮剂2000倍液，防治枣粘虫、桃小食心虫。（3）中旬，树干上缠裹稻草或草片，诱集桃小食心虫、枣粘虫等老熟幼虫在上结茧越冬。	1. 本月高温高湿天气，也是枣锈病、炭疽病、缩果病、枣粘虫、红蜘蛛等多种病虫害危害高峰期，应注意防治。 2. 下旬果实开始着色，是缩果病大量发生期，要抓紧喷药预防。

续表

月份	养护内容	注意事项
9月	1. 果实近成熟前，遇阴雨天常会造成大量裂果。故采果前宜每10～15天喷洒一次3000ppm氯化钙水溶液，以免造成大量裂果。 2. 病虫害防治。（1）进入果实着色期，尽量少使用农药，枣粘虫、樗蚕蛾、黄刺蛾、美国白蛾等食叶害虫发生严重时，可喷洒高效、残效期短的低浓度农药90%敌百虫800倍液或5%氟虫脲乳油2000倍液进行防治。（2）继续防治锈病、炭疽病、白粉病。	采果前20天，禁止喷洒农药。
10月	1. 果实成熟，及时进行采摘。 2. 施肥。采果后至落叶前，施入有机肥50kg/株～100 kg/株，过磷酸钙1.0kg/株～2.0 kg/株，尿素0.4kg/株～0.6kg/株。 3. 土壤深翻。结合施肥，对树冠投影内的土壤进行深翻，深度以15cm～30cm为宜。通过深翻，将在土壤中越冬的绿盲蝽卵、枣瘿纹茧、枣尺蛾蛹、金龟子成虫和幼虫等冻死。 4. 病虫害防治。果实采摘后，及时喷洒200倍石灰等量式波尔多液＋0.3%尿素液，有利防病保叶。	1. 喷药要细致，不能有遗漏。 2. 土壤深翻时，近树干处翻土宜浅，以免损伤根皮。
11～12月	1. 彻底清园。落叶后清除枯枝落叶、树上僵果、落地病虫果、杂草等集中深埋，杀死越冬成、若虫，减少虫源，枣锈病、炭疽病、灰斑病、缩果病等病源。 2. 防寒。（1）11月下旬，待土壤“夜冻日化”时，适时开穴灌透封冻水。（2）大雪后，及时扒开树干基部的积雪，防止冬枣树皮冻裂。	遇雨天夜间结冰时，用竹竿敲打树枝，将蚧虫连同冰层一起敲落。

参考文献

[1] 中华人民共和国住房和城乡建设部 . 园林绿化工程施工及验收规范 [S] . 2012.

[2] 天津市城乡建设和交通委员会 . 天津市草坪建植与养护管理技术规程 [S] . 2004.

[3] 天津市建设管理委员会 . 天津市园林绿化工程质量检查评定和验收标准 [S] . 2004.

[4] 天津市建设管理委员会 . 天津城市绿化养护管理技术规程 [S] . 2004.

[5] 陈有民 . 园林树木学 [M] . 北京：中国林业出版社，1997.

[6] 何芬，傅新生 . 园林绿化施工与养护手册 [M] . 北京：中国建筑工业出版社，2011.

[7] 张东林 . 园林绿化种植与养护工程问答实录 [M] . 北京：机械工业出版社，2008.

[8] 袁东升，陈召忠，孙义干 . 园林绿化工程施工质量控制手册 [M] . 北京：中国建筑工业出版社，2014.

[9] 毕晓颖 . 观赏花木整形修剪百问百答 [M] . 北京：中国农业出版社，2010.

[10] 徐公天 . 园林植物病虫害防治 [M] . 北京：中国农业出版社，2003.

[11] 傅新生 . 庭院观花植物病虫害防治 [M] . 天津：天津科学技术出版社，2005.

[12] 张连生 . 常见病虫害防治手册 [M] . 北京：中国林业出版社，2007.

[13] 张世权 . 华北天牛及其防治 [M] . 北京：中国林业出版社，1994.

[14] 邸济民 . 林果花药病虫害防治 [M] . 石家庄：河北人民出版社，2005.

[15] 陈志明 . 草坪建植与养护 [M] . 北京：中国林业出版社，2003.

[16] 黄复端，刘祖琪 . 现代草坪建植与管理技术 [M] . 北京：中国农业出版社，2000.

[17] 张祖新，郑巧兰，王文丽，杨淑华 . 草坪病虫草害的发生及防治 [M] . 北京：中国农业科技出版社，1997.

[18] 费砚良，张金政 . 宿根花卉 [M] . 北京：中国林业出版社，1999.

[19] 苏卫国 . 花卉的药用与家庭栽培 [M] . 天津：天津科技翻译出版，1999.